U0295472

System Modeling, Analysis and Control

系统建模、分析与控制

莫锦秋 罗 磊 编

上海交通大学出版社

SHANGHAI JIAO TONG UNIVERSITY PRESS

内容提要

　　本书主要介绍动态系统建模、分析及控制的基本理论及方法。全书共 8 章。第 1 章介绍反馈控制原理及其动态系统建模、分析及控制的研究内容。第 2 章对机械、电气、机电系统建立数学模型，并给出典型环节、系统的传递函数。第 3、4 章介绍了在时域展开动态系统的分析和校正。第 5、6 章介绍了在频域展开动态系统的分析、校正。第 7、8 章则分别介绍了动态系统分析、校正的根轨迹法和状态空间法。

　　本书作为非自控专业的控制类基础课程，内容限在连续线性定常的动态系统。书中每章列有例题和习题，并融入 MATLAB 解题实例。

　　本书可作为高等学校机械、能源动力、冶金、材料等非自控专业的教材，也可以供其他有关专业的工程技术人员参考。

图书在版编目(CIP)数据

系统建模、分析与控制 / 莫锦秋,罗磊编. —上海：
上海交通大学出版社，2016
ISBN 978 - 7 - 313 - 15512 - 2

Ⅰ. ①系… Ⅱ. ①莫… ②罗… Ⅲ. ①系统建模—高等学校—教材②系统分析—高等学校—教材③控制系统—高等学校—教材 Ⅳ. ①N945.1②TP13

中国版本图书馆 CIP 数据核字 (2016) 第 175950 号

系统建模、分析与控制

编　　者：莫锦秋　罗　磊
出版发行：上海交通大学出版社　　　　　　　　　地　　址：上海市番禺路 951 号
邮政编码：200030　　　　　　　　　　　　　　电　　话：021 - 64071208
出 版 人：郑益慧
印　　制：上海景条印刷有限公司　　　　　　　经　　销：全国新华书店
开　　本：787 mm×1092 mm　1/16　　　　　　印　　张：18.5
字　　数：454 千字
版　　次：2017 年 1 月第 1 版　　　　　　　　　印　　次：2017 年 1 月第 1 次印刷
书　　号：ISBN 978 - 7 - 313 - 15512 - 2/N
定　　价：46.00 元

前　　言

本书书名源于编著时正执教上海交通大学机械与动力工程学院的《系统模型、分析与控制》课程，而此课程之前名为《控制理论基础》。很多初学者会茫然于两者名称的不同。控制系统因为其负反馈的基本工作原理，呈现动态性。不同学科及工程领域出于控制的最终目的都进行动态系统的研究，产生了不同或异曲同工或相辅相成的工具，这些方法、理论又因各个应用领域、数学领域、信息技术的不同而呈现不同。不同领域的动态系统具有相似性，随着学科交流，一些方法合并了，还有一些方法随着计算机技术的发展放弃了，或重心发生变化了。如过去强调根轨迹的绘制，现在使用计算机绘图，重心便回到对零极点分布与动态响应的关系进行设计或校正。因此动态系统分析、控制理论、自动控制、自控原理这些名词指的是同一件事，只是研究目的的不同。

作者 1989 年入门时用的教材是 Katsuhiko Ogate 编写的第一版。Katsuhiko Ogate 的《Dynamic Systems》、《Modern Control Engineering》是此类课程的经典教材，国内外知名大学至今仍有作为教材或教学参考，国内 40 多年来的教材编写受其影响颇多。1999 年在上海交通大学机械与动力工程学院开始执教时采用了王显正的《控制理论基础》，这是一本较有自身特色的教材，是唯一一本从控制的三个目标，即稳、准、快来切块讲解的教材。2007 年在保持其特色的前提下，作者与同事按教学实践的反馈对它进行了二版修改，这个教材目前还在国内一些高校中使用。

这些年也收集了此课程的众多教材，为同行的出彩深深叹服。如胡寿松能轻松地在《自动控制原理基础教程》、《自动控制原理》实现非自控类的讲清和自控类的讲深。Richard C. Drof 的《Modern Control System》的例题、习题丰富且与工程实际紧密相关。Gene F. Frankli 的《Feedback Control of Dynamic Systems》则紧扣负反馈本质。2010 年到 Purdue 大学访问期间，得到 Chuck Krousgrill、Deng Xinyan 几位教授的指点以及教学现场观摩，收获良多。

动态系统、控制理论一直是学生认为较难的课程，因为在建模、分析、校正过程中的各种方法都对应于各自的数学工具，当一本教材过多地讲述数学工具本身时，对仅当工具来使用的学习者来说负担较重。目前大学课程体系中已将本课程所涉及的高等代数中的微积分、复变函数中的拉普拉氏变换和傅里叶变换、线性代数中的矩阵运算前置进行，在本课程中不再复述。

本书以非自控类的本科阶段的动态系统教学为目标，所涉内容限于连续线性定常系统。

各种更复杂的系统如离散、数字、非线性、随机等都有相应的理论和方法，在后续各阶段课程中进行。随着信息技术的发展，能轻松了解到一个学科发展史，因此本书不再罗列相关术语。

　　本书的第 1、2 章节由罗磊编写，第 3～8 章由莫锦秋编写，全书由莫锦秋统稿。

　　本书的编写基础是上海交通大学机械与动力工程学院 2011 年起的《系统模型、分析与控制》课程的教学实践、反馈、总结。感谢这期间执教此课程的各位同事和修读此课程的学生们。

编　者

2016 年 8 月

目　　录

第1章　绪论 ··· 1

1.1　控制系统的负反馈原理 ··· 1

1.2　动态系统的研究内容 ··· 5

小结 ·· 7

习题 ·· 7

第2章　动态系统建模 ··· 9

2.1　传递函数及方块图定义 ··· 9

2.2　机械系统建模 ··· 11

2.2.1　平移运动 ··· 11

2.2.2　旋转运动 ··· 18

2.3　电气系统建模 ··· 22

2.4　机电系统建模 ··· 26

2.5　系统建模的注意问题 ··· 28

2.5.1　完整性 ··· 28

2.5.2　非线性 ··· 30

2.6　系统方块图模型 ··· 32

2.6.1　方块图绘制 ··· 32

2.6.2　方块图连接 ··· 33

2.6.3　方块图等效变换 ··· 35

2.6.4　方块图化简 ··· 37

2.7　典型环节及其传递函数 ··· 39

2.8　系统传递函数 ··· 44

小结 ·· 46

习题 ·· 47

第3章　时域响应 ··· 51

3.1　系统时域响应求取 ··· 51

3.1.1　时域输入信号 ··· 51

3.1.2　时域响应的求取 ··· 53

3.2　典型系统的时域响应 ··· 55
　　3.2.1　一阶系统的时域响应 ··· 55
　　3.2.2　二阶系统的时域响应 ··· 58
3.3　瞬态响应指标 ··· 65
　　3.3.1　瞬态响应指标 ··· 65
　　3.3.2　二阶系统欠阻尼系统的瞬态响应指标 ····························· 67
3.4　零极点分布与时域响应的关系 ··· 71
　　3.4.1　具有零点的二阶系统的时域响应 ··································· 71
　　3.4.2　三阶系统的时域响应 ··· 73
　　3.4.3　高阶系统的时域响应 ··· 75
小结 ··· 77
习题 ··· 78

第4章　时域分析及校正 ··· 81
4.1　分析与校正的基本概念 ··· 81
4.2　系统的稳定性 ··· 83
　　4.2.1　稳定性的基本概念 ··· 83
　　4.2.2　劳斯-赫尔维茨稳定判据 ··· 88
4.3　系统的稳态精度 ··· 92
　　4.3.1　精度的基本概念 ··· 92
　　4.3.2　控制输入信号作用下的系统稳态误差 ····························· 95
　　4.3.3　扰动信号作用下的系统稳态误差 ··································· 99
　　4.3.4　动态系统的灵敏性 ··· 102
4.4　PID控制 ··· 104
　　4.4.1　PID控制律 ··· 104
　　4.4.2　PID控制的校正作用 ··· 105
　　4.4.3　PID参数整定 ··· 109
　　4.4.4　PID控制的实施 ··· 112
4.5　基于模型的校正 ··· 113
　　4.5.1　反馈校正 ··· 113
　　4.5.2　前置校正 ··· 116
　　4.5.3　复合控制 ··· 119
　　4.5.4　史密斯补偿 ··· 120
小结 ··· 121
习题 ··· 121

第 5 章　频域特性分析 ··· 125

　5.1　频率特性 ··· 125

　　5.1.1　频率特性定义 ·· 125

　　5.1.2　频率特性求取 ·· 126

　　5.1.3　频率特性的物理意义 ·· 128

　　5.1.4　频率特性的图形表达 ·· 131

　5.2　系统频域特性 ··· 133

　　5.2.1　典型环节频率特性 ··· 133

　　5.2.2　系统的开环频率特性 ·· 140

　　5.2.3　系统的闭环频率特性及特征参数 ·· 146

　　5.2.4　最小相位系统 ·· 148

　　5.2.5　基于频域的系统辨识 ·· 149

　5.3　频域稳定性分析 ·· 153

　　5.3.1　Nquist 判据 ··· 153

　　5.3.2　稳定裕量 ·· 161

　小结 ·· 165

　习题 ·· 165

第 6 章　频域校正 ··· 169

　6.1　频域设计指标 ··· 169

　　6.1.1　频域指标与时域指标间的关系 ·· 169

　　6.1.2　频域三段论 ·· 170

　6.2　校正装置及其频域特性 ·· 173

　　6.2.1　PID 校正的频率特性 ·· 173

　　6.2.2　频域修形校正网络 ··· 175

　6.3　频域分析法串联校正 ·· 180

　　6.3.1　超前校正 ·· 180

　　6.3.2　滞后校正 ·· 182

　　6.3.3　滞后-超前校正 ··· 185

　6.4　频域综合法校正 ·· 188

　　6.4.1　希望对数幅频特性曲线 ··· 188

　　6.4.2　串联校正的综合确定法 ··· 191

　　6.4.3　反馈校正的综合确定法 ··· 192

　小结 ·· 195

　习题 ·· 195

第7章　根轨迹法 ·· 198

7.1　根轨迹定义及特性 ··· 198

　　7.1.1　根轨迹概念 ··· 198

　　7.1.2　根轨迹特性 ··· 202

7.2　根轨迹分析 ··· 214

　　7.2.1　根轨迹与希望闭环极点 ································· 214

　　7.2.2　开环零点和极点对根轨迹的影响 ··························· 217

　　7.2.3　参数变化对闭环极点的影响 ······························ 220

7.3　根轨迹串联校正 ·· 221

　　7.3.1　超前校正 ··· 221

　　7.3.2　滞后校正 ··· 224

　　7.3.3　滞后-超前校正 ·· 226

小结 ··· 229

习题 ··· 229

第8章　状态空间法 ·· 231

8.1　状态空间表达 ··· 231

　　8.1.1　状态空间表达的基本概念 ································· 231

　　8.1.2　系统状态空间表达式的获取及模型转换 ························ 233

　　8.1.3　状态向量的线性变换与对角化 ····························· 240

　　8.1.4　状态方程的求解 ······································· 242

8.2　系统的能控性和能观性 ······································ 243

　　8.2.1　能控性和能观性的定义 ··································· 243

　　8.2.2　能控性判别 ·· 244

　　8.2.3　能观性判别 ·· 245

8.3　状态空间的综合法校正 ······································ 246

　　8.3.1　线性系统的反馈结构及其特性 ····························· 246

　　8.3.2　状态反馈实现的极点配置 ································· 248

　　8.3.3　状态观测器设计 ······································· 249

　　8.3.4　基于观测器的状态反馈 ··································· 251

　　8.3.5　对偶系统及其应用 ····································· 253

小结 ··· 254

习题 ··· 255

附录 I　拉普拉斯变换 ·· 257

I.1　常用信号的拉普拉斯变换 ····································· 257

Ⅰ.2　拉普拉斯变换主要运算定理 ·· 257

附录Ⅱ　校正网络 ·· 259
Ⅱ.1　无源校正网络 ·· 259
Ⅱ.2　有源校正网络 ·· 262

附录Ⅲ　常见系统图谱 ·· 265

附录Ⅳ　MATLAB 基础 ·· 271
Ⅳ.1　MATLAB 入门 ·· 271
　Ⅳ.1.1　语句和变量 ·· 271
　Ⅳ.1.2　矩阵 ·· 272
　Ⅳ.1.3　图形 ·· 272
　Ⅳ.1.4　M 文件 ·· 273
　Ⅳ.1.5　SIMULINK 基础 ··· 275
Ⅳ.2　MATLAB 与动态系统 ··· 277
　Ⅳ.2.1　多项式表达及多项式运算 ·· 277
　Ⅳ.2.2　系统模型表达及系统连接 ·· 278
　Ⅳ.2.3　系统时域响应 ·· 280
　Ⅳ.2.4　系统频域响应 ·· 282
　Ⅳ.2.5　稳定性判别 ·· 282
　Ⅳ.2.6　根轨迹绘制 ·· 282
　Ⅳ.2.7　状态空间函数 ·· 283

参考文献 ·· 284

第1章 绪　　论

1.1　控制系统的负反馈原理

所谓动态系统指含有随时间变化的量的系统,动态系统往往与"控制"、"自动控制"联系在一起。控制的基本原理是闭环负反馈,负反馈使得控制系统具有动态特性。人们为达到控制目的,采用不同数学工具对动态系统进行建模、性能分析的研究,当性能不满意时对动态系统进行改造,产生了多种理论和方法。

控制按其词义是"掌握对象使其不任意活动或使其按控制者的意愿活动"(见《现代汉语词典》)。工业领域则更多地使用"自动控制"一词,指无需人的直接参与,物理量能按照指定的规律变化。

图 1-1 为车辆在有坡度道路上的车速控制。图 1-1(a)是行驶时的简化的受力分解图,行驶过程中发动机输入扭矩经传动后作用在车体上(即图中牵引力 f_e),地面阻力为 f_μ,坡度为 θ。可建立实际车速 v_{ac} 变化的动力学微分公式

$$m\dot{v}_{ac} = f_e - f_\mu - mg\sin\theta$$

由上式知车速到达目标速度后,只需符合 $f_e = f_\mu + mg\sin\theta$,即牵引力与地面阻力(如摩擦力等)、坡度阻力(重力斜坡分力)的合力相等即可恒速前行。图 1-1(b)为按上式进行定速控制的工作原理方块图。由于地表状况的不定、坡度的变化,无法事先确定合力值,运动过程中地面摩擦力、斜坡角度的实时获取相对困难,因此按图 1-1(b)进行速度控制时将达不到定速的预期。

车辆行驶牵引力不变时地面阻力、坡度发生变化会引起速度变化。在人工驾驶情形

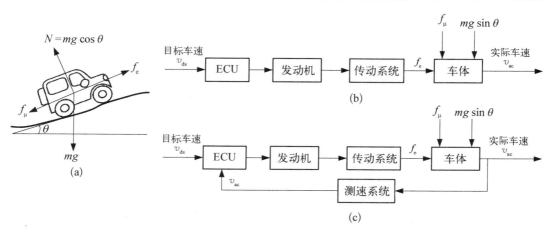

图 1-1　车速控制

(a) 车辆受力图；　(b) 开环控制；　(c) 闭环控制

1

下,驾驶员觉得实车速度降下来或增大时,会加大或减小油门,调整牵引力使实际车速"回归"目标速度。当由 ECU 自动控制油门而不是由驾驶员人工操作时,就是一个自动控制过程,如图 1-1(c)所示。获取实际车速与目标车速的差值,调节油门改变实车速度,从而减小速度差值的过程是一个反馈过程,**简单地概括就是"检偏纠偏"**,即检测偏差、纠正偏差。因为偏差由设定值与实际值相减得到,故也称为负反馈。除了恒速控制,在车辆加、减速过程中,也可以通过检测实车速度与目标速度的当前差值,实时调节油门,实现设定的加、减速过程。

图 1-1(b)的控制过程中没有引入当前实际值,是一个开环过程。图 1-1(c)中通过负反馈,建立了被控量的实际值对控制过程的反作用,形成一个闭环。

负反馈的闭环控制可以降低扰动和系统参数的变化对控制精度的影响。以图 1-1 中的车辆定速控制为例。设在一定工作速度、坡度范围内,车辆速度与油门开度和坡度呈线性关系。在平地行驶时,油门开度变化 1 度则速度变化 10 km/h,坡度变化 1% 则速度变化 5 km/h。开环控制时的函数如图 1-2(a)所示,平地行驶时油度开度与车速的线性增益 $K_v = 10$。因最终力矩引起速度变化,故坡度变化系数 $K_w = 5/K_v = 0.5$。控制器中按平地行驶油门开度与速度的关系确定控制器增益 $K_c = 1/K_v = 0.1$。因此实际车速

$$v_{ac} = K_c K_v v_{ds} - K_w K_v w$$

带速度反馈增益的闭环函数如图 1-2(b)所示,速度反馈增益 $K_h = 1$,取控制器增益 $K_c = 100$,对应有

$$v_{ac} = \frac{K_c K_v}{1 + K_c K_v} v_{ds} - \frac{K_w K_v}{1 + K_c K_v} w$$

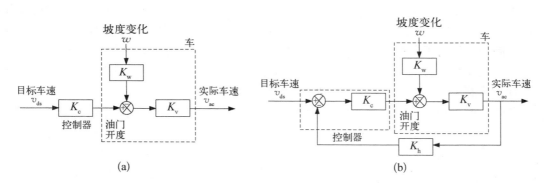

图 1-2 车速控制的函数方块图
(a) 开环控制时的函数; (b) 带速度反馈增益的闭环函数

设目标车速为 50 km/h,分别对外部扰动(即 w 变化)、内部参数变化(即 K_v 变化)对比开环与闭环控制实现的控制精度如表 1-1 所示。由表 1-1 知闭环控制能很好地对抗外部扰动及内部参数的变化。

自动控制历史上一个早期反馈控制的例子是水钟。如图 1-3(a)所示,水钟主体为上下两个水容器。上容器通过恒定水位控制使水以恒定流速流入下容器,下容器积蓄水,通过下容器中水的体积或水位的测量即可得到对应时间。上容器中浮子与进水管的形状设计使得:① 如果水位高→浮子上升→进水开度减小→水位降低;② 如果水位低→浮子下降→进水开度增大→水位升高。

表 1－1 车速的开环与闭环控制

控制方式		开 环			闭 环		
参 数		$K_c = 0.1$, $K_w = 0.5$			$K_c = 100$, $K_w = 0.5$, $K_h = 1$		
变 量	v_{ds}	K_v	w	v_{ac}	K_v	w	v_{ac}
外部干扰	50	10	0	50	10	0	49.95
		10	1	45	10	1	49.945
		10	2	40	10	2	49.94
		10	5	25	10	5	49.925
内部参数变化	50	10	0	50	10	0	49.95
		9	0	45	9	0	49.944 5
		8	0	40	8	0	49.937 6
		5	0	25	5	0	49.90

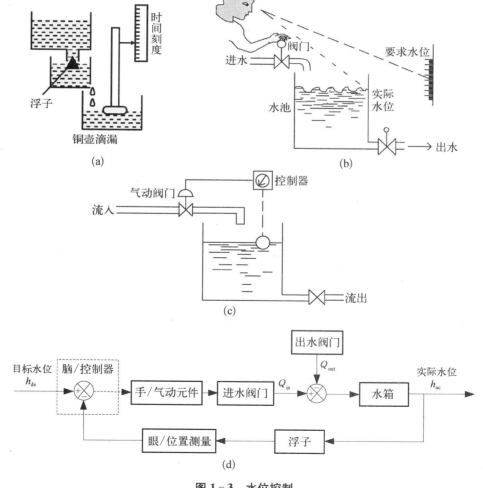

图 1－3 水位控制

（a）水钟示意图； （b）人工控制； （c）自动控制； （d）原理方块图

　　图1-3(b)、(c)分别是人工控制、自动控制的水位控制系统原理图。图1-3(a)、(b)、(c)的水位控制系统可采用同一个原理方块图表达,如图1-3(d)所示,表明人工控制与自动控制的反馈原理是一致的,即检测水位偏差,当水位过高时关小进水阀门,使水位降下来;当水位过低时开大进水阀门,使水位升上去。在出水阀门最大开度小于进水阀门最大开度的前提下,通过上述检偏纠偏过程,无论出水阀门的开度如何变动(即用水情况非确定性变动),总能使水位动态地处于目标水位。需指出的是,目标水位可以以控制器界面数值输入、电位计位置设定方式给定,有时则隐含在器件参数或结构设计中,如水钟的进水管与浮子的几何形状。

　　相对于图1-3(a)、(b)、(c)中的形象表达,图1-3(d)中的**控制系统原理**方块图用简单的方块、单向箭头线、加/减法器表述整个反馈过程和系统构成。控制系统原理方块图中将对变量进行变换、转换、放大的过程及装置用方块表达,用加/减法器表达相同量纲物理量的加减,用单向箭头线(即变量)将它们连接起来。方块图最左为控制输入量(即目标输入变量),最右为控制输出量(即实际控制量)。

　　图1-4为陶艺转台转速控制系统的原理,通过对实际转速与目标转速的检偏纠偏,调节电机输出转矩,以克服在制作过程中制作师手工挤压陶土所施加的无法预期的减速转矩以及因陶土几何形状变化引起的转动惯量变化。

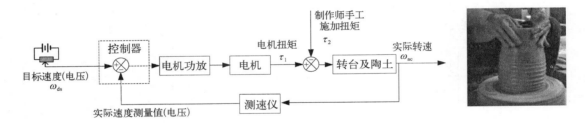

图1-4　陶艺转台转速控制系统原理

　　可以看到除了最终的控制对象(控制输出是它的物理变量),还含有设定控制输入值的设定元件(如上例中的电位计或一般控制系统中参数输入的人机界面)、对控制输出量进行检测的测量元件(也可称为反馈元件)、进行偏差计算的比较元件、后续的串联校正环节(见图1-2中的K_c)、执行偏差纠正的执行元件以及必要的驱动或放大元件。因此一个较完整的控制系统构成如图1-5所示,其中比较环节以及串联校正环节常由数字式控制器(如计算机)担任。

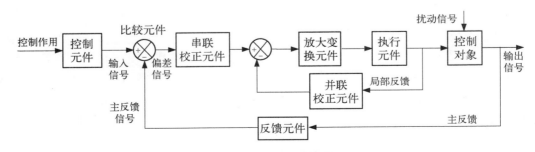

图1-5　控制系统构成

1.2　动态系统的研究内容

控制系统的设计任务是将开环系统转换成闭环系统,通过系统建模进行系统表达,完成系统性能分析,并通过校正提高系统性能。

自动控制的本质是负反馈的闭环控制。负反馈的检偏纠偏过程是一个动态过程,整个控制系统便成为一个动态系统。因此控制原理、自动控制等各类名称的课程、技术都是指对动态系统的分析以及对动态系统的控制。

动态系统含有随时间变化的量,即存在某阶导数不为零的变量,因此动态系统首先可以以微分方程或微分方程组的方式呈现。当对微分方程引入多级微分变量定义,可形成以一阶微分方程组形式的状态空间表达。对于线性定常系统,通过拉氏变换和傅里叶变换可以将微分算子转变为代数算子,形成传递函数、频率特性的表达。

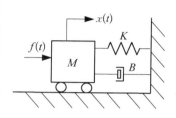

图 1 - 6　机械平移系统

如图 1-6 所示的机械平移系统,忽略摩擦力,由牛顿第二定理可知由力 $f(t)$ 引起的位移 $x(t)$

$$M\ddot{x} = f - B\dot{x} - Kx \tag{1-1}$$

式中:M 为质量;K 为弹簧系数;B 为阻尼器系数。

按输入输出分列等号两边可得到二阶的微分动力学方程

$$M\ddot{x} + B\dot{x} + Kx = f$$

取 $y_1 = x$、$y_2 = \dot{y}_1$,则有一阶微分方程组

$$\begin{cases} \dot{y}_1 = y_2 \\ \dot{y}_2 = \dfrac{1}{M}f - \dfrac{K}{M}y_1 - \dfrac{B}{M}y_2 \end{cases}$$

以 $\boldsymbol{Y} = \begin{bmatrix} y_1 \\ y_2 \end{bmatrix}$,$\boldsymbol{A} = \begin{bmatrix} 0 & 1 \\ -\dfrac{K}{M} & -\dfrac{B}{M} \end{bmatrix}$,$\boldsymbol{B} = \begin{bmatrix} 0 \\ \dfrac{1}{M} \end{bmatrix}$ 可以构建状态空间表达式

$$\dot{\boldsymbol{Y}} = \boldsymbol{A}\boldsymbol{Y} + \boldsymbol{B}f \tag{1-2}$$

零初始条件下对式(1-1)进行拉氏变换,取 X、F 为 x、f 的拉氏变换,得到代数方程

$$Ms^2X + BsX + KX = F$$

由传递函数的定义得到

$$G(s) = \frac{F}{X} = \frac{1}{Ms^2 + Bs + K} \tag{1-3}$$

以 $s = j\omega$ 代入式(1-4)则得到频率特性

$$G(j\omega) = \frac{1}{M(j\omega)^2 + Bj\omega + K} = \frac{1}{M}\frac{1}{(j\omega)^2 + \dfrac{B}{M}j\omega + \dfrac{K}{M}} \tag{1-4}$$

并由此确定此动态系统的固有频率 $\omega_n = \sqrt{\dfrac{K}{M}}$。

式(1-1)、式(1-2)、式(1-3)和式(1-4)都是图1-6中的机械平移系统的数学模型。

当系统的动态过程以微分方程的形式表达后,不同领域如电气电路、机械平动、机械转动成为具有相同微分方程表达的系统,其动态变化过程是相同的,其后续的分析和处理便可以脱离具体学科领域的限制,这些系统即相似系统。同理相同的传递函数、频率特性、状态空间表达式也表示相似系统的相同系统性能。

系统性能包括系统的稳定性、精度、反应时间、鲁棒性(抗干扰)。自动控制系统的基本要求有:

(1) 系统始终稳定,且稳定性与外界无关。

(2) 控制输入(即要求达到的量值或变化规律)发生变化时,系统输出会跟踪其变化。

(3) 系统输出能尽量避免外部干扰输入的影响。

(4) 系统本身模型不完全精确或系统自身参数随时间或环境变化时,依然能达到前3条。

其中系统稳定是系统正常工作的基础。通过负反馈可以提高系统的稳定,改变响应特性,增强对外部干扰和内部不确定性的鲁棒性。一个倒置的单摆是不稳定的,但通过施加控制则可能成为一个稳定的系统。当然如果设计或处理不合理,反而会引起不稳定,如平衡/前庭异常的人员,行走中的视觉反馈往往使他们摔倒,而一旦蒙上眼睛,却不会摔倒。

在性能研究分析中采用典型测试信号以进行性能参数的对比,测试信号常采用工程中常见的正弦、阶跃、脉冲、斜坡、抛物线信号形式。

时域方法用微分方程和传递函数来描述系统,能够在时域和 s 域分析动态系统的性能。但对于比较复杂的系统,如微分方程的阶数越高工作量也就越大;当方程已经解出而系统的响应不能满足技术要求时,不容易看出和决定如何调整系统结构、参数来获得预期结果。从动态系统的校正角度,无论是实践应用还是理论研究,都希望能够不求解微分方程就得出系统的性能,并给出如何调整以达到性能指标。

动态系统分析或者说控制理论的发展已历经一个多世纪,已有多种方法及理论在各个领域被提出、发展,各有特点。本书将分别就基于传递函数、根轨迹、频率特性、状态空间进行系统性能分析和校正进行展开。其他更多的方法和理论将在高级课程中涉及。

频域特性从其定义上看为正弦信号输入时系统的稳态响应,但其图形表达,即 Bode 图、Nyquist 图能很好地表达系统性能,特别是各个环节的作用,因此动态系统的校正常常在频域进行。

根轨迹法在 s 域将系统的设计参数与性能建立联系,从而为性能的提高提供方向。

状态空间更多地反映时域特性,扩大后的状态空间提供了进行系统极点配置的可能,是当代控制中使用较多的方法。

上述方法有些具有一定的时代特点,各种问题的提出来源于各个时期的应用需求,与工程界需求的发展密不可分。而数学、计算机科学的发展则极大地推动动态系统分析和校正的各个方面。本书建模、分析、校正过程将用到微分运算、拉普拉斯变换、傅里叶变换、矩阵运算等数学工具,其基本知识、定理、规则请参看相应数学书籍。本书正文中将采用 MATLAB 作为计算机软件工具,附录Ⅳ是它的入门知识及本书用到的函数的简介,更详细的内容请参考专门的 MATLAB 书籍或软件帮助。

小　结

（1）反馈控制系统的基本工作原理是要检测偏差并用检测到的偏差去纠正偏差。检偏纠偏过程是一个动态过程。

（2）一个典型的反馈系统由检测偏差所需的反馈元件、控制元件、比较元件，以及用于纠正偏差的放大变换元件、执行元件组成。

（3）不同领域的相似系统可以有相同的数学模型，相同的数学模型的动态系统具有相同的动态性能。

（4）同一个动态系统采用不同的数字工具可以建立不同的数学模型。不同的数学方法对应有不同的动态性能分析和校正的方法。同一系统不同数学模型得到动态性能由系统自身参数决定，不因不同数学工具改变。

习　题

1.1　试说明如图 P1-1 所示张力控制系统的工作原理并画出系统原理方块图。

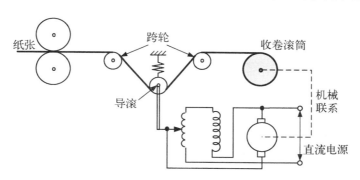

图 P1-1　张力控制系统

1.2　图 P1-2 为三个液面高度控制系统。

（1）试说明各系统的工作原理；

（2）画出各系统的原理方块图，并说明被控对象、给定量、被控量和干扰量；

（3）分析当用水流量 Q_2 变化时各系统能否使液面高度保持不变。

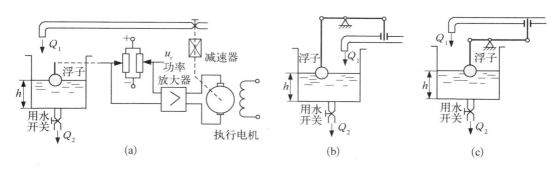

图 P1-2　液面高度控制系统

1.3 大门自动开关控制系统如图 P1-3 所示,试说明工作原理并画出原理方块图。

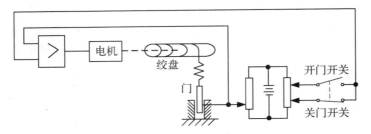

图 P1-3 大门自动开关控制系统

1.4 如图 P1-4 所示的位置伺服系统,角位移误差检测装置由指令电位器和反馈电位器组成。试叙述工作原理并绘出该系统的原理方块图。

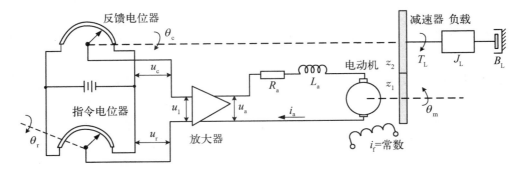

图 P1-4 位置伺服系统

第 2 章 动态系统建模

2.1 传递函数及方块图定义

动态系统首先能以微分方程或微分方程组的方式呈现,这些微分方程或方程组来自系统或其中的器件的工作原理。拉氏变换是求解微分方程的一个数学工具,在此基础上建立了传递函数以及由此引出的一系列分析研究方法。

设系统(或环节)的输入量为 $x_r(t)$,输出量为 $x_c(t)$,在初始条件为零时,不管系统(或环节)内部结构,将输出量的拉氏变换 $X_c(s)$ 和输入量的拉氏变换 $X_r(s)$ 之比称为传递函数

$$G(s) = \frac{L[x_c(t)]}{L[x_r(t)]} = \frac{X_c(s)}{X_r(s)}$$

若系统输入信号 $x_r(t)$ 为单位脉冲函数 $\delta(t)$(定义见 3.1.1 节)时,系统的输出(即单位脉冲响应)

$$X_c(s) = X_r(s)G(s) = L[\delta(t)]G(s) = G(s)$$

因此传递函数又名单位脉冲响应的拉氏变换,即

$$G(s) = L[g(t)]$$

在 MATLAB 中传递函数可以采用由分子多项式(num)和分母多项式(den)构成的多项式分式系统模型 sys=tf(num,den),也可以采用建立由零点(z)、极点(p)和增益(k)构成的零极点系统模型 sys=zpk(z,p,k)。后者还存在两个反函数,即求取系统(sys)的极点 p=pole(sys)和求取系统(sys)的零点 z=zero(sys)。

[例 2-01] 在 MATLAB 中表达系统 $G(s) = \dfrac{25}{s^2 + s + 25}$。

[解] 对应有程序

num=25;
den=[1 1 25];
sys=tf(num,den)
	//分子多项式
	//分母多项式
	//由分子多项式与分母多项式构成的多项式分式模型

MATLAB 中运行结果为

sys= 　　25 　－－－－－ 　s^2+s+25 Continuous—time transfer function.	//多项式分式模型

[**例 2 - 02**]　在 MATLAB 中表达系统 $G(s) = \dfrac{2(s+2)(s+7)}{(s+3)(s+7)(s+9)}$。

[**解**]　对应有程序

z=[-2 -7];	//零点(z)
p=[-3 -7 -9];	//极点(p)
k=2;	//增益(k)
sys=zpk(z,p,k)	//由零点、极点和增益构成的零极点模型

　　　　MATLAB 中运行结果为

sys=	//零极点模型
$\quad$ 2(s+2)(s+7)	
$\quad$ ——————	
$\quad$ (s+3)(s+7)(s+9)	
Continuous-time zero/pole/gain model.	

　　一般的环节或简单系统的传递函数可由它们的微分方程或方程组进行拉氏变换,然后消除中间变量,按传递函数定义即 $G(s) = \dfrac{X_c(s)}{X_r(s)}$ 直接求得。如动态系统的运动微分方程一般为

$$a_0 \frac{\mathrm{d}^n x_c(t)}{\mathrm{d}t^n} + a_1 \frac{\mathrm{d}^{n-1} x_c(t)}{\mathrm{d}t^{n-1}} + \cdots + a_{n-1} \frac{\mathrm{d}x_c(t)}{\mathrm{d}t} + a_n x_c(t)$$

$$= b_0 \frac{\mathrm{d}^m x_r(t)}{\mathrm{d}t^m} + b_1 \frac{\mathrm{d}^{m-1} x_r(t)}{\mathrm{d}t^{m-1}} + \cdots + b_{m-1} \frac{\mathrm{d}x_r(t)}{\mathrm{d}t} + b_m x_r(t)$$

在初始条件为零时,对方程两边拉氏变换得

$$(a_0 s^n + a_1 s^{n-1} + \cdots + a_{n-1}s + a_n)X_c(s) = (b_0 s^{m-1} + \cdots + b_{m-1}s + b_m)X_r(s)$$

则系统传递函数

$$G(s) = \frac{X_c(s)}{X_r(s)} = \frac{b_0 s^m + b_1 s^m + \cdots + b_{m-1}s + b_m}{a_0 s^n + a_1 s^{n-1} + \cdots + a_{n-1}s + a_n}$$

　　可见,只要将系统运动方程中的微分算符 $\dfrac{\mathrm{d}^{(i)}}{\mathrm{d}t^i}$ 用相应的 s^i 来代替,便可得到系统传递函数的表达式。其中 $i = 1, 2, 3, \cdots, n$ 为微分方程的阶次。

　　复杂的环节和系统则可先求出环节或部件的传递函数,绘制系统的函数方块图,然后利用方块图的各种连接、运算得出总的传递函数。

　　在第 1 章中采用了原理方块图(见图 1-4)形象化地表示系统结构中各元件的功用以及它们之间的相互连接和信号传递线路,但不能表示信号的动态过程。而函数方块图则把元件或环节的传递函数写在相应的方块中,并用箭头表明信号传递方向。图 2-1 中的两个函数方块图单元,指向方块图的箭头表示输入,从方块图出来的箭头表示输出,箭头上标明了相应信号,方块图输出信号等于输入信号与方块中传递函数乘积。依据信号的流向,将各元

件的方块连接起来,可组成整个系统的方块图。在连接过程中存在两个或两个以上信号的加、减操作,用到了比较点和引出点的概念。比较点代表信号的加、减操作,比较点的箭头上的"+"或"−"表示信号是进行相加还是进行相减。进行相加或相减的量应具有相同的量纲。引出点(又叫测量点)表示信号引出和测量的位置,同一位置引出的信号,大小和性质完全一样。将这些方块连接起来,不仅可以表示出系统中每个元件的功能和信号的流向,而且通过"函数方块图"把系统中所有的变量联系起来,具有运动方程的职能。

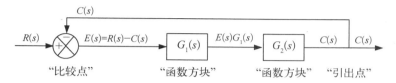

图 2 - 1　函数方块图定义

2.2　机械系统建模

2.2.1　平移运动

平移运动的机械系统建模可分为几个步骤。

1) 理解功能,分析系统,确定输入、输出变量

机械平移运动中涉及的变量如表 2 - 1 所示。

表 2 - 1　机械平移运动中的变量

符　号	名　称	单　位	相互关系(按定义)
x	位移	m	
v	速度	m/s	$\dot{x} = v$
a	加速度	m/s²	$\dot{v} = a = \ddot{x}$
f	力	N	$p = fv = f\dot{x} = \dot{w}$
p	功率	N·m/s	$w(t_1) = w(t_0) + \int_{t_0}^{t_1} p\,dt$
w	功	N·m、J	

2) 采用基本元件画出简化图

表 2 - 2 中是机械平移运动中涉及的三个基本模型元件即质量、弹簧和阻尼,实际器件可以分解成这些基本元件的组合。如本章节后继的车辆悬架建模中将含质量、阻尼的弹性元件分解成理想的弹簧元件、质量、阻尼的组合。

质量表征元件的运动惯性,用于储存动能,由牛顿第二定律可知由施加的力引起的加速度或速度的变化。弹簧和阻尼都是双端器件,力与它们的两端点上的位移差或速度差有关,当以一端为参考点时,可以简化为力与另一端的位移或速度的关系。

弹簧表征机械运动的刚度,在变形过程用于储存势能。理想的弹簧元件是无质量、无阻尼的线性元件。由胡克定律知弹簧元件的力与形变间的线性关系仅在一定的范围中成立。在建模过程中也常常由弹簧的定义得到等效刚度,图 2 - 2 表示在低频应用中,可将悬臂薄梁简化成施力与端部形变间的等效刚度。

表 2 - 2　机械平移运动中的基本模型元件

符　号	名　称	数 学 模 型	图　示
M	质量	$f_M(t) = M\ddot{x} = M\dot{v} = Ma$	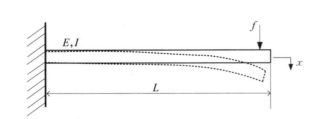
K	弹簧	$f_K(t) = K(x_1 - x_2) = Kx$	
B	阻尼	$f_B(t) = B(\dot{x}_1 - \dot{x}_2) = Bx$ $= B(v_1 - v_2) = Bv$	

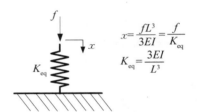

图 2 - 2　低频应用建模中悬臂薄梁的等效刚度

阻尼的构成形式很多,在日常生活及各个工业领域中均能看到,如活塞式闭门器和航空器落地使用的吸振器(又名黄油支柱)等。阻尼常常由摩擦引起,在运动过程中将运动能转换为热能,体现为耗能特性。

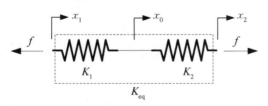

图 2 - 3　弹簧串联

弹簧、阻尼元件经串联或关联的方式构成实际系统,可以用等效元件取代。图 2 - 3 为两个弹簧元件的串联,对单个元件分别有

$$f = K_1(x_0 - x_1) \qquad f = K_2(x_2 - x_0)$$

取消中间变量 x_0 后,则有

$$f = \frac{K_1 K_2}{K_1 + K_2}(x_2 - x_1)$$

即串联后的等效刚度为

$$K_{eq} = \frac{K_1 K_2}{K_1 + K_2}$$

表 2-3 给出了弹簧、阻尼串并联后的等效式。

表 2-3　弹簧、阻尼串并联等效式

元件及连接方式	等 效 式	元件及连接方式	等 效 式
弹簧串联	$K_{eq} = \dfrac{K_1 K_2}{K_1 + K_2}$	阻尼串联	$B_{eq} = \dfrac{B_1 B_2}{B_1 + B_2}$
弹簧并联	$K_{eq} = K_1 + K_2$	阻尼并联	$B_{eq} = B_1 + B_2$

3）推导数学模型

平移机械系统的数学模型由基本元件的各个变量为内部变量,依据动力学定律、运动学定律而得到。因为动力学与运动学是空间矢量形式的,应用这些定律前应确定参考点和正方向,并由这些定律为每个基本元件画自由物体受力图。

与平移运动密切相关的是牛顿的三大运动定律。牛顿第一运动定律说明力是改变物体运动状态的原因。牛顿第二运动定律则定量地指出了力的作用效果,即物体加速度大小与作用外力的大小成正比,加速度方向与外力的方向相同,正比的比值即物体质量。牛顿定律中的作用力指外力作用的矢量和,即

$$M\ddot{x} = M\dot{v} = \sum f$$

第三定律揭示出力的本质是物体间的相互作用,如图 2-4 中所示的弹簧与质量间的相互作用,作用力和反作用力大小相等、方向相反、作用在同一条直线上。

与运动相关的另一个定律是位移定律,即位移是连续、线性和可叠加的。

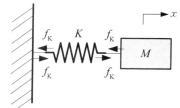

图 2-4　牛顿第三定律

4）取消中间变量

按上述定律得到微分方程,消除中间变量后得到系统数学模型。微分方程中消除中间变量可能存在难度,可以通过拉氏变换等转换为代数方程后消除中间变量。

5）化成标准形式

模型后的系统性能分析或校正的一些方法和表达对应着一定的标准模型形式,常要求 F_1（输出变量）$= F_2$（输入变量）形式,即等号左边为有关输出变量的函数,等号右边为输入变量的函数。在两边函数的表达式中要求按一定的顺序,如微分方程按变量的导数阶次由高到低排序,代数方程则按变量的幂次由高到低排序。

[例 2-03]　对图 2-5(a)为三个基本元件的平移系统进行运动建模。

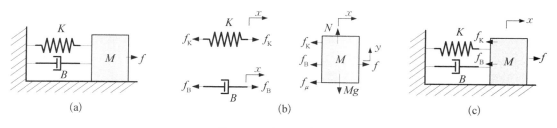

(a)　　　　　　　　(b)　　　　　　　　(c)

图 2-5　水平平移系统

[**解**]　设定各力作用点、参考点及其正方向,得到各元件受力简图如图 2－5(b)所示。
弹簧和阻尼受力分别有

$$f_K = Kx \qquad f_B = B\dot{x}$$

质量块受力可以分解为 x、y 两个方向,应用牛顿第二定律分别有

$$M\ddot{x} = f - f_K - f_B - f_\mu$$
$$M\ddot{y} = N - Mg$$

式中：Mg 为重力加速度作用下的重力；N 为地面对质量块垂直方向的反作用力,即支承力

$$N = Mg$$

故质量块在 y 方向受力平衡,无 y 方向运动,此方向可以不作分析。

f_μ 为支承面对质量块水平方向的反作用力即摩擦力,其最大值为

$$f_\mu = \mu N = \mu Mg$$

μ 为摩擦系数。在光滑支承面上可以假设 $\mu = 0$,即在受力分析时不计入 f_μ。

因为与弹簧、阻尼连接的质量块的受力简图中含了弹簧和阻尼受力,故有时会略去单个
弹簧或阻尼器的受力简图。

因此对于在光滑支承面,y 方向受力平衡不运动,仅对水平方向作平移运动建模时,受
力简图成为如图 2－5(c)所示形式。由牛顿第二定律有

$$M\ddot{x} = f - f_K - f_B$$

将 f_K、f_B 代入,得到

$$M\ddot{x} = f - Kx - B\dot{x}$$

按 F_1(输出变量)$= F_2$(输入变量)的形式,并在等号左右按变量的导数阶次调整各项
顺序,则得到标准形式的微分方程

$$M\ddot{x} + B\dot{x} + Kx = f$$

[**例 2－04**]　建立图 2－6(a)所示平移运动系统的运动模型。

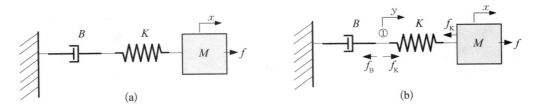

(a)　　　　　　　　　　　　　　(b)

图 2－6　水平平移运动系统

[**解**]　如图 2－6(b)所示,弹簧与阻尼串联后作用于质量块,引入①点,并引入位移量
y。对于弹簧和阻尼器分别有

$$f_K = K(x - y) \qquad f_B = B\dot{y}$$

分别对质量块 M 和①按牛顿定律列方程有

$$M\ddot{x} = f - f_{\mathrm{K}}$$
$$f_{\mathrm{B}} = f_{\mathrm{K}}$$

可得到一个输入变量 f、两个输出变量 x、y 的标准模型形式二元二阶微分方程组

$$\begin{cases} M\ddot{x} + Kx - Ky = f \\ B\dot{y} - Kx + Ky = 0 \end{cases}$$

取消中间变量 y，则得到一个输入变量 f、一个输出变量 x 的一元三阶单输入单输出微分方程

$$MB\dddot{x} + MK\ddot{x} + BK\dot{x} = B\dot{f} + Kf$$

对它作拉氏变换，并按传递函数的定义，则可以得到输入 $F(s)$、输出 $X(s)$ 间的传递函数

$$\frac{X(s)}{F(s)} = \frac{Bs + K}{MBs^3 + MKs^2 + BKs}$$

[例 2-05]　建立图 2-7(a)所示竖直平移系统的运动模型。

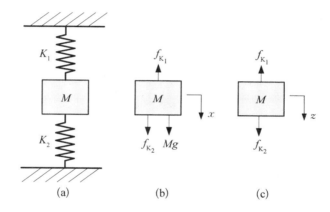

图 2-7　竖直平移系统

[解]　对于如图 2-7(a)所示的竖直运动系统，设以两弹簧未形变（未伸缩）的位置建立坐标变量 x，则质量块上的受力简图如图 2-7(b)所示，按以上两例的建模过程可以得到运动方程

$$M\ddot{x} + (K_1 + K_2)x - Mg = 0 \tag{2-1}$$

在此垂直运动系统中，存在一个静平衡位置 x_0，$\ddot{x}\,|_{x=x_0} = 0$，代入上式得

$$x_0 = \frac{Mg}{K_1 + K_2}$$

以此静平衡位置为坐标原点建立坐标系，以 z 为位移变量：

$$z = x - x_0$$

则有

$$x = z + x_0 \qquad \ddot{x} = \ddot{z}$$

代入式(2-1),则有

$$M\ddot{z} + (K_1 + K_2)z = 0 \qquad (2-2)$$

相比于式(2-1),式(2-2)不存在重力加速度项,适用于任何环境,如月球。因此涉及重力加速度的竖直平移系统,常以静平衡位置为坐标原点建立坐标系,并以此进行受力分析并建立模型。如此例中可以图2-7(c)为受力简图,实际位置动态情况以z的分析基础上叠加x_0。

[例2-06] 为图2-8(a)所示的滑轮系统建立运动模型,其中滑轮惯量忽略不计。

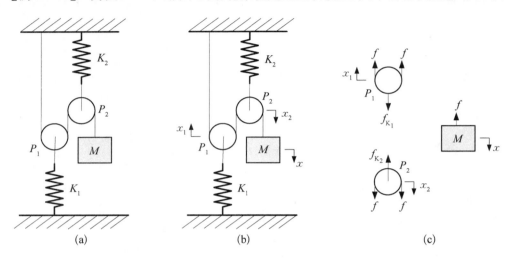

图2-8 滑轮平动系统

[解] 如图2-8(b)所示,以静平衡位置x、x_1、x_2建立运动坐标系,并对质量块和两个滑轮作受力图[见图2-8(c)]。

质量块M有

$$M\ddot{x} = -f \qquad (2-3)$$

滑轮P_1有

$$2f - f_{K_1} = 0 \qquad f_{K_1} = K_1 x_1$$

可得

$$x_1 = \frac{2f}{K_1}$$

滑轮P_2有

$$2f - f_{K_2} = 0 \qquad f_{K_2} = K_2 x_2$$

可得

$$x_2 = \frac{2f}{K_2}$$

由位移关系知

$$x = 2(x_1 + x_2) \qquad (2-4)$$

将上述 x_1、x_2 代入式(2-4)得

$$f = \frac{K_1 K_2}{4(K_1 + K_2)}x$$

将它代入式(2-3),得到整个系统的运动方程

$$M\ddot{x} + \frac{K_1 K_2}{4(K_1 + K_2)}x = 0$$

上述例子中均将原系统简化成基本元件相互连接的系统。将实际系统化成基本元件连接时的精细程度取决于研究任务,在能有效表明所研究任务的基础上尽可能选用简单模型。图 2-9(a)为一个两自由度的独立悬挂的 1/4 汽车悬挂简化模型,表示汽车的四个车轮中任何一个车轮的车轴和车身的 Z 向运动。悬架由弹簧 k_s、阻尼器 b_s、主动力 F_s 构成,被动悬挂时 $F_s = 0$。m_s 代表 1/4 车身的等效质量,m_u 代表车轮和车轴的等效质量,轮胎的垂直刚度为 k_r,z_s、z_u、z_r 分别代表偏离静态平衡位置的质量 m_s、质量 m_u 以及道路的垂直位移。

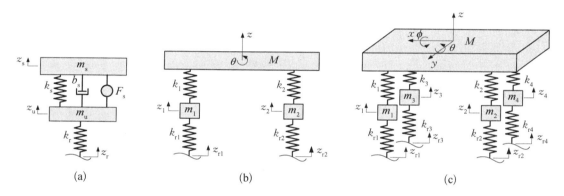

图 2-9　车辆悬架模型
(a) 1/4 车模型;　(b) 半车模型;　(c) 整车模型

由牛顿第二定律有

$$m_s\ddot{z}_s + b_s(\dot{z}_s - \dot{z}_u) + k_s(z_s - z_u) = F_s$$
$$m_u\ddot{z}_u - b_s(\dot{z}_s - \dot{z}_u) - k_s(z_s - z_u) + k_r(z_u - z_r) = -F_s$$

主动力 F_s、道路垂直位移 z_r 为输入,被动悬挂时则 $F_s = 0$。车身垂直位移 z_s、轮胎垂直位移 z_u 构成两个输出自由度。

在汽车控制研究中对应上述输入和输出量,分别有加速度传递函数

$$G_a(s) = \frac{L[\ddot{z}_s(t)]}{L[\dot{z}_r(t)]}$$

动挠度传递函数

$$G_{rs}(s) = \frac{L[z_s(t) - z_u(t)]}{L[\dot{z}_r(t)]}$$

轮胎变形传递函数

$$G_{TD}(s) = \frac{L[z_u(s) - z_r(s)]}{L[\dot{z}_r(t)]}$$

在进行俯仰以及侧倾研究时,则不能采用在上述 1/4 汽车悬架简化模型中得到传递函数。此时将采用图 2-9(b)的半车悬架模型和图 2-9(c)的整车悬架模型。图 2-9 中的半车模型和整车模型均为被动悬架模型。半车悬挂模型共 4 个自由度,分别为车身的垂直位移 z 和俯仰角 θ,以及前后轴的垂直位移 z_1、z_2。整车模型则是个 7 自由度的模型,分别为车身的垂直位移 z、俯仰角 θ、侧倾角 ϕ,以及各个轴的垂直位移 z_1、z_2、z_3、z_4。

2.2.2 旋转运动

旋转运动的机械系统建模过程与平移运动相似,尤其是取消中间变量和化成标准形式两步。

1) 理解功能,分析系统,确定输入、输出变量

机械旋转运动中涉及的变量如表 2-4 所示。

表 2-4 机械旋转运动中的变量

符 号	名 称	单 位	相互关系(按定义)
θ	角位移	rad	$\dot{\theta} = \omega$
ω	角速度	rad/s	$\dot{\omega} = \alpha = \ddot{\theta}$
α	角加速度	rad/s^2	$p = \tau\omega = \tau\dot{\theta} = \dot{w}$
τ	转矩	N·m	$w(t_1) = w(t_0) + \int_{t_0}^{t_1} p \, dt$
p	功率	N·m/s	
w	功	N·m、J	

2) 采用基本元件画出简化图

表 2-5 中是机械旋转运动中涉及的三个基本模型元件即转动惯量、弹簧和阻尼。其中弹簧和阻尼都是双端器件,转矩与它们的两端点上的角位移差或角速度差有关,当以一端为参考点时,可以简化为转矩与另一端的角位移或角速度的关系。弹簧表征机械运动的刚度,在变形过程用于储存势能。阻尼在运动过程中将运动能转换为热能,体现为耗能特性。

表 2-5 机械旋转运动中的基本模型元件

符 号	名 称	数 学 模 型	图 示
J	转动惯量	$\tau = J\ddot{\theta} = J\dot{\omega} = Ja$	
K	弹簧	$\tau = K(\theta_1 - \theta_2) = K\theta$	
B	阻尼	$\tau = B(\dot{\theta}_1 - \dot{\theta}_2) = B\dot{\theta}$ $= B(\omega_1 - \omega_2) = B\omega$	

由于转动存在一个回转中心轴,而转动惯量则与回转中心密切相关,即使是同一集中质量值的质量块对于不同的回转中心,其转动惯量也不同。如图 2－10 所示,原有质量为 M,转动惯量为 J_0 的摆动棍和转动棍在转动中心轴平行移动后,转动惯量变为 $J = J_0 + Md^2$ 的对应结果。

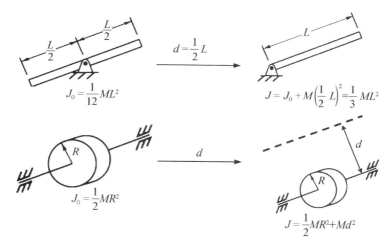

图 2－10　转动惯量随转动中心而变化

3) 推导数学模型

机械旋转运动涉及的动力学和运动学定律有与牛顿第二定律相对应的欧拉定律

$$J\ddot{\theta} = J\dot{\omega} \sum \tau$$

在旋转运动中牛顿第三定律的作用与反作用则表现为旋转运动的形式,即作用转矩与反作用转矩大小相等、以同一轴线转动方向相反。

在机械作动时,转矩可以在轴上直接施加,也可以通过在径向某作用点接触施加作用力产生转矩。前者适用旋转运动的转矩作用与反作用,即转矩大小相同、方向相反。而后者,则是点点力作用,适用力作用与反作用,即力大小相同、力作用方向相反,图 2－11 中的两定轴齿轮对在 A 点点接触,相互作用的力大小相同、方向相反,它们对于各自的回转中心的转矩值不同。

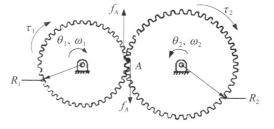

图 2－11　定轴齿轮对

旋转运动中依然存在角位移约束,在图 2－11 中,A 点点接触使得两个齿轮转的线位移相同,即 $R_1\theta_1 = R_2\theta_2$。

［例 2－07］　设图 2－12 中定轴轮系的各个齿轮的转动惯量为 J_1、J_2 和 J_3,已知输入变量为 τ_1 和 τ_3,请以 θ_3 为输出变量建立运动模型。

［解］　在图 2－12 中三个齿轮标记受力情况,其中 A 点和 B 点均为点接触,作用力大小相等方向相反,线位移、线速度大小相等。

齿轮 J_1、齿轮 J_2、齿轮 J_3 分别有

$$J_1\ddot{\theta}_1 = \tau_1 - f_{12}R_1$$

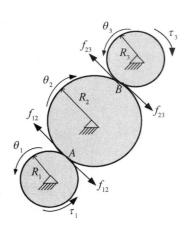

$$J_2\ddot{\theta}_2 = f_{12}R_2 - f_{23}R_2$$
$$J_3\ddot{\theta}_3 = f_{23}R_3 - \tau_3$$

在 A 点、B 点分别有位移关系式

$$R_1\theta_1 = R_2\theta_2$$
$$R_2\theta_2 = R_3\theta_3$$

综合上述各式,并消去中间变量 θ_1、θ_2、f_{12}、f_{23},可以得到此定轴轮系的运动方程

$$\left(\frac{R_3R_2}{R_1^2}J_1 + \frac{R_3}{R_2}J_2 + \frac{R_2}{R_3}J_3\right)\ddot{\theta}_3 = \frac{R_2}{R_1}\tau_1 - \frac{R_2}{R_3}\tau_3$$

图 2-12 定轴轮系

[**例 2-08**]　齿轮齿条传动是机械传动的常见形式。如图 2-13 所示系统中,齿轮定轴运动,对其施加力矩从而带动齿条,齿条拖动质量块 M_1 的位移。假设齿条 M_2、质量块 M_1 水平运动时与支承面间的摩擦可忽略,请建立施加力矩 τ 与质量块 M_1 位移 x_1 间的运动模型。

[**解**]　在图 2-13 中对此系统标记受力,对齿轮、齿条 M_2、质量块 M_1 分别应用欧拉定律和牛顿定律,有

$$J\ddot{\theta} = \tau - fR$$
$$M_1\ddot{x}_1 = -K(x_1-x_2) - B(\dot{x}_1-\dot{x}_2)$$
$$M_2\ddot{x}_2 = f + K(x_1-x_2) + B(\dot{x}_1-\dot{x}_2)$$

齿轮、齿条间为纯滚动即无相对滑动,有

$$x_2 = R\theta$$

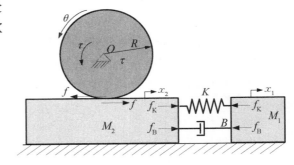

图 2-13 机械系统

对上述各式进行零初始条件下的拉氏变换,得

$$Js^2\Theta = T - FR$$
$$M_1s^2X_1 = -K(X_1-X_2) - Bs(X_1-X_2)$$
$$M_2s^2X_2 = F + K(X_1-X_2) + Bs(X_1-X_2)$$
$$X_2 = R\Theta$$

按题意求取力矩 T 与质量块 M_1 位移 X_1 的传递函数,消除中间变量 Θ、X_2、F 得

$$\frac{X_1}{T} = \frac{Bs+K}{\left(M_1M_2R+\dfrac{J}{R}\right)s^4 + \left(M_1R+M_2R+\dfrac{J}{R}\right)Bs^3 + \left(M_1R+M_2R+\dfrac{J}{R}\right)Ks^2}$$

上述例子中转动件的转动中心固定不动。对于转动中心同时运动的系统来说,在建模时应计入转动中心的位移。如图 2-14 中质量为 m 半径为 R 的实心轮子,其绕中心轴"O"的转动惯量为

$$J_0 = \frac{1}{2}mR^2$$

当轴心受到外力 f 时,可以分别按平动和转动应用动力学定律得到

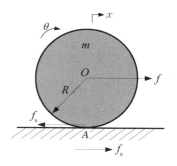

图 2-14 转动系统

$$m\ddot{x} = f - f_s$$
$$J_0\ddot{\theta} = f_s R \qquad (2-5)$$

当在滚动时同时存在滑动,则

$$f_s = \mu m g \qquad x \neq \theta R$$

x 和 θ 各自独立。

当只有纯滚动无滑动,即 $f_s < \mu m g$ 时,$x = \theta R$,并由式(2-5)可得

$$f_s = \frac{J_0\ddot{\theta}}{R}$$

消去中间变量 θ 和 f_s,可得到纯滚动无滑动时运动方程

$$\frac{3}{2}m\ddot{x} = f \qquad (2-6)$$

如果以前轮与地面的接触点"A"点为瞬间转动中心,即瞬心,则可以直接列出

$$J_A \ddot{\theta} = fR$$

其中 $J_A = J_0 + mR^2 = \frac{3}{2}mR^2$,$x = \theta R$,代入可得与式(2-6)相同的结果。

[例 2-09] 图 2-15(a)为水平运动四轮小车的系统连接简图,设车轮纯滚动无滑动,求小车运动方程。

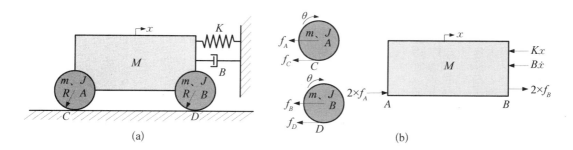

图 2-15 机械系统

[解] 对前轮、后轮、车体分别作受力图,如图 2-15(b)所示。在车轮纯滚动无滑动而且各个车轮轮径一致的情况下,各个轮子的转动角位移为同一变量 θ,它与车体位移 x 的关系为

$$x = \theta R$$

前后轮均受到车体、地面对它们的作用力,对前后轮采用瞬心概念,则分别有

$$J_C \ddot{\theta} = -f_A R \qquad J_D \ddot{\theta} = -f_B R$$

其中 $J_C = J_D = \dfrac{3}{2}mR^2$。

车体受到四个轮子的反作用力、弹簧及阻尼的作用力,有

$$M\ddot{x} = -B\dot{x} - Kx + 2f_A + 2f_B$$

消除中间变量后得到整个小车的运动方程

$$(M + 6m)\ddot{x} + B\dot{x} + Kx = 0$$

2.3 电气系统建模

电气系统的建模过程与机械系统相似,尤其是取消中间变量和化成标准形式运动方程的步骤。

1) 理解功能,分析系统,确定输入、输出变量

电气系统中涉及的变量如表 2-6 所示。

表 2-6 电气系统变量

符 号	名 称	单 位	相互关系(按定义)
q	电荷	C	$\dot{q} = i$
i	电流	A	$q(t_1) = q(t_0) + \int_{t_0}^{t_1} i \, dt$
u	电压	V	$p = ui$
p	功率	W	$w(t_1) = w(t_0) + \int_{t_0}^{t_1} p \, dt$
w	功	J	

2) 采用基本元件画出简化图

表 2-7 是电气系统涉及的三个基本模型元件即电阻、电容、电感以及两个理想电源元件,即理想电压源和理想电流源。

表 2-7 电气系统基本元件

符 号	名 称	数学模型	图 示
R	电阻	$u_R = Ri$ $P = Ri^2 = \dfrac{1}{R}u_R^2$ $Z_R = \dfrac{U_R}{I} = R$	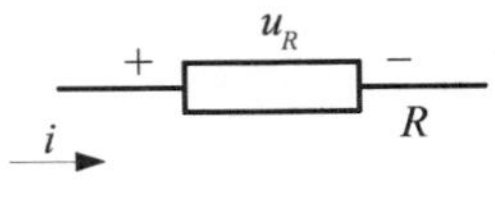
C	电容	$u_c = \dfrac{1}{C}\int i \, dt$ $q = Cu_c$ $w = \dfrac{1}{2}Cq^2$ $Z_C = \dfrac{U_C}{I} = \dfrac{1}{Cs}$	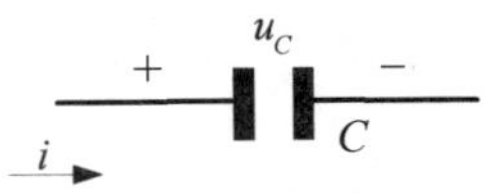

续　表

符　号	名　称	数 学 模 型	图　示
L	电感	$u_L = L\dfrac{\mathrm{d}i}{\mathrm{d}t}$ $w = \dfrac{1}{2}Li^2$ $Z_L = \dfrac{U_L}{I} = Ls$	
u_s	理想电压源		
i_s	理想电流源		

电阻表征电压与电流的静态特性并发热耗能。电容和电感表征电压或电流变量的动态特性，电容进行电场储能，而电感则进行磁场蓄能，因此电气系统涉及电磁场统一的概念。

这三个元件也可以采用一个统一元件变量即阻抗 Z，上述元件均定义为元件输入电压与输出电流的传递函数的同一格式。

无论负载电路如何变化，理想电压源的两端电压恒定不变，理想电流源提供的电流恒定不变。这两个元件都是理想电源元件，实际电源存在内部阻抗，在建模时可以将电源分解为理想电源加实际内部阻抗的形式。

3）推导数学模型

上述基本元件经串联或关联的方式构成实际系统，连接时遵守基尔霍夫定律。基尔霍夫定律分为基于回路的电压定律和基于节点的电流定律。

基尔霍夫电压定律指电路中沿任何封闭回路的总压降为零，即 $\displaystyle\sum_{i=\mathrm{LOOP}} u_i = 0$，具体如图 2-16(a) 所示，有 $u_1 + u_2 - u_3 - u_4 = 0$。

基尔霍夫电流定律指电路中任何一个节点的电流代数和为零，即 $\displaystyle\sum_{j=\mathrm{NET}} i_j = 0$，具体如图 2-16(b) 所示，有 $i_1 + i_2 + i_3 = 0$。

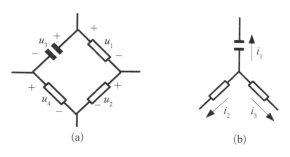

图 2-16　基尔霍夫定律

后续取消中间变量和化成标准形式运动方程与机械运动系统完全一致，不再赘述。

[**例 2 - 10**]　对图 2 - 17(a)所示的电气电路建立输入电压 u 与输出电流 i 间的传递函数模型。

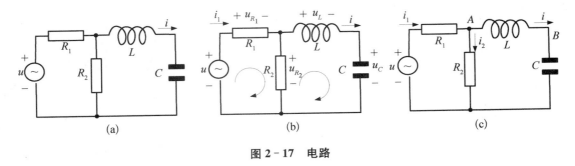

图 2 - 17　电路

[**解 1**]　采用霍尔基夫电压定理,标记电压如图 2 - 17(b)所示,并定义电流 i_1, 按基本元件定义可得

$$u_{R_1} = R_1 i_1$$
$$u_{R_2} = R_2 (i_1 - i)$$
$$u_L = L \frac{di}{dt}$$
$$u_C = C \int i \, dt$$

对两个回路应用基尔霍夫电压定律可得

$$u - u_{R_1} - u_{R_2} = 0$$
$$u_{R_2} - u_L - u_C = 0$$

共 7 个变量 6 个方程,拉氏变换并消除中间变量,可得到输入电压 u 与输出电流 i 间的传递函数

$$\frac{I(s)}{U(s)} = \frac{\dfrac{R_2 C}{R_1 + R_2}}{LCs^2 + \dfrac{R_1 R_2}{R_1 + R_2} Cs + 1}$$

[**解 2**]　采用霍尔基夫电流定理,标记电流如图 2 - 17(c)所示,并定义节点 A 和 B, 按基本元件定义可得

$$u - u_A = R_1 i_1$$
$$u_A = R_2 i_2$$
$$u_A - u_B = L \frac{di}{dt}$$
$$u_B = C \int i \, dt$$

对节点 A 应用基尔霍夫电流定律可得

$$i_1 = i_2 + i$$

共 6 个变量 5 个方程,拉氏变换并消除中间变量,可得到输入电压 u 与输出电流 i 间的传递函数

$$\frac{I(s)}{U(s)} = \frac{\dfrac{R_2 C}{R_1 + R_2}}{LCs^2 + \dfrac{R_1 R_2}{R_1 + R_2}Cs + 1}$$

电气系统建模时结合具体电路器件应考虑负载效应。如图 2-18(a)所示的 RC 电路,假设后继无负载,即电流 i_1 全部流经电容 C_1 可以推得

$$\frac{U_o(s)}{U_i(s)} = \frac{1}{R_1 C_1 s + 1}$$

图 2-18(b)中两个相同类型的 RC 电路串联,第二个 RC 电路是第一个 RC 电路的负载,电流 i_1 不再全部流经电容 C_1,而是分流了电流 i_2 到第二个 RC 电路。将串联后的电路作整体建模,可以得到

$$\frac{U_o(s)}{U_i(s)} = \frac{1}{R_1 C_1 R_2 C_2 s^2 + (R_1 C_1 + R_2 C_2 + R_1 C_2)s + 1}$$

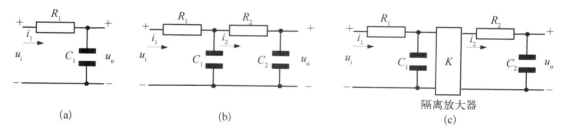

图 2-18　电路

但如果两个 RC 电路间加入一个输入阻抗无限大输出阻抗无限小的隔离放大器,如图 2-19(c)所示,则电流 i_1 不再分流,可对隔离前后的电路分别建模,从而有

$$\frac{U_o(s)}{U_i(s)} = \frac{1}{R_1 C_1 s + 1} \cdot K \cdot \frac{1}{R_2 C_2 s + 1}$$

隔离放大器常采用运算放大器电路。运算放大器为输入阻抗无限小、输出阻抗无限大的有源器件,图 2-19(a)中是其简化原理符号,输入电压 u_1、u_2 与输出电压 u_o 间有关系式

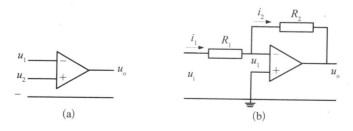

图 2-19　运放及运放电路

$$u_o = K(u_2 - u_1)$$

K 为运算放大器增益，$K \gg 1$。

在图 2-19(b)中标记运放电路的中间变量 i_1、i_2 和 u_1，两个电阻元件分别有

$$i_1 = \frac{u_i - u_1}{R_1} \qquad i_2 = \frac{u_1 - u_o}{R_2}$$

节点 u_1 处运算放大器输入阻抗无限小，有

$$i_1 = i_2$$

$K \gg 1$，u_o 为有限值，则

$$u_1 \approx 0$$

因此有

$$\frac{u_i - 0}{R_1} = \frac{0 - u_o}{R_2}$$

整理后得

$$u_o = -\frac{R_2}{R_1} u_i$$

即此运放电路为反相放大电路，当 $R_1 = R_2$ 时则成为反相跟随器 $u_o = -u_i$。

2.4 机电系统建模

机电系统，顾名思义系统中存在上两节所述的机械运动元件和电气系统元件，两类元件通过机电耦合元件作用形成机械变量、电气变量相互动态作用变化的完整系统。机电耦合可分为两类。

(1) 运动、力作用引起电气参数变化。变化可以是电气变量如电压、电流变化，如磁场中电枢变速时产生的反电动势，压电传感器中施加力与电荷间的关系；也可以是电气元件参数的变化，如电位计中位移引起的电阻值变化、电容极式传感器极板位移引起的电容值变化。

(2) 电参数及其变化产生运动、力。如压电致动器中由施加电流引起的运动、电流流经磁场产生电动力。

图 2-20 是控制系统中常用的直流电动机的简图。电机由转子（电枢＋轴）、定子（含磁体）、支座组成。电机电路闭合后，电枢的每个线圈通电后在磁体磁场中生成电动力，构成绕轴心线旋转的力矩[见图 2-20(c)]，从而汇成作用在转子上的电机转矩 $\tau_m = K_\tau i_a$。电枢线圈转动时，因为磁场的存在，在每个线圈上将产生反电动势[见图 2-20(d)]，$u_{emf} = K_b \omega_m$。电机转矩常数 K_τ、反向电动势常数 K_b 与电机的磁场强度、电枢半径、电枢长度、电枢线圈匝数相关。

直流电机可以简化为如图 2-21(a)所示的电气-机械连接，电气和机械上可分别建立运动方程

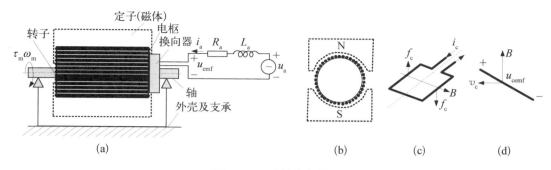

图 2－20　直流电机简图

$$L_a \frac{\mathrm{d}i_a}{\mathrm{d}t} + R_a i_a + u_{\mathrm{emf}} = u_i$$

$$J_m \dot{\omega} + B_m \omega = \tau_m - \tau_L$$

机械与电机之间存在机电耦合关系式

$$\tau_m = K_\tau i_a$$

$$u_{\mathrm{emf}} = K_b \omega_m$$

对上述各式采用零初始条件下的拉氏变换,可得四个变量间的关系式

$$I_a = \frac{1}{L_a s + R_a}(U_i - U_{\mathrm{emf}})$$

$$\Omega_m = \frac{1}{J_m s + B_m}(T_m - T_L)$$

$$T_m = K_\tau I_a$$

$$U_{\mathrm{emf}} = K_b \Omega_m$$

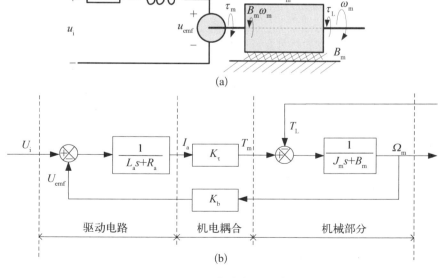

图 2－21　直流电机驱动

27

各变量间的关系也可通过函数方块图表达如图 2-21(b)所示，可得到电机转速与电机输入电压与负载转矩间的关系

$$\Omega_m = \frac{K_\tau}{L_a J_m s^2 + (L_a B_m + R_a J_m)s + R_a B_m + K_\tau K_b} U_i$$
$$+ \frac{L_a s + R_a}{L_a J_m s^2 + (L_a B_m + R_a J_m)s + R_a B_m + K_\tau K_b} T_L$$

图 2-22(a)是将上述直流电机通过减速器带动转动件旋转。则相对于电机的建模，还应增加

$$J_2 \dot{\omega}_2 = \tau_2 - B_2 \omega_2$$

$$\omega_2 = \frac{\omega_m}{N}$$

$$\tau_2 = N\tau_L$$

图 2-21(b)也改进成为图 2-22(b)。

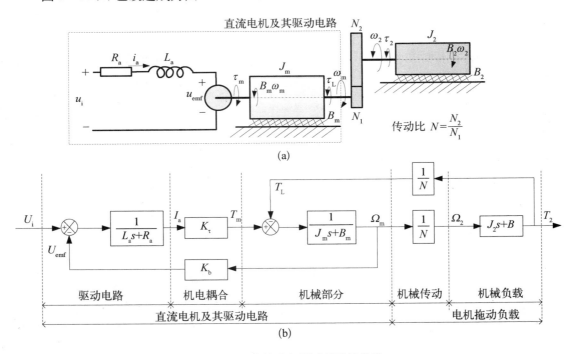

(a)

(b)

图 2-22 直流电机驱动并机械传动

2.5 系统建模的注意问题

2.5.1 完整性

相对于上述机械运动、电气系统，过程系统更为复杂。过程系统的建模过程中须按对象或过程的机理完整地写出各种平衡方程，然后从中获取所需的数学模型。这些机理可以分

为两类。

（1）物料和能量守恒关系。物料守恒包括无化学反应的物料平衡和有化学反应的物料平衡，因此需将系统对外做功、外界对系统做功、流入物料、流出物料以及消耗物料一一考虑列出各种数学方程。

（2）过程系统工作中的物理作用、化学变化的机理方程。如流体物料输送中物料所受流体推动压力和管道摩擦阻力相关的运动方程；又如各个状态中化学组分、材料间的一些参数（如密度、热焓等）与温度、压力及组分间的函数关系；又如化工过程中的各类化学反应平衡和相平衡。

［例 2-11］　如图 2-23 所示液压缸运动控制系统，如果忽略油的泄漏，试建立液压缸流量与液压缸速度间的传递函数 $G(s) = \dfrac{V(s)}{Q(s)}$。

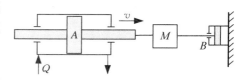

图 2-23　液压缸运动

［解］　由油液压力 p、液压缸工作面积 A、液压缸总容积 V、油液弹性模数 β_e 可建立液压缸流量连续性方程

$$Q = Av + \frac{V}{4\beta_e}\frac{\mathrm{d}p}{\mathrm{d}t}$$

已知负载质量 M、阻尼系数 B 可建立液压缸力平衡方程为

$$pA = M\frac{\mathrm{d}v}{\mathrm{d}t} + Bv$$

合并两式并消去 p，得

$$\frac{VM}{4\beta_e A}\frac{\mathrm{d}^2 v}{\mathrm{d}t^2} + \frac{VB}{4\beta_e A}\frac{\mathrm{d}v}{\mathrm{d}t} + Av = Q$$

对应有传递函数

$$G(s) = \frac{V(s)}{Q(s)} = \frac{1/A}{\dfrac{VM}{4\beta_e A^2}s^2 + \dfrac{VB}{4\beta_e A}s + 1}$$

［例 2-12］　图 2-24 为加热搅拌容器，流入液体的温度和流量分别为 T_i、Q_i，流出液体的温度和液量分别为 T_o、Q_o，加热功率为 P，液体的密度和热容分别为 ρ、c。假设容器内温度处处相等，即等于其出口温度，不计热损失、液体蒸发。请建立容器内液体体积和温度的数学模型。

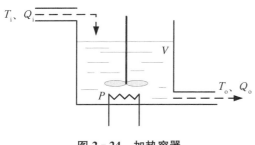

图 2-24　加热容器

［解］　由物质守恒得

$$\frac{\mathrm{d}(\rho V)}{\mathrm{d}t} = \rho\frac{\mathrm{d}V}{\mathrm{d}t} = Q_i - Q_o$$

由能量守恒，得

$$\frac{\mathrm{d}[c\rho V(T_o - T_{\mathrm{ref}})]}{\mathrm{d}t} = c\rho Q_i(T_i - T_{\mathrm{ref}})$$

$$-c\rho Q_{\mathrm{o}}(T_{\mathrm{o}} - T_{\mathrm{ref}}) + P$$

其中常数 T_{ref} 是热焓计算时的参照温度，因此上式左边

$$\frac{\mathrm{d}[c\rho V(T_{\mathrm{o}} - T_{\mathrm{ref}})]}{\mathrm{d}t} = c\rho(T_{\mathrm{o}} - T_{\mathrm{ref}})\frac{\mathrm{d}V}{\mathrm{d}t} + c\rho V\frac{\mathrm{d}T_{\mathrm{o}}}{\mathrm{d}t}$$

由上述三个式子整理可得此容器中液体体积和出口温度的模型为

$$\frac{\mathrm{d}V}{\mathrm{d}t} = \frac{Q_{\mathrm{i}} - Q_{\mathrm{o}}}{\rho}$$

$$\frac{\mathrm{d}T_{\mathrm{o}}}{\mathrm{d}t} = \frac{Q_{\mathrm{i}}}{\rho V}(T_{\mathrm{i}} - T_{\mathrm{o}}) + \frac{P}{c\rho V}$$

2.5.2　非线性

　　自然界中不存在真正的线性系统，各种机电系统、液压系统、气动系统都存在诸如死区、摩擦、间隙、输出饱和等各种非线性函数关系。精确反映各种系统或元件的非线性动态特性的模型很复杂，甚至难以获得解析解。因此在建模和分析时，为针对主要问题，首先略去某些对动态过程不会产生重大影响的非线性因素，以简化方程。但有时系统中只能用非线性方程来描述的部分不可略去时，为了用线性理论对它们进行分析和设计，采用近似的线性化转化方法在一定工作范围内用近似的线性方程来代替这些非线性方程。线性化后所得的结果近似地、有条件地，但在一定范围内能够正确地反映系统运动的一般性质。

　　实际应用中常采用切线法（或称微小偏差法）对非线性系统进行线性化。微小偏差法首先假设在整个过程中，系统所有变量与其稳态值之间只产生足够微小的偏差，对其中的非线性项在工作点附近进行泰勒级数展开并取线性部分。如单变量、双变量、三变量的非线性项分别有

对于单变量 $f(x)$
$$\begin{cases} f(x) = f_0 + \Delta f(x) \\ \Delta f(x) = \dfrac{\mathrm{d}f}{\mathrm{d}x}\Big|_{x=x_0}\Delta x \end{cases}$$

对于双变量 $f(x,y)$
$$\begin{cases} f(x,y) = f_0 + \Delta f(x,y) \\ \Delta f(x,y) = \dfrac{\partial f}{\partial x}\Big|_{(x_0,y_0)}\Delta x + \dfrac{\partial f}{\partial y}\Big|_{(x_0,y_0)}\Delta y \end{cases}$$

对于三变量 $f(x,y,z)$
$$\begin{cases} f(x,y,z) = f_0 + \Delta f(x,y,z) \\ \Delta f(x,y,z) = \dfrac{\partial f}{\partial x}\Big|_{(x_0,y_0,z_0)}\Delta x + \dfrac{\partial f}{\partial y}\Big|_{(x_0,y_0,z_0)}\Delta y + \dfrac{\partial f}{\partial z}\Big|_{(x_0,y_0,z_0)}\Delta z \end{cases}$$

减去稳态方程，即得到额定工作点附近以增量表示的线性表达式。此时运动方程中各变量就不再是绝对值，而是相对于额定工作点的偏差，这种运动方程称为增量方程。

　　[例 2 - 13]　如图 2 - 25 所示液位系统，设容器上下均匀，截面积为 A。以 Q_{i} 为输入量以液面高度 h 为输出量建立模型。

　　[解]　根据物质守恒定律及伯努利方程有

$$\frac{\mathrm{d}h}{\mathrm{d}t} = \frac{Q_\mathrm{i} - Q_\mathrm{o}}{A}$$

$$Q_\mathrm{o} = k\sqrt{h}$$

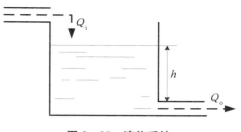

图 2 - 25　液位系统

式中：k 为管道阻力系数，当管道结构一定时，在 Q_o 变化的一定范围内近似为恒值。

去中间变量 Q_o，可求得液面高度运动方程式

$$\frac{\mathrm{d}h}{\mathrm{d}t} + \frac{k}{A}\sqrt{h} = \frac{1}{A}Q_\mathrm{i}$$

这是一个在不同液面高度都成立的非线性方程式，分析较困难。

如果液面高度在稳态值 (h_0, Q_{i_0}) 附近很小范围内变化时，即稳态工况时，有静态方程

$$k\sqrt{h_0} = Q_{\mathrm{i}_0}$$

对非线性函数项 $\sqrt{h}$ 在 h_0 附近线性化

$$\sqrt{h} = \sqrt{h_0} + \left(\frac{\mathrm{d}\sqrt{h}}{\mathrm{d}h}\right)_{h_0}\Delta h = \sqrt{h_0} + \frac{1}{2\sqrt{h_0}}\Delta h$$

并将运动方程用稳态值和增量之和表示：

$$\frac{\mathrm{d}(h_0 + \Delta h)}{\mathrm{d}t} + \frac{k}{A}\left[\sqrt{h_0} + \frac{1}{2\sqrt{h_0}}\Delta h\right] = \frac{1}{A}(Q_{\mathrm{i}_0} + \Delta Q_\mathrm{i})$$

上式减去静态方程式，可得线性化的增量方程

$$A\frac{\mathrm{d}\Delta h}{\mathrm{d}t} + \frac{k}{2\sqrt{h_0}}\Delta h = \Delta Q_\mathrm{i}$$

[例 2 - 14]　图 2 - 26(a)中的双摆系统，设旋转轴处无摩擦，摆杆长度为 L，弹簧连接在双摆杆的中间，当 $\theta_1 = \theta_2$ 时，弹簧无变形，摆动角度 θ_1、θ_2 均为很小的角度。求当如图在摆杆中间施加外力 f 时此系统的传递函数。

[解]　摆杆受力如图 2 - 26(b)所示，其中弹簧力

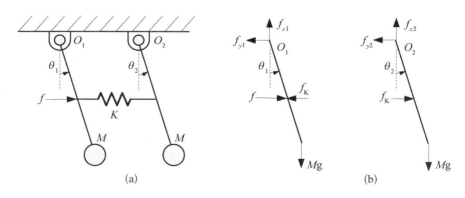

(a)　　　　　　　　　　(b)

图 2 - 26　双摆系统

$$f_K = K \frac{L}{2}(\sin\theta_1 - \sin\theta_2)$$

对两个摆杆分别就它们的回转中心写转动方程有

$$\begin{cases} ML^2\ddot{\theta}_1 = f\dfrac{L}{2}\cos\theta_1 - f_K\dfrac{L}{2}\cos\theta_1 - MgL\sin\theta_1 \\ ML^2\ddot{\theta}_2 = f_K\dfrac{L}{2}\cos\theta_2 - MgL\sin\theta_2 \end{cases}$$

由题意知摆动角度 θ_1、θ_2 均为很小的角度,近似有 $\sin\theta_1 = \theta_1$,$\cos\theta_1 = 1$ 和 $\sin\theta_2 = \theta_2$,$\cos\theta_2 = 1$,代入上述各式,则有

$$\begin{cases} \ddot{\theta}_1 = \dfrac{f}{2ML} - \left(\dfrac{g}{L} + \dfrac{K}{4M}\right)\theta_1 + \dfrac{K}{4M}\theta_2 \\ \ddot{\theta}_2 = \dfrac{K}{4M}\theta_1 - \left(\dfrac{g}{L} + \dfrac{K}{4M}\right)\theta_2 \end{cases}$$

取 $A = \dfrac{g}{L} + \dfrac{K}{4M}$、$B = \dfrac{K}{4M}$,则上两式变为

$$\begin{cases} \ddot{\theta}_1 = \dfrac{f}{2ML} - A\theta_1 + B\theta_2 \\ \ddot{\theta}_2 = B\theta_1 - A\theta_2 \end{cases}$$

对此两式作零初始条件下的拉氏变换,可得到代数方程

$$\begin{cases} s^2\Theta_1(s) = \dfrac{F(s)}{2ML} - A\Theta_1(s) + B\Theta_2(s) \\ s^2\Theta_2(s) = B\Theta_1(s) - A\Theta_2(s) \end{cases}$$

取消中间变量 $\Theta_2(s)$ 得

$$\frac{\Theta_1(s)}{F(s)} = \frac{1}{2ML}\frac{s^2 + A}{(s^2 + A)^2 - B^2}$$

2.6 系统方块图模型

较简单的系统可直接消除微分方程式或代数方程的中间变量来求环节或系统的传递函数。复杂系统可借用系统函数方块图,利用方块图的连接法则和等效变换法则进行简化,最终求出整个系统的传递函数。

2.6.1 方块图绘制

由元件、环节连接在一起构成一个完整的动态系统。各个元件、环节、相互间的关系均可以按上述各节的方法进行建模,并以方块的形式表示出来,将这些方块单元按信号流向连接起来便得到系统方块图。

[例 2 - 15] 绘制图 2 - 27 所示的二级 RC 回路的系统方块图。

[**解**] 列出系统原始运动微分方程

$$\frac{u_r(t) - u_1(t)}{R_1} = i_1(t)$$

$$u_1(t) = \frac{1}{C_1}\int[i_1(t) - i_2(t)]dt$$

$$\frac{u_1(t) - u_c(t)}{R_2} = i_2(t)$$

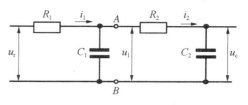

图 2-27 二级 RC 回路

$$u_c(t) = \frac{1}{C_2}\int i_2(t)dt$$

零初始条件下求出与上述方程式相对应的拉氏变换式为

$$\frac{U_r(s) - U_1(s)}{R_1} = I_1(s)$$

$$U_1(s) = \frac{I_1(s) - I_2(s)}{C_1 s}$$

$$\frac{U_1(s) - U_c(s)}{R_2} = I_2(s)$$

$$U_c(s) = \frac{1}{C_2 s}I_2(s)$$

根据方程中变量间的关系分别画出与各拉氏变换式相对应的局部方块图[见图 2-28(a)]，将四个单元方块图中相同变量连接起来，即得二级 RC 回路的系统方块图，如图 2-28(b)所示。

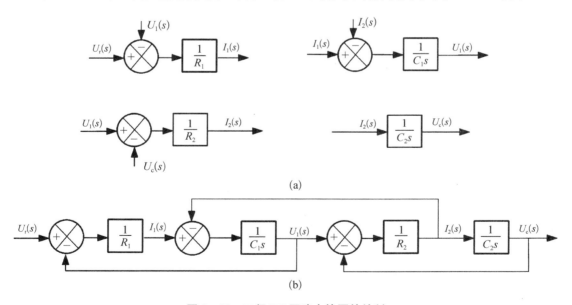

图 2-28 二级 RC 回路方块图的绘制

2.6.2 方块图连接

系统的各环节间有串联、并联和反馈连接三种基本连接方式，并可通过方块图运算找出等效传递函数。

1）串联连接

如图 2-29 所示，各环节的传递函数分别为

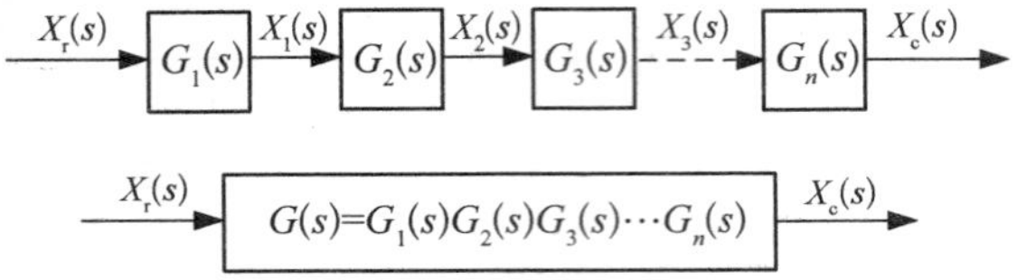

图 2-29 串联

$$G_1(s) = \frac{X_1(s)}{X_r(s)} \qquad G_2(s) = \frac{X_2(s)}{X_1(s)} \qquad \cdots \qquad G_n(s) = \frac{X_c(s)}{X_{n-1}(s)}$$

根据传递函数定义，串联后的总传递函数是最后输出量 $X_c(s)$ 与最初输入量 $X_r(s)$ 之比，故

$$G(s) = \frac{X_c(s)}{X_r(s)} = \frac{X_1(s)}{X_r(s)} \cdot \frac{X_2(s)}{X_1(s)} \cdot \frac{X_3(s)}{X_2(s)} \cdots \cdot \frac{X_c(s)}{X_{n-1}(s)} = G_1(s)G_2(s)G_3(s)\cdots G_n(s)$$

即环节串联后总的传递函数等于每个串联的环节的传递函数之乘积。

应该指出环节传递函数的串联传递作用与具体电路的串联传递作用是不同的。前者指后一环节对前一环节是没有影响的，可以应用串联运算法则直接相乘。而后者就必须考虑后面元件对前面元件的负载效应，存在负载效应的元件应归并在同一环节中。

2）并联连接

如图 2-30 所示，各环节的传递函数分别为

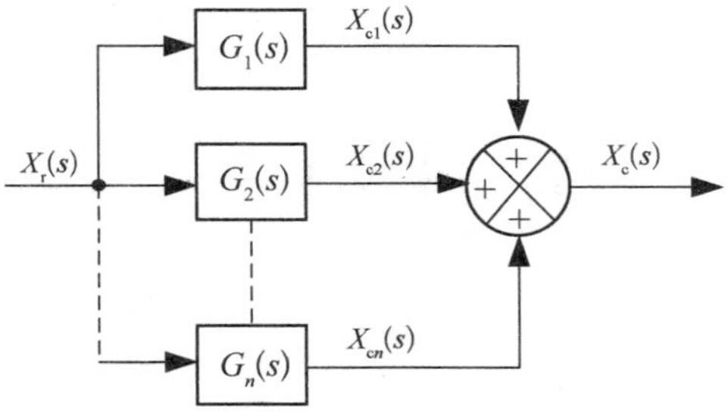

$$G_1(s) = \frac{X_{c1}(s)}{X_r(s)} \qquad G_2(s) = \frac{X_{c2}(s)}{X_r(s)} \qquad \cdots \qquad G_n(s) = \frac{X_{cn}(s)}{X_r(s)},$$

并有

$$X_{c1}(s) + X_{c2}(s) + \cdots + X_{cn}(s) = X_c(s)$$

总传递函数

$$G(s) = \frac{X_c(s)}{X_r(s)} = \frac{X_{c1}(s) + X_{c2}(s) + \cdots + X_{cn}(s)}{X_r(s)}$$
$$= G_1(s) + G_2(s) + \cdots + G_n(s)$$

图 2-30 并联连接

即环节并联后总的传递函数等于所有并联环节传递函数之和。

3）反馈连接

如图 2-31 所示，前向通路传递函数

$$G(s) = \frac{C(s)}{E(s)}$$

反馈通路传递函数为

$$R(s) - B(s) = E(s)$$

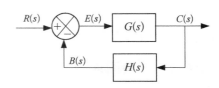

图 2-31 反馈连接

$$B(s) = H(s)C(s)$$

从上述方程消去 $E(s)$,则

$$C(s) = G(s)[R(s) - H(s)C(s)]$$

于是具有负反馈的环节传递函数

$$\frac{C(s)}{R(s)} = \frac{G(s)}{1 + G(s)H(s)}$$

同理,具有正反馈时,传递函数为

$$\frac{C(s)}{R(s)} = \frac{G(s)}{1 - G(s)H(s)}$$

即具有反馈的环节传递函数等于前向通路的传递函数除以 1 加(或减)前向通路和反馈通路传递函数的乘积。

在 MATLAB 中进行系统连接时,分别有由系统 sys1、sys2 串联构建成系统 sys=series (sys1,sys2),或由系统 sys1、sys2 并联构建成系统 sys= parallel(sys1,sys2),以及由前向通道 sysg,反馈通道 sysh 构成反馈系统 sys=feedback(sysg,sysh,sign),其中 sign 取值中+1 为正反反馈,−1 为负反馈,缺省值为负反馈。

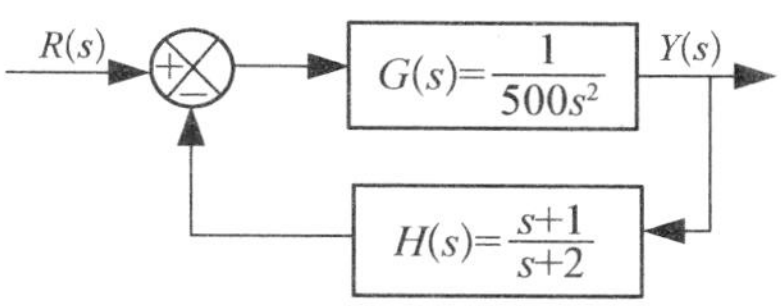

图 2−32　系统方块图

[例 2−16]　求如图 2−32 所示系统的传递函数。

[解]　对应有 MATLAB 程序

z=[−1];	//零点(z)
p=[−2];	//极点(p)
k=1;	//增益(k)
sysh=zpk(z,p,k);	//由零点(z)、极点(p)和增益(k)构成的零极点模型 sysh
numg=[1];	//分子多项式(numg)
deng=[500 0 0];	//分母多项式(deng)
sysg=tf(numg,deng);	//多项式分式系统模型
sys=feedback(sysg,sysh)	//前向通道(sysg),反馈通道(sysh)构成负反馈系统

MATLAB 中运行结果为

Transfer function:	
$\quad$ s+2	
————————————————	
500 s^3+1000 s^2+s+1	

即图 2−32 所示系统的传递函数为 $\dfrac{Y(s)}{R(s)} = \dfrac{s+2}{500s^3 + 1\,000s^2 + s + 1}$

2.6.3　方块图等效变换

在一些比较复杂的系统中,为了便于运算经常通过移动比较点或引出点、减少内反馈回路的等效变化来变动系统结构。表 2-8 中是比较常见的等效变换法则。如表 2-8 中 1♯ 表示可以改变信号相加(减)次序;表 2-8 中 6♯、7♯ 表示引出点的前移或后移时,需乘以或除以所越过的环节的传递函数;表 2-8 中 8♯ 表示引出点可以互换,与引出的先后次序无关。

表 2-8　等效法则

名　称	原方块图	等效方块图
1♯ 交换比较点		
2♯ 比较点分解		
3♯ 交换方块		
4♯ 比较点前移		
5♯ 比较点后移		
6♯ 引出点前移		
7♯ 引出点后移		
8♯ 交换引出点		
9♯ 交换比较点、引出点		
10♯ 方块串联		
11♯ 方块并联		

续 表

名　　称	原 方 块 图	等 效 方 块 图
12# 非单位反馈化为单位反馈		
13# 取消反馈环		

2.6.4　方块图化简

1）具有交错反馈的多回路系统

[例 2-17]　图 2-33(a)是一个交错的多回路系统,在其中一个局部反馈的前向通路中部引出信号,再反馈到局部反馈前面环节的输入端。请采用方块图化简的方法求取此系统的传递函数。

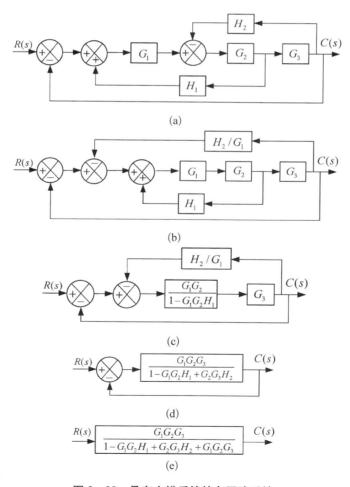

图 2-33　具有交错反馈的多回路系统

[**解**] （1）应用比较点移动法则，将包含 H_2 的负反馈回路的比较点，移到包含 H_1 的正反馈回路的外面。由于比较点前移，故反馈回路必须除以其所超越的环节传递函数 G_1，得到图 2-33(b)；

（2）消去包含 H_1 的正反馈回路，得图 2-33(c)；

（3）消去包含 H_2/G_1 的负反馈回路，得图 2-33(d)；

（4）消去主反馈回路，得图 2-33(e)。

故图 2-33(a)所示的交错反馈多回路系统的传递函数为

$$\frac{C(s)}{R(s)} = \frac{G_1(s)G_2(s)G_3(s)}{1 - G_1(s)G_2(s)H_1(s) + G_2(s)G_3(s)H_2(s) + G_1(s)G_2(s)G_3(s)}$$

当然也可以应用引出点移动法则，消除交错反馈，求取到的系统传递函数将是相同的。

2）复杂的多回路系统

[**例 2-18**] 用方块图化简的方法求取图 2-34(a)中多回路系统的传递函数。

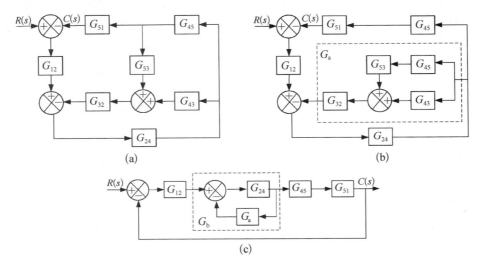

图 2-34 系统方块图的简化

[**解**] 系统原始系统方块图较难区分前向通道和反馈回路。增加一个 $G_{45}(s)$ 环节，应用变换法则可转化为图 2-34(b)，虚线框内

$$G_a(s) = G_{32}(s)[G_{43}(s) + G_{53}(s)G_{45}(s)]$$

按由输入 $R(s)$ 到输出 $C(s)$ 的主回路，转换成图 2-34(c)形式，虚线框内

$$G_b(s) = \frac{G_{24}(s)}{1 + G_{24}(s)G_a(s)}$$

于是可求出整个系统的传递函数

$$\frac{C(s)}{R(s)} = \frac{G_{12}(s)G_b(s)G_{45}(s)G_{51}(s)}{1 + G_{12}(s)G_b(s)G_{45}(s)G_{51}(s)}$$

由上述例子可得基于方块图简化求取系统传递函数的一般步骤：

（1）分开共用线路及环节，使每个局部回路及主反馈回路有自己专用线路和环节，如

图 2-34(a)化成图 2-34(b);

(2) 确定从输入量到输出量的前向通路,如图 2-34(b)化成图 2-34(c);

(3) 移动比较点、引出点消除交错回路;

(4) 先求出并联环节和具有局部反馈环节的传递函数,再求出整个系统的传递函数。

2.7 典型环节及其传递函数

动态系统由若干环节按一定形式组成,各环节的物理本质可能是电气、机械、液压、气动等等。但任何系统都由有限的几种典型环节组成,它的传递函数可以用 s 的有理分式函数表示,即

$$G(s) = \frac{b_0 s^m + b_1 s^{m-1} + \cdots + b_{m-1} s + b_m}{a_0 s^n + a_1 s^{n-1} + \cdots + a_{n-1} s + a_n} \quad (n \geqslant m)$$

表达成零极点形式,则为

$$G(s) = \frac{b_0 (s-z_1)(s-z_2)\cdots(s-z_m)}{a_0 (s-p_1)(s-p_2)\cdots(s-p_n)}$$

一个实根因式 $(s+a)$ 可常数项归一化为

$$s + a = \frac{1}{\tau}(\tau s + 1) \qquad \tau = \frac{1}{a}$$

一对共轭复根因式 $(s+\sigma+j\omega)(s+\sigma-j\omega)$ 可常数项归一化为

$$(s+\sigma+j\omega)(s+\sigma-j\omega) = \frac{1}{\tau^2}(\tau^2 s^2 + 2\zeta\tau s + 1) \quad \tau = \frac{1}{\sqrt{\sigma^2+\omega^2}} \quad \zeta = \frac{\sigma}{\sqrt{\sigma^2+\omega^2}}$$

假设一个系统的传递函数的分子具有 j_1 个实零点、j_2 对共轭复零点,分母具有 j_3 个实极点、j_4 对共轭复极点、v 个零根,便有

$$G(s) = \frac{K \prod\limits_{i_1=1}^{j_1}(\tau_{i_1} s + 1) \prod\limits_{i_2=1}^{j_2}(\tau_{i_2}^2 s^2 + 2\zeta_{i_2}\tau_{i_2} s + 1)}{s^v \prod\limits_{i_3=1}^{j_3}(T_{i_3} s + 1) \prod\limits_{i_4=1}^{j_4}(T_{i_4}^2 s^2 + 2\zeta_{i_4} T_{i_4} s + 1)}$$

表达式中含 6 种因子,即 6 种典型构成环节。与分子相对应的环节分别为放大环节 K、一阶微分环节 $\tau s+1$、二阶微分环节 $\tau^2 s^2 + 2\zeta\tau s + 1$。与分母相对应的环节分别为积分环节 $\frac{1}{s}$、惯性环节 $\frac{1}{Ts+1}$、振荡环节 $\frac{1}{T^2 s^2 + 2\zeta Ts + 1}$。此外,还有理想微分环节 s 和延滞环节 $e^{-\tau s}$。任何动态系统都可以看作是由这些典型环节的串联组合。

1) 放大环节

又称比例环节,输出 $x_c(t)$ 量以一定的比例复现输入量 $x_r(t)$,无失真和时间滞后,其运动微分方程式和传递函数分别为

$$x_{\mathrm{c}}(t) = Kx_{\mathrm{r}}(t) \qquad G(s) = \frac{X_{\mathrm{c}}(s)}{X_{\mathrm{r}}(s)} = K$$

式中：K 为环节放大系数。

实践中纯放大环节极少见，忽略一些因素的前提下可以将某些部件看成放大环节，图 2-35 是一些放大环节的工程实例。

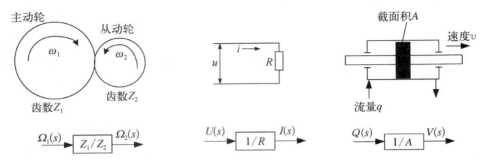

图 2-35　放大环节的工程实例

(a) 机械；　(b) 电气；　(c) 液压

2) 惯性环节

惯性环节中含有储能元件，以致对于输入信号的突变，输出不能立即复现，输出量的变化落后于输入量。其运动微分方程式和传递函数分别为

$$T\frac{\mathrm{d}x_{\mathrm{c}}(t)}{\mathrm{d}t} + x_{\mathrm{c}}(t) = Kx_{\mathrm{r}}(t) \qquad G(s) = \frac{X_{\mathrm{c}}(s)}{X_{\mathrm{r}}(s)} = \frac{K}{Ts+1}$$

式中：T 为时间常数；K 为环节放大系数。

图 2-36 是一些惯性环节的工程实例。惯性环节主要由时间常数 T 和传递系数 K 来表示。由于输出量与输入量可能是不同的物理量，故传递系数 K 有量纲且等于输出量与输入量稳态值之比。

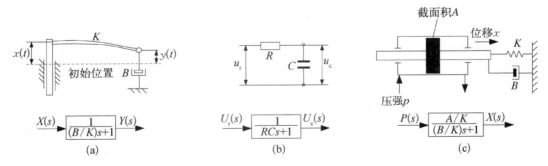

图 2-36　惯性环节的工程实例

(a) 机械；　(b) 电气；　(c) 液压

3) 积分环节

积分环节的输出量变化速度和输入量成正比，其微分方程和传递函数分别为

$$\frac{\mathrm{d}x_{\mathrm{c}}(t)}{\mathrm{d}t} = Kx_{\mathrm{r}}(t) \qquad G(s) = \frac{x_{\mathrm{c}}(s)}{x_{\mathrm{r}}(s)} = \frac{K}{s}$$

积分环节输出量 $x_c(t)$ 与输入量 $x_r(t)$ 之间呈积分关系

$$x_c(t) = K\int_0^t x_r(t)\,\mathrm{d}t$$

当输入 $x_r(t)$ 为单位阶跃函数时,得

$$x_c(t) = Kt$$

$x_c(t)$ 随着时间直线增长,K 越大增长越快。当输入突然除去,积分停止,输出维持不变,故有记忆功能。理想积分环节中只要有信号存在,不管多大,输出总是增长,直至无限(由于实际元件的饱和、能量和工作条件等限制,不可能达到无限),这一特点通常被用来改善系统的稳态性能。图 2-37 是一些积分环节描述的元件的工程实例。

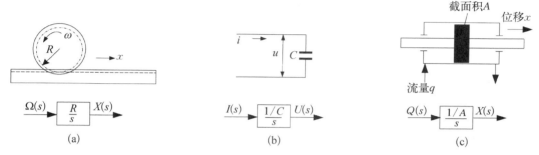

图 2-37　积分环节的工程实例
(a) 机械;　(b) 电气;　(c) 液压

4) 微分环节

理想微分环节的运动方程和传递函数分别为

$$x_c(t) = K\frac{\mathrm{d}x_r(t)}{\mathrm{d}t} \qquad G(s) = \frac{X_c(s)}{X_r(s)} = Ks$$

理想微分环节的实例如测速发电机,但实际上,微分环节常带有惯性,要完全满足理想条件是不可能的。因此微分环节大都是近似的,称实际微分环节。其传递函数

$$G(s) = \frac{KTs}{Ts+1}$$

当时间常数 $T \to 0$,且 KT 保持有限值时,实际微分环节变成理想微分环节。T 越小,纯微分作用越强。但当环节 T 很小时,要求 K 同步增加以确保 KT 为有限值。

微分环节主要用来改善系统动态性能、减小振荡、增加系统稳定性。图 2-38 是微分环节的工程实例。

5) 振荡环节

振荡环节的输出和输入之间的关系由微分方程

$$T^2\frac{\mathrm{d}^2 x_c}{\mathrm{d}t^2} + 2\zeta T\frac{\mathrm{d}x_c}{\mathrm{d}t} + x_c = Kx_r$$

描述。对应的传递函数为

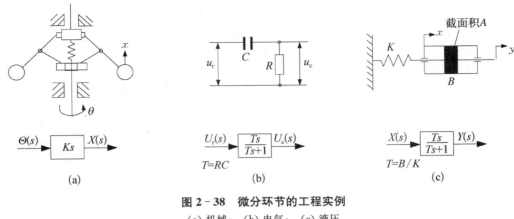

图 2-38 微分环节的工程实例

（a）机械； （b）电气； （c）液压

$$G(s) = \frac{X_c(s)}{X_r(s)} = \frac{K}{T^2 s^2 + 2\zeta T s + 1}$$

式中：T 为环节的时间常数；ζ 为阻尼比。

振荡环节由传递系数 K、时间常数 T 和阻尼比 ζ 三个参数表示，振荡环节的特性主要取决于 ζ 和 T。只有当阻尼比 $0 < \zeta < 1$ 时，即特征方程 $T^2 s^2 + 2\zeta T s + 1 = 0$ 具有一对复根时，环节才产生振荡，称为振荡环节。如果 $\zeta \geqslant 1$，即特征方程具有实根时，则不产生振荡，可以看成两个惯性环节串联。

图 2-39 中是典型的机械振荡系统和电气振荡电路。振荡环节包含有两种形式的储能元件，并且所储存的能量能够相互转换，如位能与动能之间、电能与磁能之间的转换等，使得输出产生振荡。

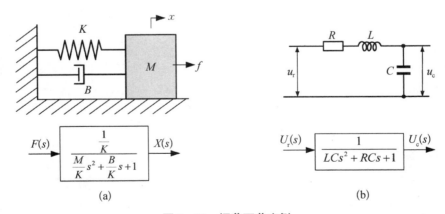

图 2-39 振荡环节实例

（a）机械； （b）电气

6）二阶微分环节

二阶微分环节的运动微分方程和传递函数分别为

$$x_c(t) = K\left[\tau^2 \frac{\mathrm{d}x_r^2(t)}{\mathrm{d}t^2} + 2\zeta\tau \frac{\mathrm{d}x_r(t)}{\mathrm{d}t} + x_r(t)\right] \qquad G(s) = \frac{X_c(s)}{X_r(s)} = K(\tau^2 s^2 + 2\zeta\tau s + 1)$$

可以看出输出量不仅决定于输入量本身,还决定于它的一次和二次导数。二阶微分环节同样可以用传递系数 K、时间常数 τ 和阻尼比 ζ 三个参数表示,其中 τ 和 ζ 决定二阶微分环节的特性。同样地只有方程具有复根时才称其为二阶微分环节。如果是实根则认为由两个一阶微分环节串联组成。在系统中引进的二阶微分环节主要用于改善系统的动态品质。

7) 延滞环节

如图 2-40 所示的输入输出时域波形,当输入 $x_r(t)$ 为一阶跃信号,输出 $x_c(t)$ 经过时间 τ 以后才复现阶跃信号,且幅值不衰减,在 $0 < t < \tau$ 时间内输出为零。这种环节称为延滞环节,τ 叫作延滞时间。图 2-41 是进水管流量的延滞特性例子,延滞环节与惯性环节不同,其动特性不像惯性环节那样慢慢上升,而是在输入作用后一段时间内没有输出,此后输出完全复现输入。

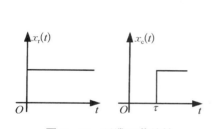

图 2-40　延滞环节特性

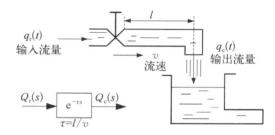

图 2-41　进水管延迟特性

延滞环节的输出可表示为

$$x_c(t) = x_r(t - \tau)$$

传递函数为

$$G(s) = \frac{X_c(s)}{X_r(s)} = e^{-\tau s}$$

由于延滞环节的传递函数是一超越函数,一般应用时大多进行数学上的近似处理,即

$$e^{-\tau s} = 1 - \tau s + \frac{\tau^2 s^2}{2!} - \frac{\tau^3 s^3}{3!} + \cdots \approx 1 - \tau s$$

或

$$e^{-\tau s} = \frac{1}{e^{\tau s}} = \frac{1}{1 + \tau s + \frac{\tau^2}{2!} s^2 + \cdots} \approx \frac{1}{1 + \tau s}$$

上述各典型环节都列举了机械、电气、液压等方面的例子,不同物理模型有相同的数学模型,表明它们具有相同的内在运动规律。具有相同数学模型形式的系统称为相似系统,对应的物理量称为相似量,表 2-9 给出了机、电相似系统中相似量的对应关系。

相似理论具有工程应用价值。复杂的非电系统如能化成相似的电系统,则更容易通过实验进行研究,元件的更换、参数的改变及测量都相对方便,且可应用电路理论对系统进行分析和处理。

表 2-9　机电相似系统中的相似参量或变量及对应符号

机械平移运动系统		机械旋转运动系统		电 系 统	
质量	M	转动惯量	J	电感	L
阻尼系数	B	扭转阻尼系数	B	电阻	R
弹簧刚度	K	扭转弹簧刚度	K	电容的倒数	$1/C$
力	F	力矩	T	电压	u
位移	x	角位移	θ	电荷	q
速度	v	角速度	ω	电流	i

2.8　系统传递函数

图 2-42 的皮带传动位置控制系统中,电机、带轮、皮带选型后,设计控制律 $G_c(s)$ 使得 x_c 尽可能复现 x_r,使不确定的干扰转矩 T_d（如摩擦等引起）影响尽可能小。因此一个具体的动态系统,所谓的系统传递函数不再泛指两个输入输出量间的关系,而是指针对系统的具体输入量与输出量间的函数关系。系统的输入量指外部的输入变量,如图中的期望位置 x_r、振动 T_d。系统输出量指受控的最终输出变量,如图 2-42 中的实际位置 x_c。如果知道了系统各组成部分的传递函数,通过方块图的运算可求出系统的开环传递函数、闭环传递函数和误差传递函数。

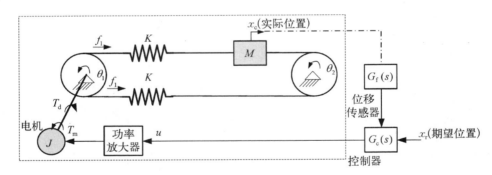

图 2-42　皮带传动位置控制系统

1) 系统的开环传递函数

系统的开环传递函数是指闭环系统假定反馈通路断开后,系统处在假想的开环状态(见图 2-43),此假设状态下的反馈信号 $B(s)$ 与偏差信号 $E(s)$ 之比定义为闭环系统的开环传递函数:

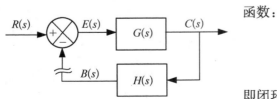

图 2-43　闭环系统的假想开环状态

$$\frac{B(s)}{E(s)} = G(s)H(s)$$

即闭环系统的开环传递函数等于前向通路传递函数和反馈通路传递函数之乘积。

此假想状态下输出量 $C(s)$ 与偏差信号 $E(s)$ 之比定义为闭环系统的前向通路传递函数：

$$G(s) = \frac{C(s)}{E(s)}$$

单位反馈即 $H(s) = 1$ 时，闭环系统的开环传递函数即等于前向通路传递函数。

2）系统的闭环传递函数

系统闭环传递函数指取消上述假想即反馈回路接通，系统输出量与输入量之间的传递函数。系统输入量包括控制量和扰动量，故又分为系统对控制量的闭环传递函数和对扰动量的闭环传递函数。如图 2-44(a)所示的有扰动的闭环系统，当两个输入量即控制量和扰动量同时作用时，可以对每个输入量单独处理，然后应用叠加原理得到闭环系统的输出响应。

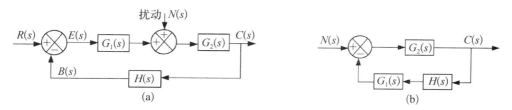

图 2-44 具有扰动作用的闭环系统

（1）控制量 $R(s)$ 作用下。

假设扰动量 $N(s) = 0$，系统在 $R(s)$ 作用下的闭环传递函数

$$\frac{C_R(s)}{R(s)} = \frac{G_1(s)G_2(s)}{1 + G_1(s)G_2(s)H(s)}$$

当系统满足 $|G_1(s)G_2(s)H(s)| \gg 1$ 时，

$$\frac{C_R(s)}{R(s)} \approx \frac{1}{H(s)}$$

系统闭环传递函数只与 $H(s)$ 有关，而与被包围的环节 $G_1(s)$、$G_2(s)$ 无关。

（2）扰动量 $N(s)$ 作用下。

假设 $R(s) = 0$，可将图 2-44(a)等效成图 2-44(b)，系统在扰动量 $N(s)$ 作用下的闭环传递函数

$$\frac{C_N(s)}{N(s)} = \frac{G_2(s)}{1 + G_1(s)G_2(s)H(s)}$$

当系统满足 $|G_1(s)G_2(s)H(s)| \gg 1$ 和 $|G_1(s)H(s)| \gg 1$ 时，在 $N(s)$ 作用下的闭环传递函数

$$\frac{C_N(s)}{N(s)} \to 0$$

即扰动的影响将被抑制。

（3）在控制量 $R(s)$ 和扰动量 $N(s)$ 同时作用下。

根据线性叠加原理有

$$C(s) = C_R(s) + C_N(s)$$

$$= \frac{G_1(s)G_2(s)}{1+G_1(s)G_2(s)H(s)}R(s) + \frac{G_2(s)}{1+G_1(s)G_2(s)H(s)}N(s)$$

$$= \frac{G_2(s)}{1+G_1(s)G_2(s)H(s)}[G_1(s)R(s)+N(s)]$$

3）系统误差传递函数

以误差信号 $E(s)$ 为输出量，以控制量 $R(s)$ 或者扰动量 $N(s)$ 为输入量的闭环传递函数称为误差传递函数。

（1）在控制量作用下。

假设 $N(s)=0$，将图 $2-44(a)$ 变形为图 $2-45(a)$，控制量 $R(s)$ 为输入量误差 $E(s)$ 作为输出量的误差传递函数

$$\frac{E(s)}{R(s)} = \frac{1}{1+G_1(s)G_2(s)H(s)}$$

此式用于分析随动系统的跟踪精度。

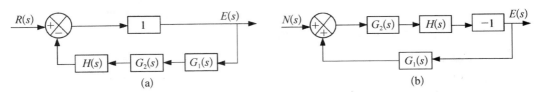

图 2-45　以误差作为输出量的系统方块图

（2）扰动量作用下。

假设控制量 $R(s)=0$，只考虑扰动 $N(s)$ 的影响，将图 $2-44(a)$ 变形换成图 $2-45(b)$ 形式，可得误差传递函数

$$\frac{E(s)}{N(s)} = \frac{-G_2(s)H(s)}{1+G_1(s)G_2(s)H(s)}$$

此式用于对恒值控制系统分析由扰动引起的误差。

（3）在控制量 $R(s)$ 和扰动量 $N(s)$ 同时作用下。

线性系统根据叠加原理系统总的误差

$$E(s) = \frac{1}{1+G_1(s)G_2(s)H(s)}R(s) - \frac{G_2(s)H(s)}{1+G_1(s)G_2(s)H(s)}N(s)$$

比较上述各个传递函数，分母均相同，即具有相同的特征式。系统工作的动态性能不随选用哪个传递函数变化，但系统的动态性能由这个相同的特性式决定。

小　结

（1）物理系统建模过程大致相同，均为通过系统工作机理及规律建立基本变量、基本元件间的数学模型。同一物理系统数学模型可以有不同的形式如时域的微分方程、复数域的

传递函数和频域的频率特性(后续章节)等,以便用不同的方法来研究同一系统的固有特性,它们之间可以互相转换。

(2)方块图是数学模型的图形化表达,基于方块图的运算、变换规则上的方块图化简可获得系统传递函数。

(3)任何系统都是由若干个典型环节组成的,每个典型环节各有特点从而形成了系统的多样性和复杂性。

(4)反馈系统的系统传递函数按不同的研究目标可分为开环传递函数、闭环传递函数和误差传递函数。

习　题

2.1　试建立如图 P2-1 所示的机械系统的数学模型,输入量为作用力 $f(t)$,输出量为位移 $y(t)$,假设系统初始处于平衡位置。

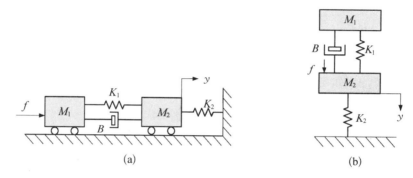

图 P2-1　机械系统

2.2　如图 P2-2(a)、(b)所示的两个系统,分别求它们关于变量 $x(t)$ 的运动方程。

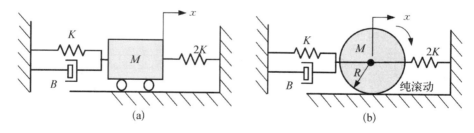

图 P2-2　机械系统

2.3　如图 P2-3 所示的机械系统,求关于变量 $x_1(t)$、$x_2(t)$ 的运动方程。

2.4　机械系统如图 P2-4 所示,已知系统相对于参考面的位移为 $x_3(t)$,试:

(1)确定关于变量 $x_1(t)$、$x_2(t)$ 的运动方程;

(2)假设初始条件为零,求取系统运动方程的拉氏变换。

2.5　某电路如图 P2-5 所示,试建立关于 i_1、i_2 的微分方程组。

2.6　图 P2-6 为理想运算放大器电路。各参数的取值为 $R_1 = R_2 = 100\ \text{k}\Omega$、$C_1 = 10\ \mu\text{F}$、$C_2 = 5\ \mu\text{F}$,试确定电路的传递函数 $U_o(s)/U_i(s)$。

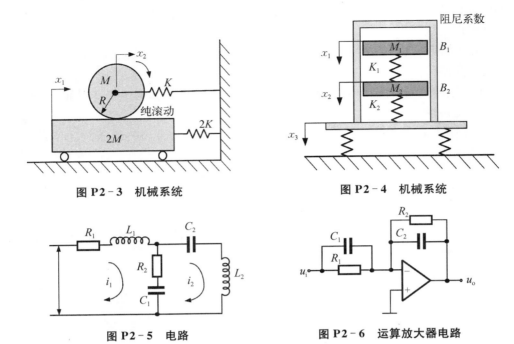

图 P2 - 3 机械系统   图 P2 - 4 机械系统

图 P2 - 5 电路   图 P2 - 6 运算放大器电路

2.7 求如图 P2 - 7 所示机电系统的传递函数 $X(s)/U_r(s)$。已知线圈反电势 $u_b = K_u \dfrac{\mathrm{d}x}{\mathrm{d}t}$，线圈电流 i 在质量上产生的力为 $f = K_f i$。

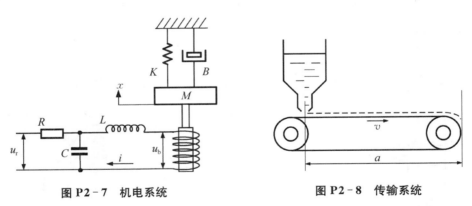

图 P2 - 7 机电系统   图 P2 - 8 传输系统

2.8 传输系统如图 P2 - 8 所示，传输速度为 v，从物料出口到传输带末端的距离为 a，假设物料出口流量与料仓闸门开度成正比，比例系数为 k，求料仓闸门开度 r 到传输带末端物料流量 q 之间的传递函数。

2.9 试证明如图 P2 - 9 所示系统是相似系统。

2.10 滑阀节流口流量 q 是阀芯位移 x_v 和节流口压强 p 的函数，即流量方程 $q = cwx_v\sqrt{\dfrac{2p}{\rho}}$，式中 c, w 分别为流量系数和滑阀面积梯度，ρ 为油的密度。试线性化流量方程。

2.11 在某自动减振器中，弹簧力 $f = kx^3$，其中 x 是弹簧的位移。请确定在 $x_0 = 1$ 的弹簧线性近似模型。

2.12 某系统的框图如图 P2 - 12 所示，试计算其传递函数 $Y(s)/R(s)$。

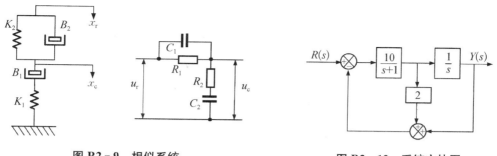

图 P2－9　相似系统　　　　　　　　　　图 P2－12　系统方块图

2.13　图 P2－13 为系统方块图,试根据方块图变换规则,求系统传递函数 $C(s)/R(s)$。

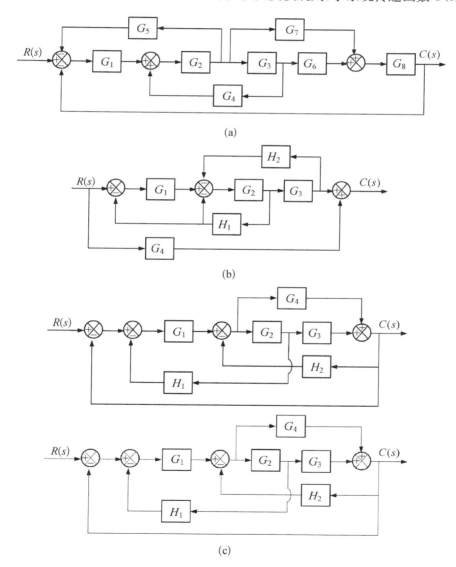

(a)

(b)

(c)

图 P2－13　系统方块图

2.14　若系统方块图如图 P2－14 所示,求:

(1) 以 $R(s)$ 为输入,分别以 $C(s)$、$Y(s)$、$B(s)$、$E(s)$ 为输出的闭环传递函数;

(2) 以 $N(s)$ 为输入,分别以 $C(s)$、$Y(s)$、$B(s)$、$E(s)$ 为输出的闭环传递函数。

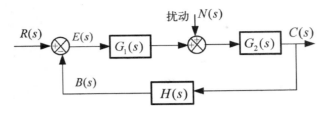

图 P2－14　系统方块图

2.15　图 P2－15 为一位置系统工作原理图。误差测量装置的传递函数为 K_1,放大器的传递函数为 K_2,电机和负载(折算到电机轴上)的传递函数为 $\dfrac{\Omega(s)}{E_a(s)} = \dfrac{K_3}{Ts+1}$,速度反馈系数 $\dfrac{U_b(s)}{\Omega(s)} = K_4$,传动装置传动比为 n。试说明系统工作原理,并画出系统方块图;分别求出系统开环传递函数、系统闭环传递函数和系统误差传递函数。

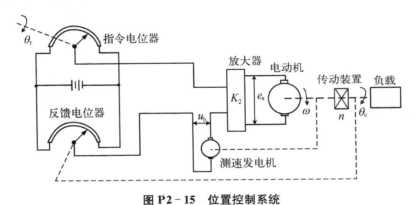

图 P2－15　位置控制系统

第3章 时域响应

3.1 系统时域响应求取

3.1.1 时域输入信号

时域响应指以时间函数表达的动态系统输出信号及动态性能评估指标。在评定系统的动态品质或进行系统综合时,时域响应与输入密切相关。实际系统的输入可从物理上进行划分如转角、转速、电压、温度、压力等物理量。但时域响应更多指按时间变化规律,加入系统输入端的典型信号可以是如图3-1所示阶跃函数、斜坡函数、加速度函数、脉冲函数和正弦函数等。如果系统输入随时间等速变化则采用斜坡函数作为试验信号;若系统的输入随时间等加速变化则采用抛物线函数;如果系统的输入突变则采用阶跃函数;如系统的输入随时间往复变化则采用正弦函数;脉冲函数则常用于冲击输入场合。

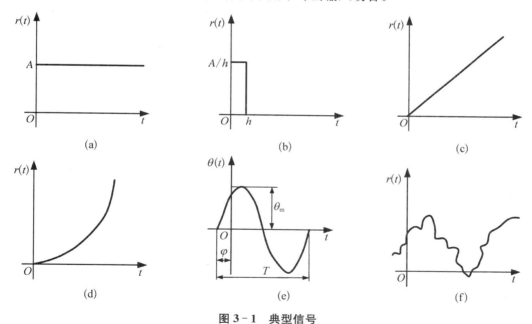

图3-1 典型信号
(a) 阶跃信号; (b) 脉冲信号; (c) 速度信号;
(d) 加速度信号; (e) 正弦信号; (f) 随机信号

最常用到的输入信号为阶跃信号,实际系统中阶跃信号可以是突然改变输入轴的位置或控制对象突然加载或卸载等。图3-1(a)所示为阶跃信号。其数学表达式为

$$r(t) = \begin{cases} 0, & t < 0 \\ A, & t \geq 0 \end{cases}$$

式中 A 为常数,当 $A=1$ 则称为单位阶跃函数,记作 $1[t]$。

图 3-1(b)的信号的数学表达式为

$$r(t) = \begin{cases} 0, & t < 0 \\ A/h, & 0 \leqslant t \leqslant h \\ 0, & t > h \end{cases}$$

式中 A 为常数。当 $h \to 0$ 时此信号成为理想脉冲函数。当 $A=1$ 时,

$$r(t) = \begin{cases} 0, t \neq 0 \\ \infty, t = 0 \end{cases} \quad \text{且} \quad \int_{-\infty}^{\infty} r(t)\mathrm{d}t = 1$$

称为单位脉冲,记作 $\delta(t)$。

工程实践中难以实现持续时间为零、脉冲幅值无穷大,因此理想脉冲函数很难获得。通常用图 3-1(b)所示波形,即宽度很窄而高度为 $\dfrac{A}{h}$ 的信号作为单位脉冲信号。对某些系统来说,其输入就是一组脉冲。任意输入信号也可分解成一系列脉冲信号序列的线性组合。

速度信号又称斜坡信号,如图 3-1(c)所示,其数学表达式为

$$r(t) = \begin{cases} 0, t < 0 \\ At, t \geqslant 0 \end{cases}$$

当 $A=1$ 时,称为单位斜坡信号。

等加速度信号又称抛物线信号,如图 3-1(d)所示。数学表达式为

$$r(t) = \begin{cases} 0, & t < 0 \\ \dfrac{1}{2}At^2, & t \geqslant 0 \end{cases}$$

当 $A=1$ 时,称为单位加速度信号。

与速度信号、加速度信号相对应,阶跃信号又称为位置信号。与物理学中位置、速度、加速度不同量纲的物理量概念不同。位置信号、速度信号、加速度信号指输入信号的变化规律。如对于一个定位控制系统,输入信号量纲是位移量纲,位置信号、速度信号、加速度信号指输入信号中位移与时间的变化关系。

图 3-1(e)所示的正弦信号也是系统分析和设计中使用的一种典型信号。很多实际随动系统经常在正弦作用下工作。一些连续且较平滑的信号,在幅值有限情况下可以展开成傅里叶级数,以各次谐波正弦信号的组合形式来表达。正弦信号比较容易复现,广泛应用在系统或元件的动态性能试验中。如果试验用的正弦信号的最大速度和加速度接近实际工作的最大速度和加速度,实验时系统满足系统品质指标,那么系统在其实际信号作用下也将满足系统品质指标。

正弦信号的数学表达式为

$$\theta(t) = \theta_{\mathrm{m}}\sin\left(\frac{2\pi}{T}t + \phi\right)$$

式中:θ_{m} 为正弦信号的振幅;ϕ 为初始相角;T 为振荡周期。

对应有角速度和加速度

$$\Omega = \dot{\theta} = \theta_{\mathrm{m}} \frac{2\pi}{T} \cos \frac{2\pi}{T} t = \Omega_{\mathrm{m}} \cos \frac{2\pi}{T} t$$

$$\varepsilon = \ddot{\theta} = -\frac{4\pi^2}{T^2} \theta_{\mathrm{m}} \sin \frac{2\pi}{T} t = -\varepsilon_{\mathrm{m}} \sin \frac{2\pi}{T} t$$

式中：最大角速度 $\Omega_{\mathrm{m}} = \frac{2\pi}{T} \theta_{\mathrm{m}}$，最大角加速度 $\varepsilon_{\mathrm{m}} = \frac{4\pi^2}{T^2} \theta_{\mathrm{m}} = \frac{\Omega_{\mathrm{m}}^2}{\theta_{\mathrm{m}}}$。

当系统性能指标是速度、加速度时，可以给定的最大速度 Ω_{m}、最大加速度 ε_{m} 指标换算成等效正弦信号的周期 $T = \frac{2\pi\Omega_{\mathrm{m}}}{\varepsilon_{\mathrm{m}}}$ 和振幅 $\theta_{\mathrm{m}} = \frac{\Omega_{\mathrm{m}}^2}{\varepsilon_{\mathrm{m}}}$。

3.1.2 时域响应的求取

系统的时间响应由瞬态响应和稳态响应两部分组成。瞬态响应是指系统在某一输入信号作用下,其输出量从初始状态到进入稳定状态前的响应过程,图 3-2 所示为一般稳定系统阶跃响应的几种形式,其中 1 为强烈振荡过程;2 为振荡过程;3 为单调过程;4 为微振荡单调过程。

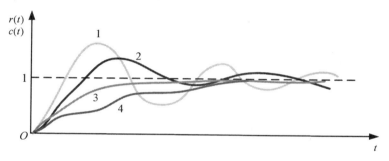

图 3-2　稳定系统的阶跃响应

[**例 3-01**]　已知系统 $\dot{y}(t) + 5y(t) = 10u(t)$，求取零初始条件下 $u(t) = 5t$ 时的输出 $y(t)$。

[**解**]　可以通过求解微分方程 $\dot{y}(t) + 5y(t) = 50t$ 求取。一般稍复杂的微分方程或微分方程组常通过在拉氏变换先求取像函数,再求取在时域的原函数。此题中

$$Y(s) = \frac{Y(s)}{U(s)} \cdot U(s) = \frac{10}{s+5} \cdot \frac{5}{s^2} = \frac{50}{s^3 + 5s^2}$$

MATLAB 程序为

num=50；den=[1,5,0,0]； [r,p,k]=residue(num, den)	//分子多项式(num),分母多项式(den) //求取各分式及其留数
运行结果为	

r= 　　2　　−2　　10 p= 　　−5　　0　　0 k= 　　[]	// $\dfrac{2}{s-(-5)} + \dfrac{-2}{s-0} + \dfrac{10}{(s-0)^2} + 0$

即 $Y(s) = \dfrac{2}{s+5} - \dfrac{2}{s} + \dfrac{10}{s^2}$，其时域原函数为 $y(t) = 2e^{-5t} - 2 + 10t,\ (t \geqslant 0)$。如图 3-3 所示，$2e^{-5t}$ 部分会随时间衰减至零，是瞬态响应分量；$-2+10t$ 会一直存在，是稳态响应分量。

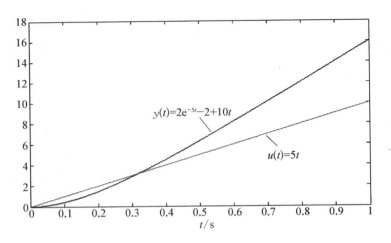

图 3-3　系统的时间响应

[例 3-02]　已知系统 $G(s) = \dfrac{K}{s^2 + 0.2s + 1}$，绘制 K 分别取值 1、3 时单位正弦信号输入下的响应。

[解]　MATLAB 中为系统在任意输入下的响应提供了 lsim( )函数，用于得到或绘制时域响应序列。MATLAB 程序为

t=[0:0.01:5];	//指定时间范围
num1=1;	//分子多项式(num)
num2=3;	
den=[1 0.2 1];	//分母多项式(den)
sys1=tf(num1,den);	//传递函数模型
sys2=tf(num2,den);	
u=sin(t);	//输入信号 u
lsim(sys1,sys2,u,t);	//绘制时域响应曲线
grid on;	//叠加网格

　　MATLAB 运行结果如图 3-4 所示。lsim( )可绘制多个系统对同一输入信号的响应曲线，以便比较。时间变量为选项，不使用时由系统自动给出，使用时由人工给出。在曲线窗口中，移动光标在对应曲线上点击，将如图 3-4 所示一样给出当前点所在曲线，其对应的时间、取值的信息。

　　动态特性分析使用较多的脉冲和阶跃响应有专用的系统单位脉冲响应函数 impulse( )和单位阶跃响应 step( )，其用法基本同 lsim( )。

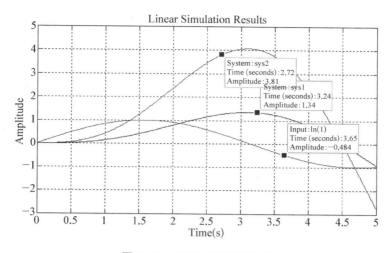

图 3 - 4 　 MATLAB 运行结果

3.2 　 典型系统的时域响应

3.2.1 　 一阶系统的时域响应

一阶系统指能用一阶微分方程来描述的系统,当以传递函数表达时,则为

$$\frac{C(s)}{R(s)} = \frac{1}{Ts+1}$$

式中：T 为一阶系统的时间常数。

1) 一阶系统的单位阶跃响应

当输入信号为单位阶跃函数 ($R(s) = 1/s$) 时,系统输出

$$C(s) = \frac{1}{Ts+1} \cdot \frac{1}{s} = \frac{1}{s} - \frac{T}{Ts+1}$$

拉氏反变换得

$$c(t) = 1 - e^{-\frac{1}{T}t} \quad (t \geqslant 0)$$

可绘出一阶系统的单位阶跃响应曲线如图 3 - 5 所示,可知：

(1) 一阶系统单位阶跃响应由两部分组成,即稳态分量 1 和瞬态分量 $-e^{-t/T}$,后者随时间增长按指数律不断衰减,由初值 1 最后衰减到零,最终复现单位阶跃输入而无稳态误差。

(2) 时间常数 T 决定了阶跃响应曲线的形状。T 越大,暂态分量衰减得越慢,则瞬态响应时间越长,反之,T 越小则瞬态响应时间(即过渡过程时间)越短。图 3 - 6 为一阶系统极点位置图。一阶系统的闭环极点为 $s = -1/T$。极点距离虚轴越远(即时间常数 T 越小)则系统瞬态响应过程越快。反之,极点距离虚轴越近则响应越慢。故将 $1/T$ 定义为一阶系统的衰减系数,在 s 平面中对应极点离虚轴的距离。

(3) $t = T$ 时,$c(T) = 0.632$。一阶系统单位阶跃响应曲线上输出稳态值的 63.2% 所对应的时间即为时间常数 T,常用于由实验曲线求取一阶系统时间常数 T。

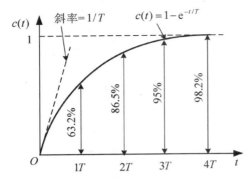

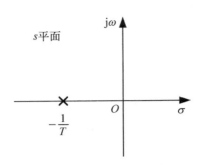

图 3-5 一阶系统单位阶跃响应曲线   图 3-6 一阶系统极点位置

（4）$t = 3T$ 和 $t = 4T$ 时，响应曲线分别达到稳态值的 95% 和 98.2%，且响应曲线将分别保持在稳态值的 5% 和 2% 的允许误差范围内，因此 $3T$ 或 $4T$ 可用作评价一阶系统响应时间长短的指标。

（5）响应曲线中瞬态分量 $-\mathrm{e}^{-t/T}$ 指数衰减，$c(\infty) = 0$，整个过程中系统无超调。

（6）响应曲线初始斜率为 $1/T$，即 $\left.\dfrac{\mathrm{d}c(t)}{\mathrm{d}t}\right|_{t=0} = \left.\dfrac{1}{T}\mathrm{e}^{-\frac{1}{T}t}\right|_{t=0} = \dfrac{1}{T}$，可以用作上升快慢的指标。

2）一阶系统的单位斜坡响应

一阶系统在单位斜坡函数（$R(s) = 1/s^2$）输入下，系统输出

$$C(s) = \frac{1}{Ts+1} \cdot \frac{1}{s^2} = \frac{1}{s^2} - \frac{T}{s} + \frac{T}{s + \dfrac{1}{T}}$$

拉氏反变换得

$$c(t) = t - T + Te^{-\frac{1}{T}t} \quad (t \geqslant 0)$$

如图 3-7 所示，一阶系统斜坡响应由稳态分量和瞬态分量两部分组成。稳态分量为 $t - T$，单位斜坡函数加一个时间常数 T 的稳态误差。瞬态分量为 $Te^{-t/T}$，以衰减系数 $1/T$ 指数衰减。

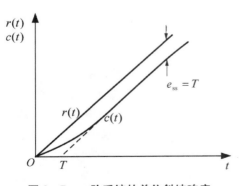

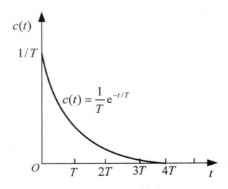

图 3-7 一阶系统的单位斜坡响应   图 3-8 一阶系统的脉冲响应

3）一阶系统的单位脉冲响应

当输入信号为单位脉冲函数（$R(s) = 1$）时，系统输出

$$C(s) = \frac{1}{Ts+1} \cdot 1 = \frac{\frac{1}{T}}{s + \frac{1}{T}}$$

拉氏反变换可得

$$c(t) = \frac{1}{T} e^{-\frac{1}{T}t} \quad (t \geqslant 0)$$

如图 3-8 所示,一阶系统的单位脉冲响应只包含瞬态分量,随着时间增长,逐渐衰减到零。

[**例 3-03**] 给出一阶系统在矩形信号输入时的响应形状。

[**解**] 如图 3-9(a)所示,矩形信号可以认为一个正阶跃信号与一个同幅值的负阶跃的线性叠加,输入线性系统后,其响应为两个信号响应的线性叠加,可以单独绘出各自的形状然后相加,也可以信号相加后求取其时域表达。图 3-9(b)是在 SIMULINK 中建立本题的系统模型。系统输入 $f_1(t) = 5u(t)$、$f_2(t) = 5u(t-t_0)$,其中 $u(t)$ 为单位阶跃函数,因此输入信号 $f(t) = f_1(t) + f_2(t)$ 是一个幅值为 5、时长为 t_0 的矩形信号。图 3-9(c)是 t_0 分别取值为 T、$2T$、$3T$、$4T$、$6T$、$8T$ 的时间响应曲线,如图所示,当 $t_0 < 4T$ 时,正阶跃响应还未进入稳态,负阶跃的响应便生效;当 $t_0 \geqslant 4T$ 时,正阶跃响应已进入稳态,负阶跃从正阶跃响应的稳态值进行衰减。

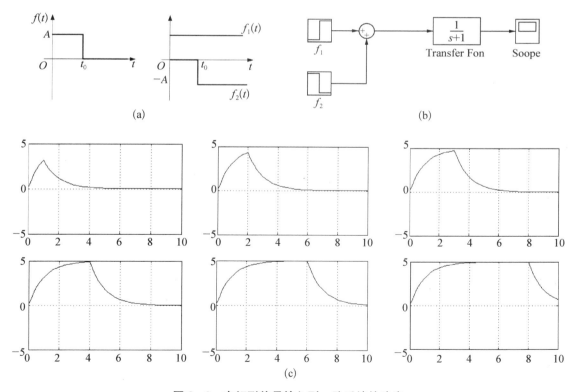

图 3-9 在矩形信号输入到一阶系统的响应

(a) 信号分解; (b) 系统 SIMULINK 建模; (c) 时间响应曲线

将一阶系统的单位阶跃响应、单位斜坡响应和单位脉冲响应的输入 $r(t)$ 和输出 $c(t)$ 对比列入表 3-1。由表 3-1 可以看出,各个输出信号中的瞬态分量的指数函数的指数均为 $-\dfrac{1}{T}t$,即一阶系统的衰减由其唯一参数即时间常数决定,也即由一阶系统极点离虚轴的距离决定,越近衰减越慢。

表 3-1 中输入函数 $r(t)$ 由上至下为依次求导关系,而对应的输出函数自上而下也是依次求导关系。这是线性定常系统的一个重要性质:**系统对于输入信号微分的响应,等于系统对该输入信号响应的微分;而系统对于输入信号积分的响应,等于系统对该输入信号响应的积分**,积分时间常数则由零输出的初始条件确定。这一重要性质适用于任何阶线性定常系统,但不适用于线性时变系统和非线性系统。

表 3-1　输入信号与输出响应的对比

输入信号 $r(t)(t \geqslant 0)$	输出函数 $c(t)(t \geqslant 0)$
$r(t) = t$	$c(t) = t - T + Te^{-\frac{1}{T}t}$
$r(t) = 1$	$c(t) = 1 - e^{-\frac{1}{T}t}$
$r(t) = \delta(t)$	$c(t) = \dfrac{1}{T}e^{-\frac{1}{T}t}$

[例 3-04]　某线性定常系统单位斜坡信号的输出 $c_v(t) = \dfrac{1}{3}t - \dfrac{T}{9} + \dfrac{T}{9}e^{-\frac{3}{T}t}$,试求该系统的传递函数。

[解]　由于是线性定常系统,故可得系统在单位阶跃输入时的输出

$$c_p(t) = \frac{\mathrm{d}[c_v(t)]}{\mathrm{d}t} = \frac{1}{3} - \frac{1}{3}e^{-\frac{3}{T}t}$$

而系统在单位脉冲输入时的输出有

$$g(t) = c_\delta(t) = \frac{\mathrm{d}[c_p(t)]}{\mathrm{d}t} = \frac{1}{T}e^{-\frac{3}{T}t}$$

对之求拉氏变换,即得该系统的传递函数

$$G(s) = L[g(t)] = \frac{1}{3} \frac{1}{\left(\dfrac{T}{s}s + 1\right)}$$

3.2.2　二阶系统的时域响应

1) 二阶系统传递函数的标准形式

二阶系统的标准形式传递函数为

$$\frac{C(s)}{R(s)} = \frac{\omega_n^2}{s^2 + 2\zeta\omega_n s + \omega_n^2}$$

式中：ω_n 为无阻尼自然频率；ζ 为阻尼比。系统特性均可用这两个参数加以描述。

二阶系统的特征方程

$$s^2 + 2\zeta\omega_n s + \omega_n^2 = 0$$

可得二阶系统的闭环特征方程根（即闭环极点）为

$$p_{1,2} = -\zeta\omega_n \pm \omega_n\sqrt{\zeta^2 - 1}$$

随着阻尼比 ζ 不同，p_1、p_2 可能为实根或共轭复根。

(1) 欠阻尼（$0 < \zeta < 1$）时，$p_{1,2} = -\zeta\omega_n \pm j\omega_n\sqrt{1 - \zeta^2}$，是一对有负实部的共轭复根；

(2) 临界阻尼（$\zeta = 1$）时，$p_{1,2} = -\omega_n$，是二重负实根；

(3) 过阻尼（$\zeta > 1$）时，$p_{1,2} = -\zeta\omega_n \pm \omega_n\sqrt{\zeta^2 - 1}$，是两个不相同的负实根；

(4) 无阻尼情况（$\zeta = 0$）时，$p_{1,2} = \pm j\omega_n$，是一对纯虚根；

(5) 负阻尼（$\zeta < 0$）时，$p_{1,2} = -\zeta\omega_n \pm \omega_n\sqrt{\zeta^2 - 1}$，正实部的共轭复根或至少一个为正实根。

[**例 3-05**]　如图 3-10 所示的二阶系统，分别求 $K = 5$ 及 $K = 25$ 时的系统无阻尼频率 ω_n 和阻尼比 ζ。

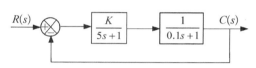

图 3-10　系统方块图

[**解**]　系统的闭环传递函数为

$$\frac{C(s)}{R(s)} = \frac{K}{0.5s^2 + 5.1s + K + 1}$$

化为标准二阶系统传递函数的形式为

$$\frac{C(s)}{R(s)} = \frac{2K}{2(K+1)} \cdot \frac{2(K+1)}{s^2 + 10.2s + 2(K+1)}$$

当 $K = 5$ 时，$\omega_n = \sqrt{2(K+1)} = 3.46\ \text{rad/s}$，$\zeta = \dfrac{10.2}{2\omega_n} = 1.47$

当 $K = 25$ 时，$\omega_n = \sqrt{2(K+1)} = 7.21\ \text{rad/s}$，$\zeta = \dfrac{10.2}{2\omega_n} = 0.707$

可以看到增益增大时，$\zeta\omega_n$ 即衰减系数不变，调整时间不变，系统阻尼减小，系统在虚轴上投影变大即振荡频率增大。

[**例 3-06**]　已知二阶系统 $G(s) = \dfrac{0.1}{s^2 + 0.24s + 0.1}$，求取系统无阻尼振荡频率、阻尼比、极点。

[**解**]　MATLAB 中程序为

num=[0.1];	//分子多项式(num)
den=[1　0.24　0.1];	//分母多项式(den)
sys=tf(num,den);	//传递函数模型
[wn,z,p]=damp(sys)	//求取线性定常系统(sys)的无阻尼振荡频率 wn、阻尼比 z、极点 p。

MATLAB 运行结果为

wn= 　0.3162　　　0.3162	//无阻尼振荡频率＝0.3162
z= 　0.3795　　　0.3795	//阻尼比＝0.3795
p= 　－0.1200＋0.2926i 　－0.1200－0.292i	//极点为－0.12±0.2926i

因为无阻尼振荡频率、阻尼比、极点仅与分母多项式有关，故程序中 damp(sys)也可以改用 damp(den)。

2) 二阶系统的阶跃响应

在单位阶跃函数作用下 $(R(s)=1/s)$，二阶系统输出

$$C(s) = \frac{\omega_n^2}{s^2 + 2\zeta\omega_n s + \omega_n^2} \cdot \frac{1}{s} \tag{3-1}$$

(1) 欠阻尼 $(0 < \zeta < 1)$ 时，

$$p_{1,2} = -\zeta\omega_n \pm j\omega_n\sqrt{1-\zeta^2} = -\zeta\omega_n \pm j\omega_d$$

其中 $\omega_d = \omega_n\sqrt{1-\zeta^2}$，称为阻尼自然频率。

拉氏反变换可得欠阻尼二阶系统单位阶跃响应

$$c(t) = 1 - e^{-\zeta\omega_n t}\left[\cos\omega_d t + \frac{\zeta}{\sqrt{1-\zeta^2}}\sin\omega_d t\right] \quad (t \geq 0)$$

或

$$c(t) = 1 - \frac{e^{-\zeta\omega_n t}}{\sqrt{1-\zeta^2}}\sin(\omega_d t + \beta) \ (t \geq 0) \tag{3-2}$$

式中：$\beta = \arctan\dfrac{\sqrt{1-\zeta^2}}{\zeta}$，在 s 平面上的定义如图 3-11 所示；β 角取值仅与阻尼比 ζ 有关，不同无阻尼自然频率 ω_n、相同阻尼比 ζ 的二阶系统的极点有相同的 β 角，在同一条射线上，此射线名为等 ζ 线。

图 3-11 也反映了二阶系统闭环极点 p_1，p_2 分布及其与 β 角、无阻尼自然频率 ω_n、阻尼自然频率 ω_d、衰减系数 $\zeta\omega_n$ 和阻尼比 ζ 间的关系。欠阻尼二阶系统的单位阶跃响应由稳态分量和瞬态分量组成。瞬态分量是以频率为 ω_d 的阻尼正弦振荡且按 $\zeta\omega_n$ 的指数规律衰减，当 $t \to \infty$ 时系统不存在稳态误差。ω_d 值为极点在虚轴上的投影。$\zeta\omega_n$ 在 s 平面是极点离虚轴的距离，与一阶系统中与虚轴距离 $\dfrac{1}{T}$ 一样，可用于表征瞬态分量衰减的快慢，因此二阶系统中衰减系数为 $\zeta\omega_n$，其值越小，极点离虚轴越近，瞬态

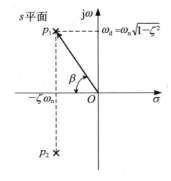

图 3-11　β 角的定义

分量衰减越慢。

（2）临界阻尼（$\zeta = 1$）时，

将 $\zeta = 1$ 代入式（3-1）得

$$C(s) = \frac{\omega_n^2}{s\,(s + \omega_n)^2}$$

拉氏反变换得

$$c(t) = 1 - e^{-\omega_n t}(1 + \omega_n t) \quad (t \geqslant 0)$$

临界阻尼的二阶系统阶跃响应由稳态分量和瞬态分量两部分组成。后者随时间增加以衰减系数 $\zeta\omega_n$ 按指数律逐渐衰减到零，阶跃响应是单调过程。

（3）过阻尼（$\zeta > 1$）时，

过阻尼二阶系统的极点为

$$p_{1,2} = -\zeta\omega_n \pm \omega_n\sqrt{\zeta^2 - 1}$$

可求得在单位阶跃输入时系统的输出为

$$c(t) = 1 - \frac{1}{2\sqrt{\zeta^2 - 1}(\zeta - \sqrt{\zeta^2 - 1})}e^{-\left(\zeta - \sqrt{\zeta^2 - 1}\right)\omega_n t}$$

$$+ \frac{1}{2\sqrt{\zeta^2 - 1}(\zeta + \sqrt{\zeta^2 - 1})}e^{-\left(\zeta + \sqrt{\zeta^2 - 1}\right)\omega_n t} \quad (t \geqslant 0) \quad (3-3)$$

可见过阻尼二阶系统的阶跃响应 $c(t)$ 由三项组成。第一项为稳态分量；第二项和第三项为瞬态分量，它们最终均衰减到零。第三项分量与第二项分量相比，初始值（$t = 0$）较小，而衰减系数却大许多。因为这项瞬态分量数值小而衰减快，第三项分量可以忽略。故式（3-3）可近似计算为

$$c(t) = 1 - e^{-\left(\zeta - \sqrt{\zeta^2 - 1}\right)\omega_n t} \quad (t \geqslant 0) \quad (3-4)$$

式（3-4）除忽略式（3-3）中第三项瞬态分量外，还把第二项系数改为 1，以避免 ζ 取值较小的过阻尼系 $\dfrac{1}{2\sqrt{\zeta^2 - 1}(\zeta - \sqrt{\zeta^2 - 1})}$ 会略大于 1，而使得响应函数 $c(t)$ 在 $t = 0$ 时为负值。

（4）无阻尼（$\zeta = 0$）时，

无阻尼二阶系统的闭环极点

$$p_{1,2} = \pm j\omega_n$$

落在虚轴上，系统处于稳定边界。系统的响应

$$c(t) = 1 - \cos\omega_n t \quad (t \geqslant 0)$$

是以频率为 ω_n 的不衰减振荡，故称 ω_n 为无阻尼自然频率。

（5）负阻尼（$\zeta < 0$）时，

如果二阶系统 $\zeta < 0$，即负阻尼情况。系统的闭环极点

$$p_{1,2} = -\zeta\omega_n \pm \omega_n\sqrt{\zeta^2 - 1}$$

为具有正实部的共轭复根,或两个实根中至少一个为正实根。其阶跃响应类同上述欠阻尼、临界阻尼、过阻尼,由于 $\zeta < 0$,原各式中的指数衰减成分成为指数增长部分,即系统时域响应会发散(见图 3-12),系统无法正常工作。后续将不再分析负阻尼情况。

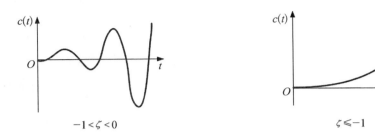

图 3-12 负阻尼系统阶跃响应

[例 3-07] 已知二阶系统 $G(s) = \dfrac{1}{s^2 + 2\zeta s + 1}$,绘制 ζ 分别取值 0、0.2、0.4、0.7、1.0、2.0 时系统的单位阶跃响应。

[解] MATLAB 程序为

`t=[0:0.1:12];`	//指定时间范围
`num=[1];`	//分子多项式(num)
`zeta1=0;zeta2=0.2;zeta3=0.4;`	//ζ=0、0.2、0.4、0.7、1.0、2.0
`zeta4=0.7;zeta5=1.0;zeta6=2.0;`	
`den1=[1 2*zeta1 1];den2=[1 2*zeta2 1];`	//分母多项式(den)
`den3=[1 2*zeta3 1];den4=[1 2*zeta4 1];`	
`den5=[1 2*zeta5 1];den6=[1 2*zeta6 1];`	
`sys1=tf(num,den1);sys2=tf(num,den2);`	//传递函数模型
`sys3=tf(num,den3);sys4=tf(num,den4);`	
`sys5=tf(num,den5);sys6=tf(num,den6);`	
`step(sys1,sys2,sys3,sys4,sys5,sys6,t);`	//绘制单位阶跃响应曲线
`title('\zeta= 0\0.2\0.4\ 0.7\1.0\2.0 ');`	//写图名
`grid on;`	//叠加网格

MATLAB 运行结果如图 3-13 所示。其中超调峰点的标记,是在自动产生的阶跃响应曲线窗口的鼠标右键菜单中选择了[Characteristics-Peak Response]性能指标。

由图 3-13 可见,临界阻尼及过阻尼时二阶系统的阶跃响应将不出现超调现象。随着阻尼比 ζ 逐渐减小,系统阶跃响应的振荡程度逐渐增加。在过阻尼系统中以 $\zeta=1$ 时的瞬态响应时间为最短。在欠阻尼系统中,当 $\zeta=0.5\sim0.8$ 时,系统有比较理想的响应曲线,这时瞬态响应时间短,且振荡适度。因此一般希望二阶系统的阻尼比设计在这一范围内。但对于某些情况,如大惯性的温度控制系统等则需要采用过阻尼系统,而对于那些不容许振荡而又要求响应较快的系统,如仪表指示和记录系统,则采用临界阻尼系统。

3) 二阶系统的脉冲响应

输入信号为单位脉冲函数 $(R(s)=1)$ 时,二阶系统的输出

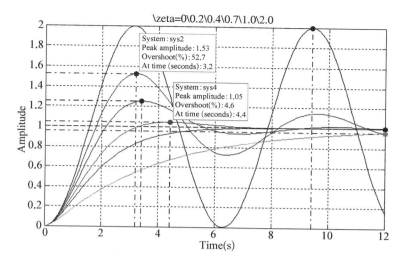

图 3 – 13 MATLAB 运行结果

$$C(s) = \frac{\omega_n^2}{s^2 + 2\zeta\omega_n s + \omega_n^2}$$

（1）欠阻尼（$0 < \zeta < 1$）时，上式的拉氏反变换即为二阶系统的脉冲响应

$$c(t) = \frac{\omega_n}{\sqrt{1-\zeta^2}} e^{-\zeta\omega_n t} \sin\omega_d t$$

（2）临界阻尼（$\zeta = 1$）时，系统的脉冲响应

$$c(t) = \omega_n^2 t e^{-\omega_n t} \qquad (t \geqslant 0)$$

（3）过阻尼（$\zeta > 1$）时，系统的脉冲响应

$$c(t) = \frac{\omega_n}{2\sqrt{\zeta^2-1}} \left(e^{-\left(\zeta - \sqrt{\zeta^2-1}\right)\omega_n t} - e^{-\left(\zeta + \sqrt{\zeta^2-1}\right)\omega_n t} \right) \qquad (t \geqslant 0)$$

［例 3 – 08］ 已知二阶系统 $G(s) = \dfrac{1}{s^2 + 2\zeta s + 1}$，绘制 ζ 分别取值 0.1、0.25、0.5、1.0 时系统的单位脉冲响应。

［解］ MATLAB 程序为对应有程序

t＝[0:0.1:10];	//指定时间范围
num＝1;	//分子多项式(num)
zeta1＝0;zeta2＝0.1;	//ζ＝0、0.1、0.25、0.5、1.0、2.0
zeta3＝0.25;zeta4＝0.5;	
zeta5＝1.0;zeta6＝2.0;	
den1＝[1 2＊zeta1 1];den2＝[1 2＊zeta2 1];	//分母多项式(den)
den3＝[1 2＊zeta3 1];den4＝[1 2＊zeta4 1];	
den5＝[1 2＊zeta5 1];den6＝[1 2＊zeta6 1];	
sys1＝tf(num,den1);sys2＝tf(num,den2);	//传递函数模型

sys3＝tf(num,den3);sys4＝tf(num,den4);
sys5＝tf(num,den5);sys6＝tf(num,den6);
impulse(sys1,sys2,sys3,sys4,sys5,sys6,t);
title('\zeta＝0\0.1\0.25\0.5\1.0\2.0');
grid on;
	//绘制单位脉冲响应曲线
	//写图名
	//叠加网格

MATLAB 运行结果如图 3 - 14 所示。

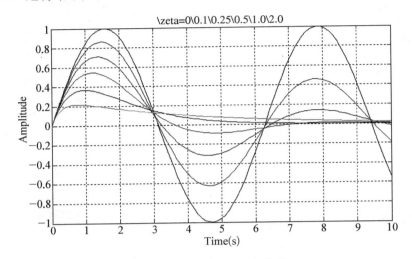

图 3 - 14　MATLAB 运行结果

4）二阶系统的斜坡响应

当输入信号为单位斜坡函数（$R(s) = 1/s^2$）时，系统的输出为

$$C(s) = \frac{\omega_n^2}{s^2 + 2\zeta\omega_n s + \omega_n^2} \cdot \frac{1}{s^2}$$

欠阻尼（$0 < \zeta < 1$）时，

$$c(t) = t - \frac{2\zeta}{\omega_n} + \frac{e^{-\zeta\omega_n t}}{\omega_n\sqrt{1-\zeta^2}}\sin(\omega_d t + 2\beta) \quad (t \geqslant 0)$$

临界阻尼（$\zeta = 1$）时，

$$c(t) = t - \frac{2}{\omega_n} + \frac{2}{\omega_n}e^{-\omega_n t}\left(1 + \frac{\omega_n t}{2}\right) \quad (t \geqslant 0)$$

过阻尼（$\zeta > 1$）时，

$$c(t) = t - \frac{2\zeta}{\omega_n} - \frac{2\zeta^2 - 1 - 2\zeta\sqrt{\zeta^2-1}}{2\omega_n\sqrt{\zeta^2-1}}e^{-\left(\zeta+\sqrt{\zeta^2-1}\right)\omega_n t}$$

$$+ \frac{2\zeta^2 - 1 + 2\zeta\sqrt{\zeta^2-1}}{2\omega_n\sqrt{\zeta^2-1}}e^{-\left(\zeta-\sqrt{\zeta^2-1}\right)\omega_n t} \quad (t \geqslant 0)$$

MATLAB 没有专门的斜坡响应函数，可以采用任意输入的 lsim( )函数，也可以将输出

信号 $Y(s) = G(s)U(s) = G(s)\dfrac{1}{s^2}$ 另写成 $Y(s) = \left[G(s)\dfrac{1}{s}\right]\dfrac{1}{s}$，即对 $G(s)\dfrac{1}{s}$ 调用求取单位阶跃响应的 step( )函数。

3.3 瞬态响应指标

3.3.1 瞬态响应指标

系统动态性能的好坏,可用单位阶跃的瞬态响应的几个特征量来评价,即系统的瞬态响应指标(又称动态品质指标)。由于瞬态响应与初始状况有关,为了进行各系统瞬态特性的比较,一般采用标准初始状态,即零初始状态,这与传递函数定义一致。

系统的实际阶跃响应往往具有衰减振荡的性质,可采用如图 3-15 所示的曲线来定义瞬态响应指标。这些指标主要有上升时间 t_r、峰值时间 t_p、最大超调量 M_p 和调整时间 t_s 等。各类系统的性能指标均按指标的定义计算确定。

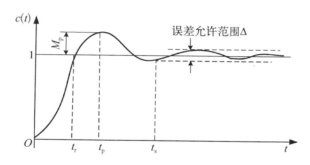

图 3-15　表示性能指标的单位阶跃响应曲线

(1)上升时间 t_r：对于超调系统(超出最终稳态值),指响应曲线从 0 上升到稳态值的 100%所需的时间。对于不超调系统,则是响应曲线从稳态值的 10%上升到 90%所需的时间。

(2)峰值时间 t_p：响应曲线达到第一个峰值所需要的时间。

(3)最大超调量 M_p(或 σ_p)：响应曲线的最大值与稳态值 $c(\infty)$ 之差,即

$$M_p = c(t_p) - c(\infty)$$

最大超调量常用百分比表示,此时

$$M_p = \frac{c(t_p) - c(\infty)}{c(\infty)} \times 100\%$$

(4)调整时间 t_s：在响应曲线的稳态值线上,用稳态值的某一百分数 Δ(通常取 $\Delta = \pm 5\%$ 或 $\Delta = \pm 2\%$)作一个允许误差带,响应曲线达到并一直保持在这一允许范围内所需要的时间。

按上述定义,一阶系统的单位阶跃响应中 $t = 3T$ 和 $t = 4T$ 时响应曲线分别达到稳态值的 95%和 98.2%,所以其调整时间为 $3T$ 或 $4T$。一阶系统的阶跃响应曲线的瞬态分量按指数律不断衰减,在这个过程中,系统没有超调,系统最大值在 $t = \infty$ 时,故 $M_p = 0$，$t_p = \infty$ 或不存在。

[例 3 - 09]　求取系统 $G(s) = \dfrac{6.322\,3s^2 + 18s + 12.811}{s^4 + 6s^3 + 11.322\,3s^2 + 18s + 12.811}$ 在单位阶跃中的

上升时间、峰值时间、最大超调量和调整时间。

[解]　因为超调系统或不超调系统的上升时间的定义不同,故先得到系统的阶跃响应曲线。

MATLAB 程序如下。

num=[6.3223　18　12.811];	//分子多项式(num)
den=[1　6　11.3223　18　12.811];	//分母多项式(den)
step(num,den)	//绘制单位脉冲响应曲线
grid on;	//叠加网格

运行后得到如图 3-16 所示的阶跃响应曲线。由图知此系统的稳态响应值为 1,在瞬态存在超调,过程中衰减与振荡并存,第一次峰值对应最大超调量,在 15 s 前进入 2% 的误差允许范围。

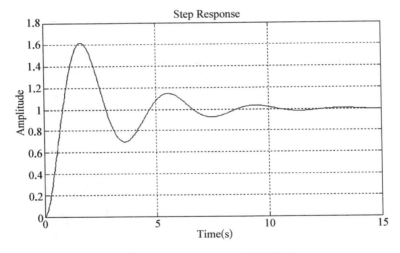

图 3 - 16　MATLAB 运行结果

按超调的瞬态响应指标定义编制各指标求取的 MATLAB 程序如下。

t=[0:0.02:20];	//指定时间范围 0～20 s,以 0.02 s 为时间间隔
num=[6.3223　18　12.811];	//分子多项式(num)
den=[1　6　11.3223　18　12.811];	//分母多项式(den)
[y,t]=step(num,den,t);	//求取单位脉冲响应响应,得到响应信号(y,t)
n=1; while y(n)<1.0001; n=n+1; end;	//按第一次到达稳态值求取上升时间 Tr
Tr=(n-1)*0.02	
n=1001; while y(n)>0.98&y(n)<1.02;	
n=n-1; end;	
Ts=(n-1)*0.02	//按允许误差范围 2% 求取调整时间 Ts
[ymax,tp]=max(y);	
Mp=ymax-1	//求取最大超调量 Mp 和峰值时间 Tp_max
Tp_max=(tp-1)*0.02	

运行得到结果如下。

Tr= 　　0.8600	//上升时间 Tr
Ts= 　　10.0200	//允许误差范围 2%时的调整时间 Ts
Mp= 　　0.6182	//最大超调量 Mp
Tp_max= 　　1.6600	//峰值时间 Tp_max

3.3.2　二阶系统欠阻尼系统的瞬态响应指标

二阶欠阻尼系统的阶跃响应为衰减的振荡,可按上述定义求取用性能参数 ζ、ω_n 表示的瞬态响应指标。

1) 上升时间 t_r

根据定义及式(3-2)有

$$c(t_r) = 1 - \frac{e^{-\zeta\omega_n t}}{\sqrt{1-\zeta^2}}\sin(\omega_d t_r + \beta) = 1$$

由于 $\dfrac{e^{-\zeta\omega_n t}}{\sqrt{1-\zeta^2}} \neq 0$,所以有

$$\omega_d t_r + \beta = \pi,\ 2\pi,\ 3\pi,\cdots$$

由于 t_r 指第一次到达的时间,因此

$$t_r = \frac{\pi - \beta}{\omega_d}$$

2) 峰值时间 t_p

式(3-2)对时间 t 微分,并令其等于零,即

$$\frac{dc(t)}{dt}\bigg|_{t=t_p} = 0$$

得

$$\frac{\omega_n e^{-\zeta\omega_n t_p}}{\sqrt{1-\zeta^2}}\sin(\omega_d t_p + \beta - \beta) = 0$$

所以

$$\sin\omega_d t_p = 0$$

即

$$\omega_d t_p = 0,\ \pi,\ 2\pi,\cdots$$

因为峰值时间是对应第一次峰值的时间,故有

$$t_p = \frac{\pi}{\omega_d}$$

因衰减振荡周期 $T_d = \frac{2\pi}{\omega_d}$,可见峰值时间 t_p 等于频率为 ω_d 的衰减振荡周期的一半。

3)最大超调量 M_p

最大超调量 M_p 发生在峰值时间 $t = t_p$ 时,故取 $t = t_p = \pi/\omega_d$,$c(\infty) = 1$ 得

$$M_p = e^{-\frac{\zeta\pi}{\sqrt{1-\zeta^2}}} \quad \text{或} \quad M_p = e^{-\frac{\zeta\pi}{\sqrt{1-\zeta^2}}} \times 100\%$$

最大超调量仅与阻尼比 ζ 有关,如果已测得二阶欠阻尼系统的最大超调量,则可以求得对应的阻尼比

$$\zeta = \frac{\ln(M_p)}{\sqrt{\ln(M_p)^2 + \pi^2}}$$

4)调整时间 t_s

欠阻尼二阶系统的单位阶跃响应如式(3-2),即

$$c(t) = 1 - \frac{e^{-\zeta\omega_n t}}{\sqrt{1-\zeta^2}}\sin(\omega_d t + \beta) \quad (t \geqslant 0)$$

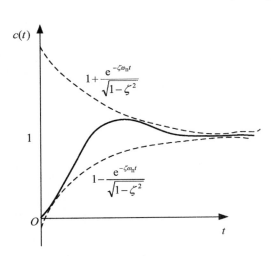

$c(t)$ 的包络曲线为 $1 \pm \dfrac{e^{-\zeta\omega_n t}}{\sqrt{1-\zeta^2}}$,如图 3-17 所示,$c(t)$ 始终包含在这对包络曲线之内。包络曲线的衰减系数为 $\zeta\omega_n$,衰减时间常数为 $1/\zeta\omega_n$。

调整时间 t_s 是指响应曲线进入并保持在 $(1 \pm 5\%)c(\infty)$ 或 $(1 \pm 2\%)c(\infty)$ 范围内所需的时间。这可近似地认为包络曲线进入并保持在这一范围内所需的时间,有

$$1 \pm \frac{e^{-\zeta\omega_n t_s}}{\sqrt{1-\zeta^2}} = 1 \pm \Delta$$

图 3-17 二阶系统的单位阶跃响应

解得

$$t_s = \frac{-\ln\Delta - \ln\sqrt{1-\zeta^2}}{\zeta\omega_n}$$

若误差允许范围 $\Delta = \pm 5\%$,则有

$$t_s = \frac{-\ln 0.05 - \ln\sqrt{1-\zeta^2}}{\zeta\omega_n}$$

系统为欠阻尼 $(0 < \zeta < 1)$,故 $\ln\sqrt{1-\zeta^2}$ 小而可忽略,所以

$$t_s = \frac{-\ln 0.05}{\zeta \omega_n} = \frac{3}{\zeta \omega_n} \quad (\Delta = \pm 5\%)$$

同理若误差允许范围 $\Delta = \pm 2\%$，则有

$$t_s = \frac{4}{\zeta \omega_n} \quad (\Delta = \pm 2\%)$$

由图 3-11 知，二阶欠阻尼系统的极点在实轴的投影为 $-\zeta \omega_n$，即离虚轴距离相等的系统，其调整时间相同。

根据上述瞬态响应指标计算公式，可知最大超调量 M_p 只与阻尼比 ζ 有关，它直接反映系统阻尼情况；上升时间 t_r、峰值时间 t_p 和调整时间 t_s 均与阻尼比 ζ 和无阻尼自然频率 ω_n 有关。因为阻尼比 ζ 通常根据允许的最大超调量 M_p 确定，变化范围较小，所以反映系统快速性的几个瞬态响应指标主要取决于无阻尼自然频率 ω_n。也就是说，在不改变最大超调量的情况下（即不改变 ζ 值），可通过提高无阻尼自然频率 ω_n 来缩短瞬态响应时间。

分析可以得出，ω_n 越大，系统响应越快。为了限制超调量 M_p，减小调整时间，阻尼比 ζ 不应该太小。如果 $\zeta = 0.4 \sim 0.8$，最大超调量在 $2.5\% \sim 25\%$ 之间。

[**例 3-10**] 图 3-18(a)是一个机械振动系统，当有 300 N 的力（阶跃输入）作用于系统时，质量 M 作如图 3-18(b)所示的运动。试根据这个响应曲线，确定质量 M、阻尼系数 B 和弹簧刚度 K 的数值。

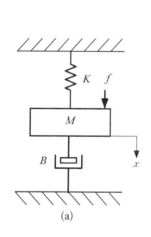

(a)

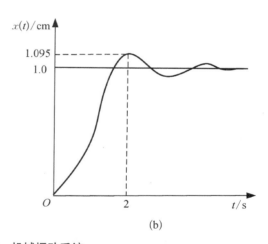

(b)

图 3-18 机械振动系统

(a) 机械振动系统； (b) 阶跃响应曲线

[**解**] 系统建模可得系统传递函数

$$\frac{X(s)}{F(s)} = \frac{1}{Ms^2 + Bs + K}$$

在阶跃力 $F(s) = 300/s$ 作用下，输出量

$$X(s) = \frac{1}{Ms^2 + Bs + K} \cdot \frac{300}{s}$$

输出量 $x(t)$ 的稳态值有

$$x(\infty) = \lim_{s \to 0} sX(s) = \frac{300}{K} = 1 \text{ cm}$$

可得

$$K = 300 \text{ N/cm}$$

由图 3-18(b)的响应曲线知 $M_p = 9.5\%$，可得 $\zeta = 0.6$。结合峰值时间

$$t_p = \frac{\pi}{\omega_d} = \frac{\pi}{\omega_n \sqrt{1-\zeta^2}} = \frac{\pi}{0.8\omega_n} = 2 \text{ s}$$

得

$$\omega_n = 1.96 \text{ rad/s}$$

又 $\omega_n^2 = \dfrac{K}{M} = \dfrac{300}{M}$，可得

$$M = \frac{300}{\omega_n^2} = \frac{300}{1.96^2} = 78.09 \text{ kg}$$

因 $2\zeta\omega_n = \dfrac{B}{M}$，即

$$B = 2\zeta\omega_n M = 2 \times 0.6 \times 1.96 \times 78.09 = 183.7 \text{ N/cm}$$

[**例 3-11**] 如图 3-19(a)所示单位反馈系统，求取 K 和 p 使得系统阶跃响应超调量不超过 5%，$\Delta = \pm 2\%$ 的调整时间小于 4 s。

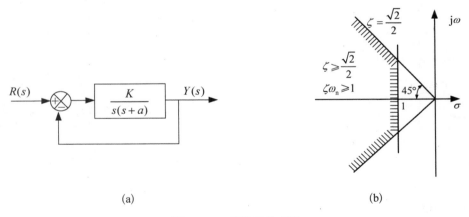

(a) (b)

图 3-19 单位反馈系统

[**解**] 根据最大超调量

$$M_p = e^{-\frac{\zeta\pi}{\sqrt{1-\zeta^2}}} \leqslant 0.05$$

得

$$\zeta \geqslant \frac{\sqrt{2}}{2}$$

由 $\Delta = \pm 2\%$ 的

$$t_s = \frac{4}{\zeta \omega_n} \leqslant 4$$

得

$$\zeta \omega_n \geqslant 1$$

同时满足这两个时域约束条件的极点配置的可行区域即图 3-19(b) 中的阴影部分。取闭环极点 $p_{1,2} = -1 \pm 1j$，对应有 $\zeta = \frac{\sqrt{2}}{2}$、$\omega_n = \sqrt{2}$。

系统闭环传递函数

$$\Phi(s) = \frac{G(s)}{1 + G(s)} = \frac{K}{s^2 + as + K} = \frac{\omega_n^2}{s^2 + 2\zeta \omega_n s + \omega_n^2}$$

有

$$K = \omega_n^2 = 2 \qquad a = 2\zeta \omega_n = 2$$

3.4 零极点分布与时域响应的关系

3.4.1 具有零点的二阶系统的时域响应

具有零点的二阶系统传递函数为

$$\frac{C(s)}{R(s)} = \frac{\omega_n^2(\tau s + 1)}{s^2 + 2\zeta \omega_n s + \omega_n^2} = \frac{\omega_n^2(s + z)}{z(s^2 + 2\zeta \omega_n s + \omega_n^2)}$$

式中：$z = \frac{1}{\tau}$。

以最典型的带零点欠阻尼（即 $0 < \zeta < 1$）二阶系统为例，系统有一对共轭复数极点和一个零点，在单位阶跃输入作用下，系统输出

$$C(s) = \frac{\omega_n^2(s + z)}{z(s^2 + 2\zeta \omega_n s + \omega_n^2)} \cdot \frac{1}{s}$$

拉氏反变换可得单位阶跃响应

$$c(t) = 1 - \frac{\sqrt{1 + \alpha(\alpha - 2)\zeta^2}}{\alpha \zeta \sqrt{1 - \zeta^2}} e^{-\zeta \omega_n t} \sin\left[\omega_n \sqrt{1 - \zeta^2} t + \arctan \frac{\alpha \zeta \sqrt{1 - \zeta^2}}{\alpha \zeta^2 - 1}\right] \qquad (t \geqslant 0)$$

$$(3 - 5)$$

式中：$\alpha = \frac{z}{\zeta \omega_n}$ 为 s 平面上零点和极点到虚轴距离之比，如图 3-20(a) 所示。

系统的阶跃响应曲线既与阻尼比 ζ 和无阻尼自然频率 ω_n 有关，又与零点或比值 α 有关。图 3-20(b) 所示为同一 ζ 值时不同 α 值对应的单位阶跃响应曲线。

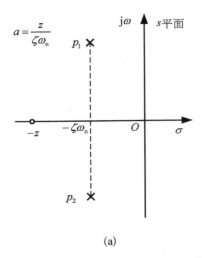

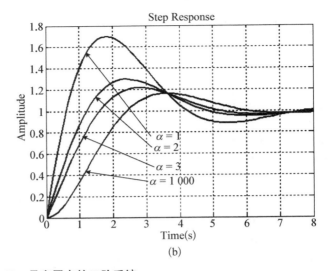

图 3 - 20　具有零点的二阶系统

(a) 零极点分布；　(b) 单位阶跃响应（$\omega_n = 1/s$，$\zeta = 0.5$）

根据图示曲线和式（3 - 5）可得出：

（1）闭环零点只影响过渡过程 $c(t)$ 中的瞬态分量的初始幅值（$t = 0$ 时）和相位，而不影响瞬态分量中衰减系数 $\zeta\omega_n$ 和阻尼振荡频率 ω_n。因此系统响应曲线的类型取决于闭环极点，而响应曲线具体形状由闭环极点和闭环零点共同决定。

（2）其他条件不变时，附加零点将使系统阶跃响应的超调量增大，上升时间和峰值时间减小。

（3）s 平面上，随着附加的闭环零点从左侧向极点靠近（即 α 减小），附加零点的影响也越来越明显。当零点距离虚轴很远时，确切地说，当零点和极点至虚轴的距离比很大时，零点的影响可以忽略，这时系统可以用无零点的二阶系统近似代替。例如 $\zeta = 0.5$ 时，若 $\alpha > 4$ 则零点可忽略不计。

［例 3 - 12］　设带零点欠阻尼二阶系统的传递函数为 $\dfrac{C(s)}{R(s)} = \dfrac{s+z}{z}\dfrac{\omega_n^2}{s^2 + 2\zeta\omega_n s + \omega_n^2}$，求其阶跃响应时瞬态响应指标与系统参数之间的关系。

［解］　输入单位阶跃

$$R(s) = \frac{1}{s}$$

得

$$C(s) = \frac{\omega_n^2}{s(s^2 + s\zeta\omega_n s + \omega_n^2)} + \frac{1}{z}\frac{s\omega_n^2}{(s^2 + 2\zeta\omega_n s + \omega_n^2)}$$

由欠阻尼 $\zeta < 1$，对应有

$$c(t) = 1 + Ae^{-\zeta\omega_n t}\sin(\omega_d t + \varphi)$$

其中

$$\omega_{\mathrm{d}} = \omega_{\mathrm{n}}\sqrt{1-\zeta^2}$$

$$A = \frac{\sqrt{z^2 - 2\zeta\omega_{\mathrm{n}}z + \omega_{\mathrm{n}}^2}}{z\sqrt{1-\zeta^2}}$$

$$\varphi = -\pi + \arctan\left(\frac{\omega_{\mathrm{d}}}{z - \zeta\omega_{\mathrm{n}}}\right) + \arctan\left[\frac{\sqrt{1-\zeta^2}}{\zeta}\right]$$

对 $c(t)$ 求导数得峰值时间

$$t_{\mathrm{p}} = \frac{\pi - \arctan\left(\dfrac{\omega_{\mathrm{d}}}{z - \zeta\omega_{\mathrm{n}}}\right)}{\omega_{\mathrm{d}}}$$

代入 $c(t)$ 式得

$$\sigma = c(t_{\mathrm{p}}) - 1 = A\sqrt{1-\zeta^2}\,\mathrm{e}^{-\zeta\omega_{\mathrm{n}}t_{\mathrm{p}}} \times 100\%$$

当允许误差范围 $\Delta = 0.05$ 时,有

$$t_{\mathrm{s}} = \frac{3 + \ln A}{\zeta\omega_{\mathrm{n}}}$$

当允许误差范围 $\Delta = 0.02$ 时,有

$$t_{\mathrm{s}} = \frac{4 + \ln A}{\zeta\omega_{\mathrm{n}}}$$

3.4.2 三阶系统的时域响应

二阶以上的系统即为高阶系统,它们的瞬态响应比一阶系统和二阶系统复杂。三阶系统可视由三个一阶环节串联而成,或是由一个欠阻尼二阶环节串联一个一阶环节而成。相比较后者较复杂,当然前者也可以视为由一个非欠阻尼二阶环节与一个一阶环节串联而成。因此三阶系统可以表达成

$$\frac{C(s)}{R(s)} = \frac{\omega_{\mathrm{n}}^2}{(Ts+1)(s^2 + 2\zeta\omega_{\mathrm{n}}s + \omega_{\mathrm{n}}^2)} = \frac{\dfrac{\omega_{\mathrm{n}}^2}{T}}{\left(s + \dfrac{1}{T}\right)(s^2 + 2\zeta\omega_{\mathrm{n}}s + \omega_{\mathrm{n}}^2)}$$

如果 $0 < \zeta < 1$,则系统闭环极点

$$p_{1,2} = -\zeta\omega_{\mathrm{n}} \pm \mathrm{j}\omega_{\mathrm{n}}\sqrt{1-\zeta^2} \qquad p_3 = -\frac{1}{T}$$

在单位阶跃函数作用下,输出为

$$C(s) = \frac{\dfrac{\omega_{\mathrm{n}}^2}{T}}{\left(s + \dfrac{1}{T}\right)(s^2 + 2\zeta\omega_{\mathrm{n}}s + \omega_{\mathrm{n}}^2)} \cdot \frac{1}{s}$$

拉氏反变换得三阶系统阶跃响应

$$c(t) = 1 - A_1 \mathrm{e}^{-\zeta\omega_n t}\sin(\omega_d t + \varphi) - A_2 \mathrm{e}^{-\beta\zeta\omega_n t} \quad (t \geqslant 0) \quad\quad (3-6)$$

式中：

$$\varphi = \arctan^{-1}\frac{\zeta(\beta-2)\sqrt{1-\zeta^2}}{\zeta^2(\beta-2)+1} \qquad \beta = \frac{\dfrac{1}{T}}{\zeta\omega_n} \qquad \omega_d = \omega_n\sqrt{1-\zeta^2}$$

$$A_1 = \frac{\zeta\beta}{\sqrt{(1-\zeta^2)[\zeta^2\beta(\beta-2)+1]}} \qquad A_2 = \frac{1}{\zeta^2\beta(\beta-2)+1}$$

其中 β 是实极点 p_3 与共轭复极点的负实部之比，如图 3-21(a)所示，它反映了两种极点在 s 平面上的相对位置，也是系统一阶部分和二阶部分响应曲线衰减系数之比。

式(3-6)表示三阶系统单位阶跃响应由三部分组成。第一项为对应于单位阶跃输入信号的稳态分量，第二、三项为瞬态分量。第二项为由二阶因子所引起频率为 ω_d、衰减系数为 $\zeta\omega_n$ 的阻尼振荡。因为 $\beta\zeta^2(\beta-2)+1 = \zeta^2(\beta-1)^2 + (1-\zeta^2) > 0$，三阶系统的单位阶跃响应比二阶系统多了一项由一阶因子引起的瞬态分量，即第三项衰减系数为 $1/T$ 的指数衰减。

由式(3-6)还可看出系统响应和比值 β 有关。图 3-21(b)所示为同一 ζ 值时不同 β 值对应的单位阶跃响应曲线。

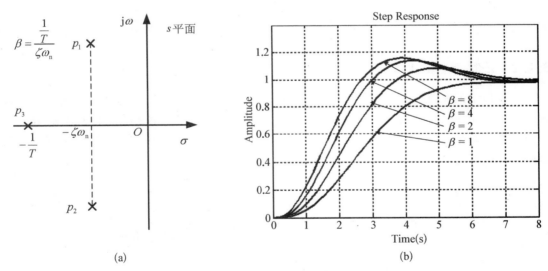

图 3-21　三阶系统极点分布和单位阶跃响应曲线

(a) 极点分布；　(b) 单位阶跃响应（$\omega_n = 1/s$，$\zeta = 0.5$）

根据图示曲线和式(3-6)可得出：

(1) 在二阶系统上附加一个实数极点（$0 < \beta < \infty$）将使原来二阶系统的单位阶跃响应的超调量减小，上升时间、峰值时间增加，响应变慢。

(2) 当 $\beta > 1$，即 $1/T > \zeta\omega_n$ 时，实数极点 p_3 距离虚轴远，而共轭复数极点 $p_{1,2}$ 距离虚轴近，这时系统的特性主要决定于 $p_{1,2}$，更多地呈现二阶系统特性。当 $\beta \to \infty$ 时，系统即为 $\zeta = 0.5$ 时的二阶系统响应曲线。

（3）当 $\beta < 1$，即 $1/T < \zeta\omega_n$ 时，实数极点 p_3 距离虚轴近，这时系统的特性主要决定于 p_3，更多地呈现一阶系统的特性。

3.4.3 高阶系统的时域响应

如果系统全部闭环极点和闭环零点互不相同，且极点中含有 q 个实数极点 p_j，r 对共轭复数极点 $\sigma_k \pm \mathrm{j}\omega_k$，$n = q + 2r$，则系统传递函数为

$$G(s) = \frac{C(s)}{R(s)} = \frac{b_0 s^m + b_1 s^{m-1} + \cdots + b_{m-1}s + b_m}{a_0 s^n + a_1 s^{n-1} + \cdots + a_{n-1}s + a_n} = \frac{K\prod\limits_{i=1}^{m}(s + z_i)}{\prod\limits_{j=1}^{q}(s + p_j)\prod\limits_{k=1}^{r}(s^2 + 2\zeta_k\omega_k s + \omega_k^2)}$$

则当单位阶跃输入 $R(s) = 1/s$ 时，系统输出

$$C(s) = \frac{K\prod\limits_{i=1}^{m}(s + z_i)}{\prod\limits_{j=1}^{q}(s + p_j)\prod\limits_{k=1}^{r}(s^2 + 2\zeta_k\omega_k s + \omega_k^2)} \cdot \frac{1}{s}$$

拉氏反变换得系统单位阶跃响应

$$c(t) = a_0 + \sum_{j=1}^{q} a_j \mathrm{e}^{-p_j t} + \sum_{k=1}^{r} b_k \mathrm{e}^{-\zeta_k\omega_k t}\sin(\omega_k\sqrt{1 - \zeta_k^2}\,t + \varphi_k) \quad (t \geqslant 0) \qquad (3-7)$$

式中：a_j、b_k 为对应极点上的留数。

式（3-7）的第一项为稳态分量，第二、三项为瞬态分量，分别由一阶系统和二阶系统的瞬态分量组成。第二项中每一个实数极点对应一个非周期分量。第三项中每一对共轭复数极点对应一个阻尼振荡分量。由此可见，极点的性质确定了相应瞬态分量的类型。图 3-22 给出了位于不同 s 平面位置的特征根所对应的脉冲响应曲线形状。

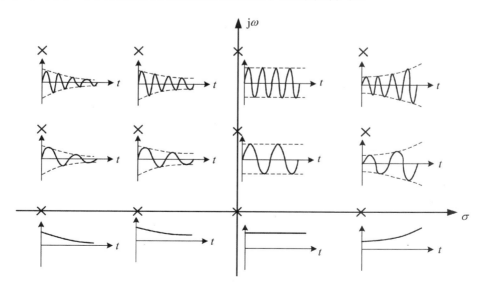

图 3-22　不同位置特征根对应的脉冲响应曲线

如果所有闭环极点所有特征根的实部均为负,即特征根均位于 s 平面左半部,则随时间 $t \to \infty$,第二、三项均趋近于零。各瞬态分量衰减速度决定于衰减系数 p_j 和 $\zeta_k \omega_k$,即系统闭环极点的实部。闭环极点离虚轴越远,相应分量衰减越快。反之,闭环极点离虚轴越近,相应分量衰减越慢,影响也越大。因此如果响应稳定的则阶跃响应有界。

从式(3-7)可知各瞬态分量不仅与闭环极点在 s 平面上的位置有关,而且还与闭环零点的位置有关。零点会影响各个极点上的留数大小,从而确定各瞬态分量衰减的初始幅值大小。

(1) 如果一个闭环零点靠近某一个闭环极点,这个极点上的留数将比较小,对应于这个极点的暂态分量影响也比较小,所以一对靠得很近的极点和零点可相互抵消。

(2) 如果某极点的位置离虚轴很远,这个极点上的留数也将会很小,因而远极点所对应的瞬态分量很小,且持续时间短。

(3) 如果某极点附近没有闭环零点,且与虚轴距离很近,则对应的瞬态分量不仅幅值大,而且衰减慢,对系统瞬态响应影响最大。

(4) 快速衰减的分量只在瞬态响应初始阶段有影响。如果在式(3-7)中,忽略某些留数很小或离虚轴很远的极点所对应的瞬态分量,则一个高阶系统可以用一个低阶系统来近似。

通过以上分析得出,瞬态响应曲线类型取决于闭环极点,而瞬态响应曲线的具体形状还取决于闭环零点。各瞬态响应分量衰减快慢取决于对应的闭环极点距离 s 平面虚轴的远近,其中最靠近虚轴的闭环极点所对应的瞬态分量衰减得最慢,在所有各分量中起主要作用。

高阶系统中所有其他极点的实部比距离虚轴最近的闭环极点的实部大 5 倍以上,并且在该极点附近不存在闭环零点,则这种离虚轴最近的闭环极点将对系统的瞬态响应起主导作用,并称其为闭环主导极点。主导极点的实部比其他极点的实部小 5 倍以上,意味主导极点对应的瞬态分量衰减到进入稳态(即 $\Delta = \pm 2\%$ 或 $\Delta = \pm 5\%$)所需要的调整时间比非主导极点所对应的瞬态分量衰减到进入稳态所需要的调整时间长 5 倍以上。

如果主导极点是共轭复数极点,则该高阶系统可用这对主导极点组成的二阶系统来近似,并用此二阶系统的瞬态响应指标来估计系统的动态性能。当主导极点是实极点,则该高阶系统可用由这个主导极点对应的一阶系统来近似,并用此一阶系统的瞬态响应指标来估计系统的动态性能。

[**例 3-13**] 已知三阶系统的闭环传递函数 $\dfrac{C(s)}{R(s)} = \dfrac{312\,000}{(s+60)(s^2+20s+5\,200)}$,求其精确的单位阶跃响应及高阶降阶后的单位阶跃响应。

[**解**] 由式(3-7)知该系统的单位阶跃响应的精确解为

$$c(t) = 1 - 0.96 e^{-10t} \sin(71.7t + 26.93°) - 0.684 e^{-60t} \quad (t \geqslant 0)$$

系统闭环极点 $p_{1,2} = -10 \pm j71.7$,$p_3 = -60$。共轭复极点 $p_{1,2}$ 的实部和实极点 p_3 之比为

$$\frac{\mathrm{Re}[p_1]}{\mathrm{Re}[p_3]} = \frac{-10}{-60} = \frac{1}{6} < \frac{1}{5}$$

所以 $p_{1,2}$ 为主导极点,可以忽略闭环极点 p_3 对应的瞬态分量,即精确解中第 3 项,则得该系统单位阶跃响应的近似解得

$$c(t) = 1 - 0.96e^{-10t}\sin(71.7t + 26.93°) \quad (t \geqslant 0)$$

图 3-23 是 MATLAB 中对此两解的时域波形,图中带星号曲线的为近似解,其与精确解间在 0.1 s 前便已重合。由上述分析知可以将此三阶系统简化为以一对共轭复极点为极点的二阶系统,即可用分析二阶系统的方法来近似分析原来的三阶系统。

在进行动态系统分析和设计时,在 MATLAB 中可以调用 roots( )来取极点,当然也可以用 pzmap( )函数绘出系统的闭环零极点图。如果要进行相应的参数调整或评价参数变化对极点的影响,可以参见根轨迹章节。

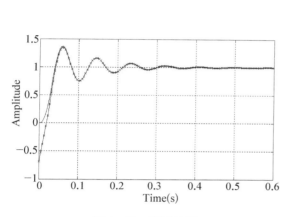

图 3-23 时域波形

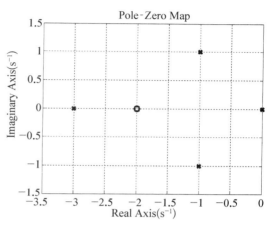

图 3-24 MATLAB 运行结果

[例 3-14] 试绘制系统 $G(s) = \dfrac{s+2}{s^4 + 5s^3 + 8s^2 + 6s}$ 的零极点图。

[解] 对应有程序

num=[1 2];	//分子多项式(num)
den=[1 5 8 6 0];	//分母多项式(den)
pzmap(num,den);	//绘制零极点图

MATLAB 运行结果如图 3-24 所示。其中以"X"表示极点,"O"表示零点。由图示知系统有极点 0、-1 ± 1 j、-3,零点为 -2。

小 结

(1) 系统输出信号的动态特性取决于系统的初始状态和输入信号。当动态系统以传递函数来表达时,零初始条件使得时域响应更多指不同输入信号下的输出响应。

(2) 在进行系统分析设计时,通常选出一种(或几种)最典型的或者最不利的作用作为输入信号,研究对应的瞬态响应,从而进行系统动态性能的评估。

(3) 动态系统的阶跃响应曲线由稳态分量和暂态分量两部分组成。一阶系统阶跃响应为指数曲线,其形状与时间常数 T 有关。二阶系统的阶跃响应曲线类型取决于阻尼比,当 $0 < \zeta < 1$ 时为欠阻尼系统,其响应曲线为阻尼振荡型;当 $\zeta = 1$ 时为临界阻尼,$\zeta > 1$ 为过阻尼,这时响应曲线均为指数型;当 $\zeta = 0$ 时为无阻尼系统,其响应曲线呈等幅振荡。

（4）二阶欠阻尼系统的响应曲线形状具有典型性，动态系统的瞬态响应指标参照二阶欠阻尼系统的阶跃响应曲线定义。

（5）高阶系统的阶跃响应由稳态分量和一阶、二阶响应分量组成，各暂态分量在响应中的重要程度取决于相应的一阶、二阶极点距离虚轴的远近。

习　题

3.1　系统闭环传递函数 $\dfrac{C(s)}{R(s)} = \dfrac{\omega_n^2}{s^2 + 2\zeta\omega_n s + \omega_n^2}$，单位阶跃输入时 $M_p = 5\%$ 和 $t_s = 2\,\mathrm{s}$，试求系统阻尼比 ζ 的无阻尼自然频率 ω_n。

3.2　已知系统的单位脉冲响应如下，求取系统的传递函数。

（1）$g(t) = 100\mathrm{e}^{-0.3t}\sin 0.4t$；

（2）$g(t) = 5\mathrm{e}^{-2t} + 10\mathrm{e}^{-5t}$。

3.3　把温度计放入恒温箱内，1分钟后，它指示稳态温度值的 98%。假设此温度计为一阶系统，求其时间常数；如果将此温度计放在容器的液体内，液体的温度以每分钟 10℃ 的速度线性变化，求温度计的误差是多大。

3.4　对图 P3-4 中各单位阶跃响应曲线分别从下列传递函数中选取与它们匹配的。

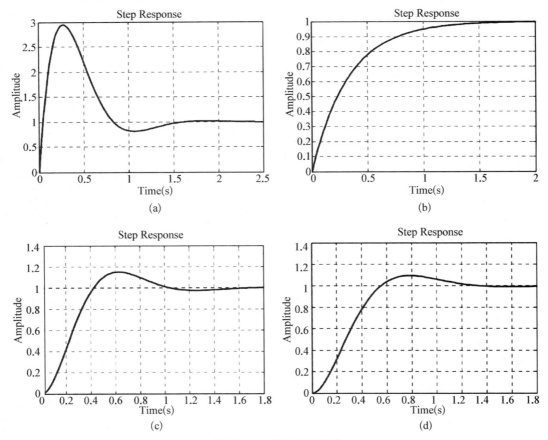

图 P3-4　单位阶跃响应

$$G_1(s) = \frac{1}{s+3} \qquad G_2(s) = \frac{3}{s+3} \qquad G_3(s) = \frac{10s+3}{s+3} \qquad G_4(s) = \frac{8}{s^2+6s+8}$$

$$G_5(s) = \frac{1}{s^2+6s+25} \qquad G_6(s) = \frac{25}{s^2+6s+25} \qquad G_7(s) = \frac{25s+25}{s^2+6s+25}$$

$$G_8(s) = \frac{34}{s^2+6s+34}$$

3.5　单位反馈系统的开环传递函数 $G(s) = \dfrac{1}{100s^2}$，图 P3-5(a)、(b)分别为输入信号 $r(t)$、输出信号 $c(t)$ 的波形，求 a、τ。

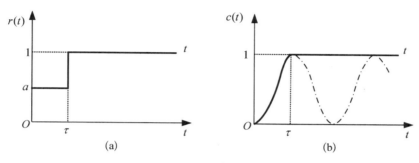

图 P3-5　系统时域响应

（a）输入信号；　（b）输出信号

3.6　如图 P3-6 所示，某风振器由两个钢球和一根细长杆构成，两球分处于杆的两端，用于悬挂长杆的细线能够扭转许多圈并保持不断。假设细线的扭转弹性常数为 2×10^{-4} N·m/rad，球在空气中的阻尼系数为 2×10^{-4} N·m/rad，球的质量为 1 kg。若这个装置被事先扭转了 $4\,000°$，问从该处回转运动到 $10°$ 的扭转角时，共需多少时间？

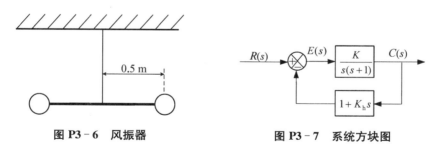

图 P3-6　风振器　　　　　　　　**图 P3-7　系统方块图**

3.7　设控制系统如图 P3-7 所示。试求使系统的阻尼比为 0.5 的 K_h 值。

3.8　设速度反馈的伺服系统如图 P3-8 所示。试确定使系统的最大超调量为 0.2，峰值时间为 0.8 s 的增益 K_v 和 K_h 值，并确定在此情况下系统的上升时间和调整时间。

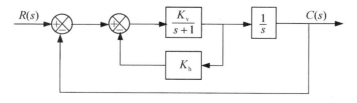

图 P3-8　系统方块图

3.9 设单位反馈系统的开环传递函数为 $G(s) = \dfrac{0.4s+1}{s(s+0.6)}$。试求系统对单位阶跃输入信号的响应,并给出上升时间、峰值时间和最大超调量。

3.10 微型潜水艇的下潜深度控制系统如图 P3-10 所示。当输入为阶跃信号 $R(s) = 1/s$,而系统参数的取值为 $K = K_2 = 1, 1 \leqslant K_1 \leqslant 10$ 时,计算系统的响应 $y(t)$,并确定响应速度最快时 K_1 的取值。

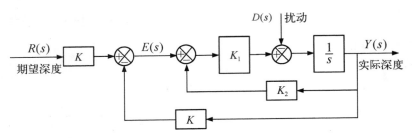

图 P3-10 微型潜水艇的下潜深度控制系统

第4章 时域分析及校正

4.1 分析与校正的基本概念

控制系统通常分为不可变部分和可变部分。前者指系统工作过程中不可能变化的如执行机构、功率放大器和检测装置等,后者指系统工作过程中可以改变的如放大器、校正装置等。不可变部分受性能指标、尺寸大小、重量、能源、成本等的限制,可能不能完全满足性能指标要求。调节可变部分(如放大系数)可适当改变系统的部分性能,但此时可能会遇到系统的稳定性和稳态精度发生矛盾,即无法通过改变被控对象的元件基本参数同时满足稳定性和稳态精度要求,此时可在系统中加入校正装置,通过一定的控制规律使系统全面满足给定的指标要求。

如图4-1所示,根据校正装置的不同位置分为不同校正方式,即校正装置 $G_c(s)$ 串联在前向通路中的串联校正[见图4-1(a)]、校正装置 $G_c(s)$ 设置在局部反馈回路的并联校正[见图4-1(b)]及前馈校正[见图4-1(c)]。一般来说串联校正比反馈校正简单。计算机控制系统通过软件编程很容易实现串联校正。模拟电路实现串联校正时通常安排在前向通路中能量较低的位置以避免功率损耗,并常需要附加放大器以增大增益和进行隔离。反馈校正传感器检测信号一般从较高功率点引向较低功率点,不一定需要放大器。反馈元件本身要求较高,但由于系统对被校正回路包围部分特性参数变化很不敏感,此部分的要求可以放低。当一种校正方式难以满足时,可采用这些校正方式的组合提高系统性能。校正装置就校正特性分有滞后校正、超前校正、滞后-超前校正;就其物理性质分有电气、机械、液压、气动或者是多物理域混合使用,选取时在某种程度上取决于具体系统的结构和被控对象的性质。

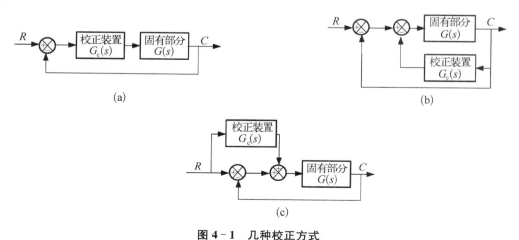

图4-1 几种校正方式

(a) 串联校正; (b) 并联校正; (c) 前馈校正

[**例 4 - 01**] 图 4 - 2(a)中系统若要求 $\zeta = 0.707$，应作如何改进？

[**解**] 原系统传递函数

$$\frac{C(s)}{R(s)} = \frac{10}{s^2 + 10}$$

$\zeta = 0$，为二阶无阻尼系统。

如图 4 - 2(b)所示，加入反馈校正环节，$G_c(s) = \tau s$，则校正后的系统传递函数为

$$\frac{C(s)}{R(s)} = \frac{10}{s^2 + 10\tau s + 10}$$

由 $\omega_n^2 = 10$ 得

$$\omega_n = \sqrt{10}$$

由 $2\zeta\omega_n = 10\tau$ 得

$$\tau = \frac{2\zeta\omega_n}{10} = \frac{2 \times 0.707 \times \sqrt{10}}{10} = 0.444 \text{ s}$$

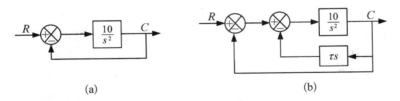

(a)   (b)

图 4 - 2 系统方块图

(a) 原系统； (b) 校正后

图 4 - 3 给出根据系统最终性能指标调整系统参数、引入校正装置并改变系统结构时的两种方法。图 4 - 3(a)为综合法又名期望特性法，指根据性能指标要求确定系统期望特性，与原有特性进行比较，从而确定校正方式、校正装置的形式及参数。由于是完全的"减法"，所得到的校正装置有时实现性较差。图 4 - 3(b)所示为分析法又名试探法，即根据系统已有的特性判断并选取可实现的校正装置，然后将校正后的系统特性与要求的系统特性进行比较，如不满足，则重新选取校正装置，直到特性满足。

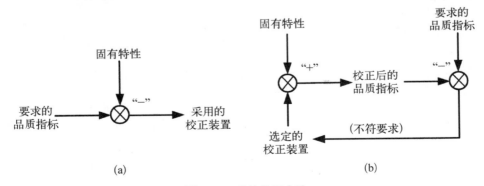

(a)   (b)

图 4 - 3 系统校正方法

(a) 综合法； (b) 分析法

上面所述的动态系统的性能指标除了上章所给出的快速性、超调情况,还有代表系统能否正常工作的首要条件的稳定性、系统稳定工作时对于控制输入、干扰输入的稳态精度、高精度工作场合时对内扰的灵敏度。不同的控制系统根据工作条件和使用要求有不同的性能指标。为了评价系统的动态性能,时间域方法采用直接的时域响应指标,频率域方法采用间接的频率响应指标,有时须依据给定性能指标与待采用方法的关系进行指标转换。

4.2　系统的稳定性

4.2.1　稳定性的基本概念

1) 稳定性定性定义

稳定性的简单定义就是系统在外部扰动作用下偏离其原来的平衡状态,当扰动作用消失后,系统仍能自动恢复到原来的初始平衡状态,则称系统是稳定的,否则称系统是不稳定的。

如图 4 - 4 所示的两个单摆,竖直位置是它们的平衡位置。如果以平衡位置为初始位置分别对球施加水平外力,图 4 - 4(a) 中的单摆在多次摆动后会回到初始位置,而图 4 - 4(b) 的单摆则永远不会回到初始的竖直状态。

如果将外部的扰动视为脉冲输入,则可以从系统的脉冲响应来判定其是否稳定。图 4 - 5 所示为一些系统的脉冲响应,系统初始平衡状态均为零。当对它们施加如图 4 - 5(b) 所示的扰动脉冲信号后,输出量 $y(t)$ 开始偏离初始平衡位置。当扰动脉冲消失后,如图 4 - 5(c) 所示,系统 1、2 输出量最后仍回到初始零位,系统 1、2 是稳定系统。图 4 - 5(c) 中系统 3 输出呈现等幅振荡,系统 4 输出呈发散状,两个系统都不能恢复到初始零位,系统 3、4 是不稳定系统。

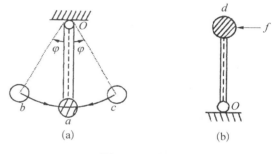

图 4 - 4　单摆

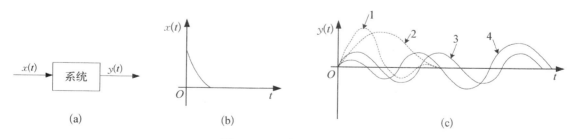

图 4 - 5　系统的脉冲响应

上述稳定性的粗略定义只适用于线性定常系统。如某些非线性系统可能在小扰动作用消失后能恢复到原平衡位置,但在大扰动作用消失后系统不能恢复到原平衡位置,即系统在小范围内稳定。又如某些非线性系统在扰动作用消失后,系统不能恢复到原来的平衡位置,而能在新的平衡位置稳定地工作。图 4 - 6 是对大范围稳定与不稳定、小范围稳定、临界稳定的一个形象表达,其中临界稳定是稳定与不稳定的边界,稳定性分析中用稳定性裕量来量

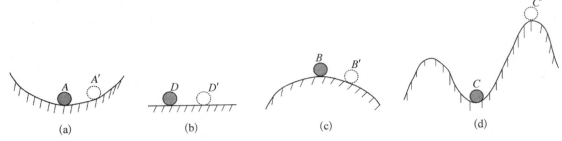

图 4-6 稳定性的形象表达

(a) 大范围稳定；(b) 临界稳定；(c) 大范围不稳定；(d) 小范围稳定

化到达临界稳定边界。俄国学者李亚普诺夫提出了系统稳定性严格而普遍适用的定义,但本书仅对线性定常系统展开稳定性分析,线性定常系统的大范围稳定与小范围稳定是一致的。

2) 系统稳定的充分必要条件

设系统的传递函数为

$$\frac{C(s)}{R(s)} = \frac{b_0 s^m + b_1 s^{m-1} + \cdots + b_{m-1}s + b_m}{a_0 s^n + a_1 s^{n-1} + \cdots + a_{n-1}s + a_n} = \frac{B(s)}{D(s)}$$

令系统特征方程 $D(s) = 0$,假定系统特征方程的根中有 k 个实根 p_i $(i = 1, 2, \cdots, k)$,$2l$ 个共轭复根 p_j、$\bar{p}_j = \sigma_j \pm j\omega_j (j = 1, 2, \cdots, l)$,则上式可写成

$$\frac{C(s)}{R(s)} = \frac{B(s)}{a_0 \prod\limits_{i=1}^{k}(s - p_i) \prod\limits_{j=1}^{l} [s - (\sigma_j + j\omega_j)][s - (\sigma_j - j\omega_j)]}$$

若输入为脉冲函数 $r(t) = \delta(t)$,当作用时间 $t > 0$ 时,$r(t) = 0$,相当于扰动消失。

将系统输出量 $C(s)$ 写成部分分式

$$C(s) = \frac{B(s)}{D(s)}R(s) = \sum_{i=1}^{k} \frac{c_i}{s - p_i} + \sum_{j=1}^{l} \frac{\alpha_j s + \beta_j}{[s - (\sigma_j + j\omega_j)][s - (\sigma_j - j\omega_j)]}$$

对上式拉氏反变换,可得扰动为理想脉冲函数作用下的系统输出

$$c(t) = \sum_{i=1}^{k} c_i e^{p_i t} + \sum_{j=1}^{l} e^{\sigma_j t}(A_j \cos \omega_j t + B_j \sin \omega_j t)$$

由上式可知,如果 p_i 和 σ_j 均为负值,则当 $t \to \infty$ 时,$c(t) \to 0$,说明当系统特征方程根是负实根或共轭复根具有负实部时,系统在扰动消失后能恢复到原平衡状态 $c(t)|_{t=0} = 0$,即系统稳定。

根据上面分析可得出:**动态系统稳定的充分必要条件是系统特征方程的根全部具有负实部,即闭环系统的极点全部在 s 平面左半部。**

如图 4-7 所示的两个单摆系统,直觉可知图 4-7(a)是一个稳定系统,图 4-7(b)是一个不稳定系统。对于图 4-7(a)有

$$\frac{1}{2}ML^2\ddot{\theta} + Mg\sin\theta L = fL$$

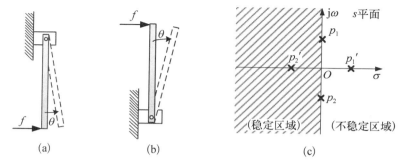

图 4 - 7 单摆系统

式中 M、L 为杆件的质量和杆长。

当角度 θ 为很小的值时,有

$$\frac{1}{2}L\ddot{\theta} + g\theta = \frac{f}{M}$$

对应有传递函数

$$\frac{\Theta(s)}{F(s)} = \frac{\dfrac{1}{M}}{\dfrac{1}{2}Ls^2 + g}$$

其极点为

$$p_{1,2} = \pm\ \mathrm{j}\sqrt{\frac{2g}{L}}$$

如图 4 - 7(c) 所示,此两个极点处于 s 平面虚轴上,即临界处,如果计入空气阻力带来的阻尼项,则极点将落入 s 的左半平面(图中的阴影处)即稳定区域。

对图 4 - 7(b) 建模可得到

$$\frac{\Theta(s)}{F(s)} = \frac{\dfrac{1}{M}}{\dfrac{1}{2}Ls^2 - g}$$

其极点为

$$p'_{1,2} = \pm\sqrt{\frac{2g}{L}}$$

为两个实数极点。如图 4 - 7(c) 所示,其中一个为正实根,位于 s 的右半平面,即不稳定区域。

不稳定的闭环反馈系统在实际应用中实用性不大。许多开环不稳定的物理系统可以通过反馈环节使系统稳定,并在稳定的前提下选择控制器参数,调节系统瞬态性能。

除了稳定或不稳定的绝对稳定性判定,还需衡量稳定程度即相对稳定性,以应对系统建

模中忽略的非线性因素和一些性能的小时变。相对稳定性体现在稳定性与快速性的综合考量中，极点离虚轴越远系统越稳定，但极点离虚轴越近响应越快。如飞行器尤其是战斗机中的机动性设计中，会故意设计成开环不稳定以提高快速性，再通过反馈系统协助飞行员的操纵。

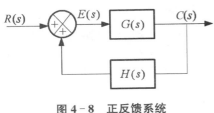

图4-8　正反馈系统

从稳定性出发控制系统的反馈回路应是负反馈。如图4-8所示是一个有正反馈回路的闭环系统，传递函数 $\dfrac{C(s)}{R(s)} = \dfrac{G(s)}{1-G(s)H(s)}$，当 $G(s)H(s)=1$ 时，$C(s)=\infty \cdot R(s)$；当 $r(t)\equiv 0$ 时，系统输出 $c(t)=0$；但当 $r(t)$ 稍有扰动时，系统输出 $c(t)$ 随即不为零，并通过正反馈放大，直到物理系统达到饱和状态。

不稳定的开环系统反馈后可能稳定工作，但闭环系统不等同于稳定系统。如果反馈回路中控制器的类型选用、控制器参数选择不合理，可能会将一个稳定的开环系统变成一个不稳定的系统。

[例4-02]　单位反馈系统的开环传递函数为 $G(s) = \dfrac{K}{s(Ts+1)}$ $(K>0, T>0)$，请判断系统稳定性。

[解]　闭环传递函数

$$\Phi(s) = \frac{G(s)}{1+G(s)} = \frac{K}{Ts^2+s+K}$$

可得判别系统稳定性的特征方程如下

$$Ts^2+s+K=0$$

特征方程的根

$$s_{1,2} = \frac{-1\pm\sqrt{1-4TK}}{2T}$$

由此式知：
(1) $KT<1/4$ 时，特征方程有两个不同的负实根；
(2) $KT=1/4$ 时，特征方程有一个负实根，一个零根；
(3) $KT>1/4$ 时，特征方程有一对具有负实部的共轭复根。

即 KT 不断增长的过程中特性方程的根始终在 s 平面的左半面（含 $KT=1/4$ 对应的虚轴），所以系统是稳定的。

上述二阶系统例子中特征根求取较容易。工程上遇到的往往是高阶系统，此时可借助计算机软件求解高阶系统特征方程的根。在 MATLAB 中可以调用 roots( ) 函数求取特征多项式的根，然后由系统稳定性的充要条件，即系统特征方程的根全部具有负实部进行系统稳定的判别。

[例4-03]　系统特征方程 $s^5+6s^4+2s^3+3s^2+2s+6=0$，试判断该系统的稳定性。

[解]　MATLAB 中程序为

den=[1 6 2 3 2 6];	//多项式(den)
c=roots(den)	//求多项式的根

MATLAB 运行结果为

c=	//多项式的根
−5.7375	//负实根
−0.6922+0.7650i	//负实部的共轭复根
−0.6922−0.7650i	
0.5609+0.8173i	//正实部的共轭复根
0.5609−0.8173i	

可见有两个根具有正实部,故系统不稳定。

上述例子都对已确定参数的系统给出特征根,但设计或校正过程中需要进行参数的可行域分析,得借助特征方程系数稳定性判据。

3) 系统稳定的必要条件

设 n 阶系统的特征方程

$$D(s) = a_0 s^n + a_1 s^{n-1} + \cdots + a_{n-1}s + a_n = 0$$

的 n 个根分别为 $p_1, p_2, \cdots, p_n$,则该方程的根与系数有如下关系:

$$\frac{a_1}{a_0} = (-1)^1 \sum_{i=1}^n p_i, \qquad \text{其中} \sum_{i=1}^n p_i \text{为方程各根之和;}$$

$$\frac{a_2}{a_0} = (-1)^2 \sum_{i=2}^n p_i p_j, \qquad \text{其中} \sum_{i=2}^n p_i p_j \text{为每次取两根乘积之和;}$$

$$\frac{a_3}{a_0} = (-1)^3 \sum_{i=3}^n p_i p_j p_k, \qquad \text{其中} \sum_{i=3}^n p_i p_j p_k \text{为每次取三根乘积之和;}$$

$$\cdots$$

$$\frac{a_n}{a_0} = (-1)^n \prod_{i=1}^n p_i, \qquad \text{其中} \prod_{i=1}^n p_i \text{为方程各根之积。}$$

由上述方程根与系数的关系知,当系数 $a_0 > 0$ 时(若 $a_0 < 0$ 则特征方程两边同乘 −1),欲使系统特征方程的全部根具有负实部,则必须使方程中每一个系数 $a_0, a_1, \cdots, a_n$ 全部为正,否则特征方程必将出现具有正实部或为零的根。由此得到:**动态系统稳定的必要条件是系统特征方程各项系数具有相同的符号,且无一系数为零。**

因此,使用稳定性判据之前可预先检查一下系统的特征方程系数,若其中有异号系数或零系数(缺项),则此系统必不稳定,不需要进一步的判定。

此条件为必要条件,存在完全满足此条件但不能确保系统稳定的情况。如某系统的特征多项式为 $D(s) = (s+2)(s^2 - s + 4) = s^3 + s^2 + 2s + 8$,其系数均为正数,但系统有两个带正实部的共轭复根,系统不稳定。

[**例 4‑04**]　如图 4‑9 所示是液位控制系统及其函数方框图,各参数均为正数,试判断该系统的稳定性。

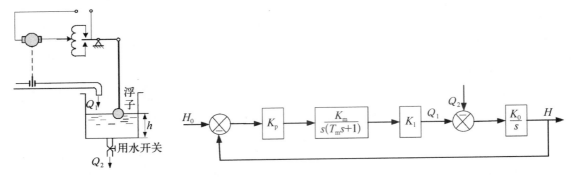

图 4-9　液位系统及其函数方框图

[**解**]　此系统的闭环特征多项式为

$$D(s) = T_\mathrm{m}s^3 + s^2 + K_\mathrm{p}K_\mathrm{m}K_1K_0$$

此多项式中缺少 s 项,即一次项的系数为零,按系统稳定的必要条件知系统不稳定。这种缺项的不稳定是结构性不稳定,无法通过调整 T_m、K_p、K_m、K_1、K_0 解决。

4.2.2　劳斯-赫尔维茨稳定判据

　　劳斯-赫尔维茨稳定判据分别由劳斯和赫尔维茨独立提出,该判据可以不求解系统特征方程根,而直接由特征方程系数来判别系统是否满足稳定的充分必要条件。劳斯判据和赫尔维茨判据具有不同形式。劳斯判据采用劳斯阵列,不受系统阶数限制,如果系统不稳定还能得出特征方程有几个根在 s 平面的右半部。赫尔维茨判据则采用赫尔维茨行列式,但四阶以上赫尔维茨行列式计算较麻烦。劳斯-赫尔维茨稳定判据在计算机技术不发达时是分析处理高阶系统的有力工具,即使现在能通过计算机软件得到高阶系统的根,还是常用稳定性判据来确定参数可行域。目前常采用劳斯阵列形式进行稳定性判定,并称为劳斯-赫尔维茨稳定判据,以表示对他们俩工作的认可。

　　劳斯阵列由系统特征方程系数按一定规则构成,它的第一列元素的符号用于判断系统稳定性。设系统的特征方程为

$$D(s) = a_0 s^n + a_1 s^{n-1} + \cdots + a_{n-1}s + a_n = 0$$

对应的劳斯阵列如下:

$$
\begin{array}{c|cccc}
s^n & a_0 & a_2 & a_4 & \cdots \\
s^{n-1} & a_1 & a_3 & a_5 & \cdots \\
s^{n-2} & b_1 & b_2 & b_3 & \cdots \\
s^{n-3} & c_1 & c_2 & c_3 & \cdots \\
s^{n-3} & d_1 & d_2 & d_3 & \cdots \\
\vdots & \vdots & & & \\
s^2 & e_1 & e_2 & & \\
s^1 & f_1 & & & \\
s^0 & g_1 & & &
\end{array}
$$

式中

$$b_1 = -\frac{\begin{vmatrix} a_0 & a_2 \\ a_1 & a_3 \end{vmatrix}}{a_1}, \quad b_2 = -\frac{\begin{vmatrix} a_0 & a_4 \\ a_1 & a_5 \end{vmatrix}}{a_1}, \cdots$$

$$c_1 = -\frac{\begin{vmatrix} a_1 & a_3 \\ b_1 & b_2 \end{vmatrix}}{b_1}, \quad c_2 = -\frac{\begin{vmatrix} a_1 & a_5 \\ b_1 & b_3 \end{vmatrix}}{b_1}, \cdots$$

$$d_1 = -\frac{\begin{vmatrix} b_1 & b_2 \\ c_1 & c_2 \end{vmatrix}}{c_1}, \quad d_2 = -\frac{\begin{vmatrix} b_1 & b_3 \\ c_1 & c_3 \end{vmatrix}}{c_1}, \cdots$$

$$\cdots \qquad\qquad \cdots$$

上述劳斯阵列构成规则简要说明如下：

（1）竖线左边列写出 s 幂次作标识，由上而下按 s 最高幂 s^n 至 s 最低幂 s^0 依次排列。

（2）由特征方程系数列写第一行和第二行各元素，即由 s 最高幂项系数开始，按幂次的奇偶依次填入第二行，直到 s^0 项系数。最后一个系数若不存在则用零补全。

（3）自第三行开始至 s^0 行各元素由分式运算而得，分母为该元素上一行的第一列元素；分子为四个元素构成的子行列式的负值，这四个元素为上两行中第一列两个元素和该元素所在列的后一列两个元素，具体如 b_1，b_2，c_1，c_2，d_1，d_2 所示。

按照上述规则可构成任意阶系统的劳斯阵列，并依据劳斯-赫尔维茨稳定判据判定系统的稳定性。

劳斯-赫尔维茨稳定判据为：动态系统稳定的充分必要条件是劳斯阵列第一列元素不改变符号。如果该列元素改变符号则系统不稳定，符号改变次数等于系统特征方程含有正实部根的个数。

[**例 4 - 05**]　试采用劳斯-赫尔维茨稳定判据判断[例 4 - 03]系统的稳定性。

[**解**]　根据特征方程系数列出劳斯阵列

s^5	1	2	2
s^4	6	3	6
s^3	$\dfrac{12-3}{6}=\dfrac{3}{2}$	$\dfrac{12-6}{6}=1$	0
s^2	$\dfrac{3/2-2}{3/2}=\dfrac{-1}{3}$	$\dfrac{(3/2)\times 2-0}{3/2}=2$	0
s^1	$\dfrac{-1/3-3}{-1/3}=10$	0	
s^0	$\dfrac{10\times 2-0}{10}=2$		

该系统的劳斯阵列第一列元素符号改变 2 次，即由 3/2 变为 $-1/3$，再由 $-1/3$ 变为 10，系统有两个根位于 s 平面的右半部，系统不稳定。虽然未解出 5 个特征根的具体值，但与稳定性相关的特征根在 s 平面的分布信息已完全得到，得到与[例 4 - 03]一致结论。

在计算劳斯阵列时,可以用一个正数去乘或除某一行各元素,如例中第 s^4 行各元素除以 3,所得结果将不变。

在构造系统劳斯阵列时,可能会出现下列两种特殊情况:

(1) 劳斯阵列的第一列某元素等于零,而其余各元素不全等于零。

这时可用一个微小的正数 ε 代替这个为零的元素,然后继续进行计算,完成劳斯阵列。

[例 4 - 06]　设系统的特征方程为 $s^4 + 2s^3 + 3s^2 + 6s + 1 = 0$,试判断该系统的稳定性。

[解]　列系统劳斯阵列如下

$$
\begin{array}{c|ccc}
s^4 & 1 & 3 & 1 \\
s^3 & 2 & 6 & 0 \\
s^2 & \dfrac{2 \times 3 - 6}{2} = 0 \to \varepsilon & 1 & \\
s^1 & \dfrac{6\varepsilon - 2}{\varepsilon} \longrightarrow \infty & 0 & \\
s^0 & 1 & &
\end{array}
$$

用微小正数 ε 代替 s^2 行第一列为零的元素后,所得到的劳斯阵列的第一列元素改变符号两次,故系统不稳定,且特征方程有两个根在 s 平面右半部。

(2) 劳斯阵列中某一行元素全部为零。

[例 4 - 07]　某系统的特征方程为 $s^5 + s^4 + 5s^3 + 5s^2 + 6s + 6 = 0$,试判断该系统的稳定性。

[解]　列系统劳斯阵列

$$
\begin{array}{c|ccc}
s^5 & 1 & 5 & 6 \\
s^4 & 1 & 5 & 6 \\
s^3 & 0 & 0 & 0
\end{array}
$$

当劳斯阵列计算到 s^3 行时,出现全行为零的情况,由于此时劳斯阵列第一列元素不全为正,故系统可能不稳定或处于稳定边界。

为进一步了解系统特征方程根的分布,采用如下方法继续完成劳斯阵列。先用该全零行的上一行 (s^4 行)元素作为系数构成一个辅助方程

$$s^4 + 5s^2 + 6 = 0$$

再将上述辅助方程对 s 求导一次,得

$$4s^3 + 10s^1 = 0$$

然后用求导后方程的系数代替全零行 (s^3 行)的元素,继续完成劳斯阵列。

$$
\begin{array}{c|ccc}
s^5 & 1 & 5 & 6 \\
s^4 & 1 & 5 & 6 \\
s^3 & 0 \to 4 & 0 \to 10 & 0 \\
s^2 & 5/2 & 6 & \\
s^1 & 2/5 & & \\
s^0 & 6 & &
\end{array}
$$

由上面劳斯阵列可见,其第一列元素未改变符号,故 s 平面右半部没有系统特征方程的根。

通过求解辅助方程可得系统特征方程的数值相同而符号相反的两对根为

$$s_{1,2} = \pm \mathrm{j}\sqrt{2} \qquad s_{3,4} = \pm \mathrm{j}\sqrt{3}$$

此外,还很容易求得特征方程另外一个根为 $s_5 = -1$。该系统有两对特征方程的根在虚轴上,系统处于稳定边界。

上述这种情况的出现,往往是全零行的上面两行的对应列元素相等或成比例。当存在部分特征根关于原点对称时(见图 4 - 10 的几种情况),便会出现这种情况。因为对称是成对出现的,因此全零会出现在 s 的奇次行中,辅助方程必定为 s 的偶次幂方程,其根成对出现。辅助方程的阶次也表明了对称分布的极点个数。

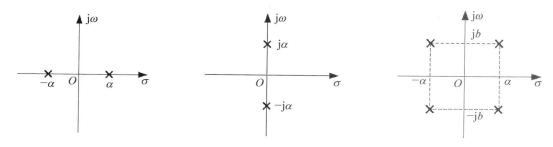

图 4 - 10　s 平面内极点关于原点的对称分布

应用劳斯判据还可以确定系统个别参数对系统稳定性的影响,以及判断系统特征方程根位于平行虚轴的直线($s = -a$)的左侧或右侧的数目。

[例 4 - 08]　单位负反馈系统的开环传递函数为 $G(s) = \dfrac{K}{s(s^2 + s + 1)(s + 2)}$,试确定系统稳定的 K。

[解]　系统闭环传递函数为

$$\frac{C(s)}{R(s)} = \frac{G(s)}{1 + G(s)} = \frac{K}{s(s^2 + s + 1)(s + 2) + K}$$

可得系统特征方程为

$$s^4 + 3s^3 + 3s^2 + 2s + K = 0$$

列劳斯阵列如下:

s^4	1	3	K
s^3	3	2	0
s^2	7/3	K	
s^1	$2 - (9/7)K$	0	
s^0	K		

为使系统稳定,必须使劳斯阵列第一列元素为正,即 $K > 0$, $2 - (9/7)K > 0$。由此得系统稳定的 K 值范围为 $0 < K < 14/9$。

[例 4 - 09] 设系统的特征方程 $s^3 + 7s^2 + 14s + 22 = 0$，试判断该系统有几个特征方程根位于与虚轴平行的直线 $s = -1$ 的右侧。

[解] 令 $s = z - 1$，代入特征方程，整理后得以 z 为变量的系统特征方程

$$z^3 + 4z^2 + 3z + 14 = 0$$

再对此方程列劳斯阵列

$$
\begin{array}{c|cc}
z^3 & 1 & 3 \\
z^2 & 4 & 14 \\
z^1 & -0.5 & 0 \\
z^0 & 14 &
\end{array}
$$

由第一列元素二次变号可见，系统有两个特征方程根在平行于虚轴的直线 $s = -1$ 的右侧。

通过劳斯-赫尔维茨判据可得出低阶系统稳定的充分必要条件如表 4 - 1 所示，在低阶系统判稳时可以直接采用表中的结论。

表 4 - 1   低阶系统稳定的条件

系　统	特　征　方　程	稳定的充要条件
1 阶	$a_0 s + a_1 = 0$	$a_0 > 0,\ a_1 > 0$
2 阶	$a_0 s^2 + a_1 s + a_2 = 0$	$a_0 > 0,\ a_1 > 0,\ a_2 > 0$
3 阶	$a_0 s^3 + a_1 s^2 + a_2 s + a_3 = 0$	$a_0 > 0,\ a_1 > 0,\ a_2 > 0,\ a_3 > 0$ $a_1 a_2 > a_0 a_3$
4 阶	$a_0 s^4 + a_1 s^3 + a_2 s^2 + a_3 s + a_4 = 0$	$a_0 > 0,\ a_1 > 0,\ a_2 > 0,\ a_3 > 0,\ a_4 > 0$ $a_1 a_2 a_3 > a_0 a_3^2 + a_1^2 a_4$

劳斯-赫尔维茨判据根据系统特征方程的系数用解析方法来判断系统是否满足稳定的充分必要条件，对于开环系统、闭环系统以及由系统中部分环节组成的子系统（如系统中的小闭环部分）在判定稳定性时只要采用对应的特征方程。

劳斯判据不足之处是不能提供系统稳定程度的信息并建立定量指标来衡量系统稳定程度，但可以用来确定系统特征方程右根的数目，在 Nquist 判据（第 5 章）时有用到。

4.3   系统的稳态精度

4.3.1   精度的基本概念

控制精度是控制系统的基本要求之一，稳态误差是用来衡量控制精度的性能指标。系统的稳态误差由系统结构形式、信号类型、内外扰动和系统元器件性能状况决定。其中元器件性能的精度不高、摩擦、老化、间隙以及零点漂移等缺陷引起的动态系统稳态误差只能通过针对性地改进元件解决。本节将讨论由系统结构类型和输入信号（包括控制作用和扰动

作用)形式所引起的原理性稳态误差。

1) 精度的定义

精度首先表征为系统的实际工作量的误差,误差有两种定义。一是如图 4-11 所示的控制系统中将误差定义为输入信号 $R(s)$ 与反馈信号 $B(s)$ 之差,即

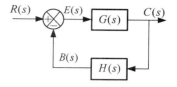

图 4-11　系统方块图

$$E(s) = R(s) - B(s) = R(s) - C(s)H(s) \qquad (4-1)$$

另一种误差定义是从系统的输出端定义,即误差信号 $E'(s)$ 是指希望输出量 $C_r(s)$ 与实际输出量 $C(s)$ 之差,

$$E'(s) = C_r(s) - C(s) \qquad (4-2)$$

根据反馈控制系统的工作原理可知,当 $E(s) = 0$ 时,意味着系统输出量完全复现输入信号,这时被控制的输出量实际值与希望值相等,即 $C_r(s) = C(s)$。令式(4-1)的 $E(s) = 0$,就得到被控制的输出量希望值

$$C_r(s) = R(s)/H(s) \qquad (4-3)$$

将式(4-3)代入式(4-2)求得

$$E'(s) = R(s)/H(s) - C(s) \qquad (4-4)$$

再将式(4-1)写成

$$E(s)/H(s) = R(s)/H(s) - C(s) \qquad (4-5)$$

比较式(4-4)和式(4-5)可得

$$E'(s) = E(s)/H(s) \qquad (4-6)$$

式(4-6)就是两种误差间的内在联系。单位反馈系统中 $H(s) = 1$,两者具有相同数值,但量纲可能不同。$E(s)$ 易于测量并有一定物理意义,因此通常系统误差分析采用 $E(s)$,必要时再由式(4-6)得到 $E'(s)$。

误差 $e(t)$ 是一个时间函数,当要求给出性能指标时,需要基于 $e(t)$ 定义精度指标。最基本的定义就是稳态误差

$$e_s = \lim_{t \to \infty} e(t)$$

即时间无穷大后误差的情况。

考虑到 $e(t)$ 是个动态的时间函数,人们构建了一系列包含动态情况的精度指标,在时域中定义有 $\mathrm{IE}\left(J = \int_0^T e(t)\mathrm{d}t\right)$、$\mathrm{ISE}\left(J = \int_0^T e^2(t)\mathrm{d}t\right)$、$\mathrm{IAE}\left(J = \int_0^T |e(t)| \, \mathrm{d}t\right)$、$\mathrm{ITAE}\left(J = \int_0^T t |e(t)| \, \mathrm{d}t\right)$ 和 $\mathrm{ITSE}\left(J = \int_0^T te^2(t)\mathrm{d}t\right)$ 等。针对这些定义寻找"最优",可得出一系列标准式。比较可惜的是上述指标在实践应用(如系统设计、校正)时应用性较差,无法给出系统校正方向,目前尚在应用的是 ITAE 结合极点配置,表 4-2 是针对不同输入时不同阶次的 ITAE 标准式。

表 4 - 2　ITAE 标准式

输入信号	标　准　式
阶跃输入	$s+\omega_0$ $s^2+1.4\omega_0 s+\omega_0^2$ $s^3+1.75\omega_0 s^2+2.15\omega_0^2 s+\omega_0^3$ $s^4+2.1\omega_0 s^3+3.4\omega_0^2 s^2+2.7\omega_0^3 s+\omega_0^4$ $s^5+2.8\omega_0 s^4+5\omega_0^2 s^3+5.5\omega_0^3 s^2+3.4\omega_0^4 s+\omega_0^5$
斜坡输入	$s+\omega_0$ $s^2+3.2\omega_0 s+\omega_0^2$ $s^3+1.75\omega_0 s^2+3.25\omega_0^2 s+\omega_0^3$ $s^4+2.41\omega_0 s^3+4.93\omega_0^2 s^2+5.14\omega_0^3 s+\omega_0^4$ $s^5+2.19\omega_0 s^4+6.5\omega_0^2 s^3+6.3\omega_0^3 s^2+5.24\omega_0^4 s+\omega_0^5$

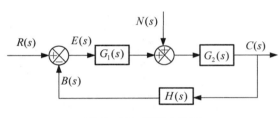

图 4 - 12　系统方块图

2）稳态误差计算

一般控制系统如图 4 - 12 所示，$R(s)$ 为控制输入信号，对于不同 $R(s)$ 引起的系统稳态误差 e_{ss} 可用来衡量系统的精度。$N(s)$ 为扰动信号也可引起稳态误差 e_{sn}，特别对于恒值系统，抑制扰动信号的影响是系统主要任务。根据线性系统的叠加原理，系统稳态误差

$$e_s = e_{ss} + e_{sn}$$

（1）系统在控制输入信号作用下的稳态误差。

图 4 - 12 所示系统中取 $G(s) = G_1(s)G_2(s)$，令扰动输入信号 $N(s) = 0$，由输入信号 $R(s)$ 引起的误差

$$E(s) = \frac{1}{1+G(s)H(s)}R(s) \tag{4-7}$$

如果误差信号收敛，根据终值定理可得系统跟随 $R(s)$ 的稳态误差

$$e_{ss} = \lim_{t \to \infty}e(t) = \lim_{s \to 0}sE(s) = \lim_{s \to 0}s\frac{1}{1+G(s)H(s)}R(s) \tag{4-8}$$

由式（4 - 8）知，稳态误差与系统结构 $G(s)H(s)$ 和输入信号 $R(s)$ 的形式有关。

（2）系统在扰动作用下的稳态误差。

图 4 - 12 所示系统中若令控制作用 $R(s) = 0$，即可得扰动作用下的误差为

$$E(s) = \frac{-G_2(s)H(s)}{1+G_1(s)G_2(s)H(s)}N(s) \tag{4-9}$$

如果误差信号收敛，根据终值定理，该稳态误差 e_{sn} 为

$$e_{sn} = \lim_{s \to 0}sE(s) = \lim_{s \to 0}s\frac{-G_2(s)H(s)}{1+G_1(s)G_2(s)H(s)}N(s) \tag{4-10}$$

由式(4-10)知,稳态误差与系统结构 $G(s)H(s)$ 和扰动信号 $N(s)$ 的形式有关。

需提醒的是式(4-8)、式(4-10)通过误差传递函数并运用终值定理求得,不适用于误差信号不收敛的场合。

[**例 4-10**] 单位反馈系统的开环传递函数为 $G(s)H(s) = \dfrac{20}{(0.5s+1)(0.04s+1)}$,试求:(1)当输入信号为单位阶跃函数 $r(t) = 1[t]$ 和单位斜坡函数 $r(t) = t$ 时,系统的稳态误差 e_{ss};(2)若系统的开环传递函数 $G(s)H(s)$ 保证不变,而反馈通路传递函数由 $H(s) = 1$ 改为 $H(s) = 2$,求系统希望输出量与实际输出量之差 e'_{ss}。

[**解**] (1)根据式(4-8)可得

$$e_{ss} = \lim_{s \to 0} s \frac{1}{1+G(s)H(s)} R(s) = \lim_{s \to 0} s \frac{(0.5s+1)(0.04s+1)}{(0.5s+1)(0.04s+1)+20} R(s)$$

单位阶跃函数输入时,$R(s) = 1/s$,所以

$$e_{ss} = \lim_{s \to 0} s \frac{(0.5s+1)(0.04s+1)}{(0.5s+1)(0.04s+1)+20} \cdot \frac{1}{s} = \frac{1}{21} \approx 0.05$$

单位斜坡函数输入时,$R(s) = 1/s^2$,有

$$e_{ss} = \lim_{s \to 0} s \frac{(0.5s+1)(0.04s+1)}{(0.5s+1)(0.04s+1)+20} \cdot \frac{1}{s^2} = \infty$$

(2)根据式(4-6)得 $E'(s) = E(s)/H(s) = E(s)/2$,对此式进行拉氏反变换得,$e'_{ss} = e_{ss}/2$。

单位阶跃输入时,希望输出量与实际输出量之差为 $e'_{ss} = 0.05/2 = 0.025$;

单位斜坡输入时,希望输出量与实际输出量之差为 $e'_{ss} = \infty/2 = \infty$。

[**例 4-11**] 设某单位反馈系统的开环传递函数为 $G(s) = \dfrac{1}{Ts}$,试求输入信号为正弦信号 $r(t) = \sin \omega t$ 时的稳态误差。

[**解**] 根据式(4-7)可得

$$E(s) = \frac{1}{1+G(s)H(s)} R(s) = \frac{s}{s+\dfrac{1}{T}} \frac{\omega}{s^2+\omega^2}$$

对应的 $e(t)$ 为不收敛的三角函数信号,不适用于终值定理,故不能套用式(4-8)。

4.3.2 控制输入信号作用下的系统稳态误差

1)稳态误差系数

系统在控制信号作用下的稳态误差可用公式

$$e_{ss} = \lim_{t \to \infty} e(t) = \lim_{s \to 0} s \frac{1}{1+G(s)H(s)} R(s)$$

求得。但工程上常采用稳态误差系数来求取控制信号作用下的稳态误差。

稳态误差系数定义基于输入信号形式,即不同控制输入信号作用对系统稳态误差的影响。

单位阶跃输入 ($R(s) = 1/s$) 时系统的稳态误差为

$$e_{\text{ssp}} = \lim_{s \to 0} s \frac{1}{1 + G(s)H(s)} \frac{1}{s} = \frac{1}{1 + G(0)H(0)} = \frac{1}{1 + K_{\text{p}}}$$

式中:**稳态位置误差系数** $K_{\text{p}} = \lim_{s \to 0} G(s)H(s) = G(0)H(0)$。

单位斜坡输入 ($R(s) = 1/s^2$) 时系统的稳态误差

$$e_{\text{ssv}} = \lim_{s \to 0} s \frac{1}{1 + G(s)H(s)} \frac{1}{s^2} = \frac{1}{\lim\limits_{s \to 0} sG(s)H(s)} = \frac{1}{K_{\text{v}}}$$

式中:**稳态速度误差系数** $K_{\text{v}} = \lim\limits_{s \to 0} sG(s)H(s)$。

单位抛物线输入 ($R(s) = 1/s^3$) 时系统的稳态误差

$$e_{\text{ssa}} = \lim_{s \to 0} s \frac{1}{1 + G(s)H(s)} \frac{1}{s^3} = \frac{1}{\lim\limits_{s \to 0} s^2 G(s)H(s)} = \frac{1}{K_{\text{a}}}$$

式中:**稳态加速度误差系数** $K_{\text{a}} = \lim\limits_{s \to 0} s^2 G(s)H(s)$。

由上述定义知稳态误差系数越大,则对应的稳态误差越小。

2) 不同系统结构的稳态误差

若将系统开环传递函数写成如下形式

$$G(s)H(s) = \frac{K \prod\limits_{i=1}^{m} (\tau_i s + 1)}{s^v \prod\limits_{i=1}^{n-v} (T_i s + 1)} \tag{4-11}$$

式中:K 为开环增益;n 为系统阶数;v 为 $G(s)H(s)$ 所含积分环节的个数。

按系统开环传递函数中积分环节的个数可以将系统分成 0 型、1 型、2 型等系统类型。

(1) 0 型系统的稳态误差。

若式(4-11)中令 $v = 0$ 则系统为 0 型系统,按定义可得 0 型系统的稳态误差系数

$$K_{\text{p}} = \lim_{s \to 0} G(s)H(s) = \lim_{s \to 0} \frac{K \prod\limits_{i=1}^{m} (\tau_i s + 1)}{\prod\limits_{i=1}^{n} (T_i s + 1)} = K$$

$$K_{\text{v}} = \lim_{s \to 0} sG(s)H(s) = \lim_{s \to 0} s \frac{K \prod\limits_{i=1}^{m} (\tau_i s + 1)}{\prod\limits_{i=1}^{n} (T_i s + 1)} = 0$$

$$K_{\text{a}} = \lim_{s \to 0} s^2 G(s)H(s) = \lim_{s \to 0} s^2 \frac{K \prod\limits_{i=1}^{m} (\tau_i s + 1)}{\prod\limits_{i=1}^{n} (T_i s + 1)} = 0$$

可得 0 型系统在单位阶跃、单位斜坡和单位抛物线输入下,系统的稳态误差分别为

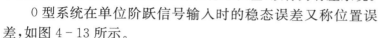

$$e_{ssp} = \frac{1}{1+K_p} = \frac{1}{1+K} \qquad e_{ssv} = \frac{1}{K_v} = \infty \qquad e_{ssa} = \frac{1}{K_a} = \infty$$

可见 0 型系统在单位阶跃信号输入下的稳态误差为常数，且可以通过提高开环增益 K 来减小。0 型系统在单位斜坡、单位抛物线信号输入下，稳态误差为无穷大，因此 0 型系统不能用来跟踪速度和加速度信号。0 型系统在阶跃信号、斜坡信号和抛物线信号输入时，系统均存在稳态误差，故称为有差系统。

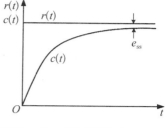

图 4-13 0 型系统的阶跃响应

0 型系统在单位阶跃信号输入时的稳态误差又称位置误差，如图 4-13 所示。

（2）1 型系统的稳态误差。

若式（4-11）中令 $v = 1$ 则系统为 1 型系统，按定义可得 1 型系统的稳态误差系数

$$K_p = \infty \qquad K_v = K \qquad K_a = 0$$

和 1 型系统在单位阶跃、单位斜坡和单位抛物线信号输入下的稳态误差

$$e_{ssp} = \frac{1}{1+K_p} = 0 \qquad e_{ssv} = \frac{1}{K_v} = \frac{1}{K} \qquad e_{ssa} = \frac{1}{K_a} = \infty$$

可见 1 型系统在单位阶跃信号输入下，没有稳态误差；在单位斜坡信号输入下，稳态误差为常数（系统开环增益的倒数）；在单位抛物线信号输入下的稳态误差为无穷大，因此系统不能用于跟踪加速度信号。1 型系统在阶跃信号作用下系统稳态误差为零，在斜坡信号和抛物线信号作用下系统存在稳态误差，因此也称为一阶无差系统。

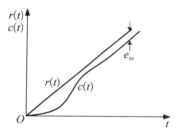

图 4-14 1 型系统的斜坡响应

1 型系统单位斜坡信号输入下的误差也称为速度误差，这里的误差并不是指速度上的误差，而是指由于斜坡输入而造成的位置上的误差，如图 4-14 所示。

（3）2 型系统的稳态误差。

同理式（4-11）中令 $v = 2$ 则系统为 2 型系统，按定义可得 2 型系统的稳态误差系数

$$K_p = \infty \qquad K_v = \infty \qquad K_a = K$$

和 2 型系统在单位阶跃、单位斜坡和单位抛物线输入下的稳态误差

$$e_{ssp} = \frac{1}{1+K_p} = 0 \qquad e_{ssv} = \frac{1}{K_v} = 0 \qquad e_{ssa} = \frac{1}{K_a} = \frac{1}{K}$$

可见 2 型系统在单位阶跃、单位斜坡输入下，稳态误差均为零；在单位抛物线输入下，系统稳态误差为常数，且为系统开环增益的倒数。2 型系统在阶跃信号和斜坡信号作用下稳态误差为零，而在抛物线信号作用下系统存在稳态误差，因此也称为二阶无差系统。

2 型系统在单位抛物线输入下的误差也称为加速度误差，指的是由于抛物线输入造成的位置上的误差，如图 4-15 所示。

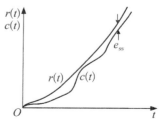

图 4-15 2 型单位的抛物线响应

3）减小系统稳态误差的方法

表 4-3 概括了 0 型、1 型、2 型系统的各个稳态误差系数和各种输入作用下的稳态误差。由表 4-3 可见,稳态误差系数和稳态误差只有三种值:0、常数、∞。表中位于对角线上的稳态误差系数和稳态误差为有限常数。对角线以上的稳态误差系数为 0,对角线以下的稳态误差系数为∞,而稳态误差正好相反。由表 4-3 还可以看出,有限值的稳态误差系数和稳态误差均可用系统开环增益 K 来表示,并且稳态误差基本上为对应稳态误差系数的倒数。

表 4-3 稳态误差系数与稳态误差

系统类型	稳态误差系数			稳态误差		
	稳态位置误差系数 K_p	稳态速度误差系数 K_v	稳态加速度误差系数 K_a	单位阶跃输入稳态误差 e_{ssp}	单位斜坡输入稳态误差 e_{ssv}	单位抛物线输入稳态误差 e_{ssa}
0 型	K	0	0	$\dfrac{1}{1+K}$	∞	∞
1 型	∞	K	0	0	$\dfrac{1}{K}$	∞
2 型	∞	∞	K	0	0	$\dfrac{1}{K}$

由表 4-3 知,提高系统开环增益 K、增加开环传递函数中积分环节个数可以减小和消除在控制信号作用下的稳态误差。由于这两个方法都会对系统的稳定性带来不利影响,因此应综合考虑。

稳态误差系数和稳态误差都反映了系统的精度,均可以作为系统分析和设计时的稳态性能指标。位置误差、速度误差、加速度误差的含义均指在输出位置上的误差。例如有限值稳态速度误差意味着在瞬态过程结束后,输入和输出以同样的速度变化,但存在有限值的位置误差。

如果系统输入为其他形式信号,可将信号按泰勒级数展开,其前三项即为表 4-3 中的典型输入信号,分别将这三种典型输入信号作用于系统,再应用叠加原理求得系统稳态误差。

[**例 4-12**] 已知某 1 型单位反馈系统的开环增益 $K = 600 \text{ s}^{-1}$,系统最大跟踪速度 $\omega_{max} = 24°/\text{s}$。求系统在最大跟踪速度下的稳态误差。

[**解**] 单位速度输入下的稳态误差

$$e_{ss} = 1/K_v$$

对 1 型系统,$K_v = K$。输入速度为 $24°/s$ 非单位速度输入,所以系统的稳态误差为

$$e_{ss} = \omega_{max}/K_v = 24/600 = 0.04°$$

[**例 4-13**] 某阀控油缸伺服工作台为 1 型系统,要求最大移动速度 $v_{max} = 10 \text{ cm/s}$,定位精度 0.05 cm,试求系统开环增益。

[**解**] 根据系统最大移动速度下的稳态误差,可得单位速度输入下的稳态误差为

$$e_{ss} = 0.05/10 = 0.005 \text{ s}$$

所以系统的开环增益

$$K = K_v = 1/e_{ss} = 1/0.005 = 200 \text{ s}^{-1}$$

4.3.3 扰动信号作用下的系统稳态误差

实际运行的控制系统不可避免地受到各种扰动,各个系统特别是恒值控制系统可用扰动作用下稳态误差来衡量该系统抗干扰能力的优劣。

控制系统中扰动作用点各不相同,但可以表示成如图 4 - 12 所示形式,其中 $G_1(s)$ 一般为放大变换机构、调节器等,而 $G_2(s)$ 通常是动力机构、调节对象等。这时由扰动作用引起的系统稳态误差由式(4 - 10)确定,即

$$e_{\mathrm{sn}} = \lim_{s \to 0} sE(s) = \lim_{s \to 0} s \frac{-G_2(s)H(s)}{1 + G_1(s)G_2(s)H(s)} N(s)$$

将上式中的积分环节和增益分开列出,可写成

$$G_1(s) = \frac{K_1 G_1'(s)}{s^k} \tag{4 - 12}$$

$$G_2(s)H(s) = \frac{K_2 G_2'(s)}{s^l} \tag{4 - 13}$$

式中:$G_1'(s)$ 和 $G_2'(s)$ 均由常数项为 1 的典型环节传递函数组成,即有 $\lim G_1'(s) = 1$ 和 $\lim_{s \to 0} G_2'(s) = 1$;$k$ 为 $G_1(s)$ 的积分环节数;l 为 $G_2(s)H(s)$ 的积分环节数。系统开环传递函数的积分环节数 $v = k + l$。

将式(4 - 12)和式(4 - 13)代入式(4 - 10),当 $s \to 0$ 时,$G_1'(s) \to 1$,$G_2'(s) \to 1$,有

$$e_{\mathrm{sn}} = \lim_{s \to 0} \frac{-\dfrac{K_2 G_2'(s)}{s^l}}{1 + \dfrac{K_1 K_2 G_1'(s)G_2'(s)}{s^{k+l}}} N(s) = \lim_{s \to 0} s \frac{-K_2 s^k}{s^v + K_1 K_2} N(s) \tag{4 - 14}$$

不同类型系统在不同形式扰动作用下的系统稳态误差不一样。

(1) 0 型系统。

将 $v = k = l = 0$ 代入式(4 - 14)可得扰动作用下系统的稳态误差

$$e_{\mathrm{sn}} = \lim_{s \to 0} s \frac{-K_2}{1 + K_1 K_2} N(s)$$

当扰动作用为单位阶跃函数 $(N(s) = 1/s)$ 时

$$e_{\mathrm{snp}} = \lim_{s \to 0} s \frac{-K_2}{1 + K_1 K_2} \frac{1}{s} = \frac{-K_2}{1 + K_1 K_2}$$

如果系统开环增益 $K_1 K_2 \gg 1$,则有 $e_{\mathrm{snp}} \approx -\dfrac{1}{K_1}$。

扰动作用为单位斜坡和单位抛物线函数 $(N(s) = 1/s^2$ 和 $N(s) = 1/s^3)$ 时,有

$$e_{\mathrm{snv}} = e_{\mathrm{sna}} = \infty$$

（2）1 型和 2 型系统。

扰动作用为单位阶跃函数（$N(s) = 1/s$）时，

$$e_{snp} = \lim_{s \to 0} s \frac{-s^k K_2}{s^v + K_1 K_2} \cdot \frac{1}{s} = \lim_{s \to 0} \frac{-s^k K_2}{s^v + K_1 K_2}$$

当 $k \geqslant 1$，即 $G_1(s)$ 中包含积分环节时，$e_{snp} = 0$；当 $k = 0$，即 $G_1(s)$ 中不含积分环节 $e_{snp} = -\dfrac{1}{K_1}$。

扰动作用为单位斜坡函数（$N(s) = 1/s^2$）时，

$$e_{snv} = \lim_{s \to 0} s \frac{-s^k K_2}{s^v + K_1 K_2} \cdot \frac{1}{s^2} = \lim_{s \to 0} \frac{-s^k K_2}{s^v + K_1 K_2} \cdot \frac{1}{s}$$

当 $k \geqslant 2$，即 $G_1(s)$ 中有两个或两个以上积分环节时，$e_{snv} = 0$；当 $k = 1$ 时，$e_{snv} = -\dfrac{1}{K_1}$；当 $k = 0$ 时，$e_{snv} = \infty$。

扰动作用为单位抛物线函数（$N(s) = 1/s^3$）时，

$$e_{sna} = \lim_{s \to 0} s \frac{-s^k K_2}{s^v + K_1 K_2} \cdot \frac{1}{s^3} = \lim_{s \to 0} \frac{-s^k K_2}{s^v + K_1 K_2} \cdot \frac{1}{s^2}$$

当 $k < 2$ 时，稳态误差 $e_{sna} = 0$；当 $k = 2$ 时，$e_{sna} = -\dfrac{1}{K_1}$。

上述不同的扰动信号作用于不同类型的系统所引起的稳态误差如表 4-4 所示，可得如下结论：

表 4-4　扰动作用下的稳态误差

系统类型	$G_1(s)$，$G_2(s)H(s)$ 积分环节数 k，l	扰动作用下的稳态误差		
		单位阶跃扰动 e_{snp}	单位斜坡扰动 e_{snv}	单位抛物线扰动 e_{sna}
0 型系统 （$v = k + l = 0$）	$k = 0$，$l = 0$	$\dfrac{-K_2}{1 + K_1 K_2}$	∞	∞
1 型系统 （$v = k + l = 1$）	$k = 0$，$l = 1$	$-1/K_1$	∞	∞
	$k = 1$，$l = 0$	0	$-1/K_1$	∞
2 型系统 （$v = k + l = 2$）	$k = 0$，$l = 2$	$-1/K_1$	∞	∞
	$k = 1$，$l = 1$	0	$-1/K_1$	∞
	$k = 2$，$l = 0$	0	0	$-1/K_1$

（1）扰动作用引起的稳态误差只有 0、常数、∞ 三种值，其中常数值基本上与 K_1 成反比。

（2）增加调节部分传递函数 $G_1(s)$ 中积分环节数 k 可完全消除扰动作用引起的稳态误差。不同形式的扰动作用输入 k 值要求不同，但由于一般系统的类型不高于 2 型（即 $l + k = v \leqslant 2$），因此积分环节数 k 无法很大。

（3）提高调节器部分增益 K_1 可减小扰动作用引起的常数稳态误差，常数稳态误差与增

益 K_2 无关。

[例 4-14] 设控制系统的方块图如图 4-16 所示。若系统在单位斜坡输入 $(r(t)=t)$ 和单位阶跃扰动 $(n(t)=-1[t])$ 共同作用下工作,试求系统的稳态误差。

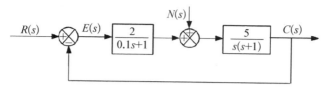

图 4-16　控制系统方块图

[解] (1) 仅控制信号作用时 $N(s)=0$,开环传递函数 $G(s)=\dfrac{10}{s(0.1s+1)(s+1)}$,

系统为 1 型系统,$K_v=10$,单位斜坡输入时 $e_{ssv}=\dfrac{1}{K_v}=\dfrac{1}{10}$。

(2) 仅扰动信号作用时 $R(s)=0$。与图 4-12 系统相比较,$G_1(s)=\dfrac{2}{(0.1s+1)}$,$K_1=$ 2,$k=0$;$G_2(s)H(s)=\dfrac{5}{s(s+1)}$,$K_2=5$,$l=1$。单位阶跃扰动作用下的系统稳态误差为 $e_{snp}=\dfrac{-1}{K_1}=-0.5$。对于 $n(t)=-1[t]$ 的输入则有 $e_{snp}=0.5$。

系统的总稳态误差为控制信号作用下的稳态误差和扰动信号作用下的稳态误差之和,即

$$e_s=e_{ssv}+e_{snp}=0.1+0.5=0.6。$$

稳态误差大小与系统类型(0 型、1 型、2 型等)和输入信号形式有关。增加系统开环增益和提高系统类型,可减小直至消除系统的稳态误差。但需要折中考虑稳态精度和相对稳定性,基于系统稳定性角度,开环增益不能任意增大,系统积分环节数一般不超过两个。

[例 4-15] 一位置控制系统的方块图如图 4-17 所示。由设定电位计设定位置,由位置检测电位计检测实际位置。请给出此位置控制系统在给定信号为单位阶跃、单位速度信号下的响应及稳态精度。

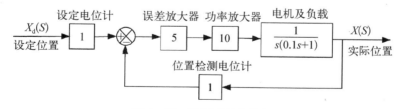

图 4-17　控制系统方块图

[解] 系统为二阶系统,闭环传递函数为 $\varPhi(s)=\dfrac{X(s)}{X_d(s)}=\dfrac{500}{s^2+10s+500}$

可得　$\omega_n=\sqrt{500}=22.36 \text{ rad/s}$　　$\zeta=\dfrac{10}{2\omega_n}=0.224$。

因此是一个欠阻尼的系统,单位阶跃、速度信号输入下均收敛并有 $t_s=\dfrac{4}{\zeta\omega_n}=$

$0.8\ \mathrm{s}(\Delta = 2\%)$。

系统的开传递函数为 $G(s)H(s) = \dfrac{50}{s(0.1s+1)}$，是 1 型系统，单位阶跃信号作用下 $e_{\mathrm{ssp}} = 0$，单位速度信号作用下 $e_{\mathrm{ssv}} = \dfrac{1}{K_{\mathrm{v}}} = \dfrac{1}{50} = 0.02$。

MATLAB 程序为

num=500;	//闭环系统
den=[1,10,500];	
sys=tf(num,den);	
t=0:0.01:2;	//时域响应的分析区间
figure(1);	
step(sys,t);	//求取单位阶跃响应曲线图
grid	
figure(2);	
u=t;	
lsim(sys,u,t);	//求取单位斜坡响应曲线图
grid	

MATLAB 运行结果如图 4-18 所示。可以看到阶跃输入作用下，输出在 0.8 s 后与输入重合；在速度输入作用下，输出在 0.8 s 后完全跟随输入，但始终有个 0.02 的差值。

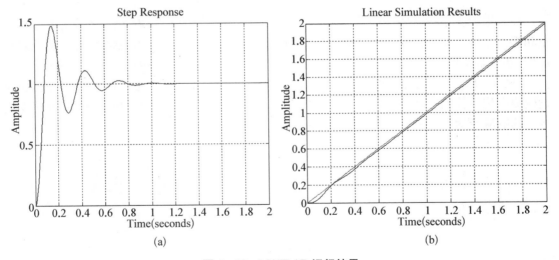

图 4-18　MATLAB 运行结果
（a）阶跃响应；　（b）速度响应

4.3.4　动态系统的灵敏性

在精度较高的场合需考虑系统内部扰动引起的误差，对图 4-11 系统，设输入信号为阶跃信号，则系统的稳态输出为

$$c_{\text{ss}}(t) = \frac{G(0)}{1 + G(0)H(0)} r(t)$$

内部扰动引起的系统静特性变化可以表征为 $G(0)$ 和 $H(0)$ 的变化,即 $\Delta G(0)$ 和 $\Delta H(0)$,则由内扰引起的系统稳态输出的变化

$$\Delta c_{\text{ss}}(t) = \frac{\Delta G(0) - G^2 \Delta H(0)}{\left[1 + G(0)H(0)\right]^2} r(t)$$

可得稳态输入的相对增量

$$\frac{\Delta c_{\text{ss}}(t)}{c_{\text{ss}}(t)} \approx \frac{1}{1 + G(0)H(0)} \frac{\Delta G(0)}{G(0)} - \frac{G(0)H(0)}{1 + G(0)H(0)} \frac{\Delta H(0)}{H(0)}$$

因为一般情况下 $G(0)H(0) \gg 1$,则上式变为

$$\frac{\Delta c_{\text{ss}}(t)}{c_{\text{ss}}(t)} \approx \frac{1}{G(0)H(0)} \frac{\Delta G(0)}{G(0)} - \frac{\Delta H(0)}{H(0)} \tag{4-15}$$

由式(4-15)可知,① 反馈环节的系数发生变化时,系统输出将发生同样大小的变化,因此检测元件(反馈通道元件)应选用性能准确稳定的。② 由于 $G(0)H(0) \gg 1$,前向通道环节变化引起的误差将大大缩小,即 $G(0)$ 的变化对系统的精度影响缩小,在构建实际系统时,对应器件准确度和恒定性可以放低。

内扰分析中常使用系统灵敏度进行度量。系统灵敏度定义为当变化量为微小变量时,系统传递函数的变化率与系统中一部分环节的传递函数或参数的变化率之比。

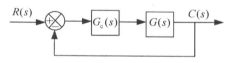

图 4-19　单位反馈系统

图 4-19 为单位反馈系统,可得闭环传递函数

$$\Phi(s) = \frac{C(s)}{R(s)} = \frac{G_{\text{c}}(s)G(s)}{1 + G_{\text{c}}(s)G(s)}$$

系统灵敏度

$$s_{\text{G}}^{\Phi} = \frac{\Delta \Phi(s)/\Phi(s)}{\Delta G(s)/G(s)}$$

上式取极限得

$$s_{\text{G}}^{\Phi} = \frac{\partial \Phi(s)/\Phi(s)}{\partial G(s)/G(s)} = \frac{\partial \Phi(s)}{\partial G(s)} \frac{G(s)}{\Phi(s)}$$

$$= \frac{G_{\text{c}}(s)}{\left[1 + G_{\text{c}}(s)G(s)\right]^2} \frac{G(s)}{G_{\text{c}}(s)G(s)/\left[1 + G_{\text{c}}(s)G(s)\right]} = \frac{1}{1 + G_{\text{c}}(s)G(s)}$$

同理可得

$$s_{\text{G}_{\text{c}}}^{\Phi} = \frac{1}{1 + G_{\text{c}}(s)G(s)}$$

意味 $G_{\text{c}}(s)G(s) \gg 1$ 时,当 $G_{\text{c}}(s)$ 或 $G(s)$ 变化时所引起的闭环传递函数变化很小。

4.4 PID 控制

4.4.1 PID 控制律

PID 控制律采用串联校正方式。如图 4-20 所示的给定信号 $R(s)$ 与反馈信号经过比较,得到误差信号 $E(s)$。控制器中的控制律 $G_c(s)$ 对误差信号进行处理后输出到后继前向环节。基本 PID 控制律有比例(P)、微分(I)和积分(D)控制,这些基本控制律及其组合可构成各种 PID 校正装置。

1) 比例控制——P 控制

具有比例规律的控制叫作比例(P)控制,其传递函数为

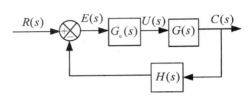

图 4-20 串联校正

$$G_c(s) = \frac{U(s)}{E(s)} = K_p$$

式中: K_p 为比例系数。

2) 比例微分控制——PD 控制

纯微分控制的输出只有在动态过程中才不等于零,在稳态过程时其输出为零,而此时即使它串联在控制系统中,也将对被控系统失去控制作用。因此纯微分控制一般极少采用,总是与比例控制等组合在一起使用。

具有比例微分规律的控制叫作比例微分(PD)控制,其传递函数为

$$G_c(s) = \frac{U(s)}{E(s)} = K_p + T_d s = K_p\left(1 + \frac{T_d}{K_p}s\right)$$

式中: T_d 为微分时间常数。

控制器的输出信号 $u(t)$ 不仅与输入信号 $e(t)$ 成比例,而且还与输入信号的导数 $\dot{e}(t)$ 成比例,反映了误差信号随时间的变化率,因而比例微分控制一定程度上是一种带有"预测预防"作用的控制,对于抑制阶跃响应的超调、缩短调节时间等均有效果。

3) 比例积分控制——PI 控制

具有比例积分规律的控制叫作比例积分(PI)控制,其传递函数为

$$G_c(s) = \frac{U(s)}{E(s)} = K_p + \frac{1}{T_i s} = \frac{K_p T_i s + 1}{T_i s}$$

式中: T_i 为积分时间常数。

PI 控制引进了一个积分环节和一个开环零点。积分环节的引入可从根本上使系统的稳态精度得到提高。例如 1 型系统在斜坡信号作用下的系统稳态误差为常数,当采用 PI 控制后系统由 1 型转变为 2 型,在斜坡信号作用下的系统稳态误差为零。积分环节的存在,引入了相位滞后,使得系统的稳定性变差,但由于同时又引入一个负实数的开环零点,因而在一定程度上弥补了积分环节对系统稳定性的不利影响。

4) 比例积分微分控制——PID 控制

比例积分微分(PID)控制律是由比例、积分、微分基本控制规律组合起来的一种控制律,

具有如下的传递函数：

$$G(s) = K_p + \frac{1}{T_i s} + T_d s = \frac{T_i T_d s^2 + K_p T_i s + 1}{T_i s} = \frac{\left(\frac{1}{T_1}s + 1\right)\left(\frac{1}{T_2}s + 1\right)}{T_1 s}$$

式中：

$$T_{1,2} = \frac{1}{2T_d}\left[K_p \pm \sqrt{K_p^2 - \frac{4T_d}{T_i}}\right]\left(\frac{4T_d}{T_i} < K_p^2\right)$$

从上式可见，PID 控制能提供一个零的极点和两个负实数的零点，使系统提高了一个型次，稳态精度得以提高，而通过适当调节两个零点，又能改善系统的动态性能。

当采用 PID 后，图 4-20 中

$$u(t) = K_p e(t) + K_i \int_0^t e(\tau)\mathrm{d}\tau + K_d \dot{e}(t)$$

控制作用为三项之和：比例项由误差的瞬时值决定；反馈的积分部分由零到 t 时刻为止的误差积分（阴影部分）决定；微分项为误差随时间的增长或衰减提供了一个估计值。此三项的作用如图 4-21 所示，误差积分代表过去，比例项代表当前，误差的微分项代表未来。

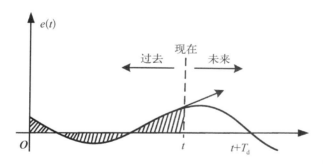

图 4-21　PID 各项的作用

4.4.2　PID 控制的校正作用

[例 4-16]　为图 4-22 中的系统设计 PID 控制器，使得稳态误差为零，阶跃响应时超调量小于 10%，调整时间（2% 允许误差）小于 6 s。

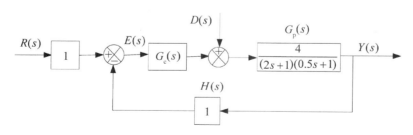

图 4-22　控制系统

[解]

（1）首先采用 P 控制，即 $G_c(s) = K_p$，则系统对于两个输入信号分别有传递函数

$$G_{YR}(s) = \frac{Y(s)}{R(s)} = \frac{G_c(s)G_p(s)}{1 + G_c(s)G_p(s)H(s)} = \frac{4K_p}{(2s+1)(0.5s+1) + 4K_p}$$

$$G_{YD}(s) = \frac{Y(s)}{D(s)} = \frac{G_p(s)}{1 + G_c(s)G_p(s)H(s)} = \frac{4}{(2s+1)(0.5s+1) + 4K_p}$$

为二阶系统,系统特征方程

$$D(s) = s^2 + 2.5s + 1 + 4K_p = 0$$

系数均为正数则系统稳定。

此系统为 0 型系统,阶跃输入时存在稳态误差,误差情况与 K_p 取值有关。图 4-23 是不同 K_p 取值时输入信号阶跃响应和扰动信号阶跃响应,当 K_p 取值增大时,稳态误差会减小。

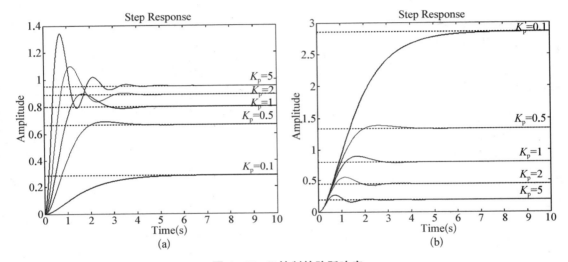

图 4-23 P 控制的阶跃响应

(a) 控制信号输入阶跃响应; (b) 扰动信号输入阶跃响应

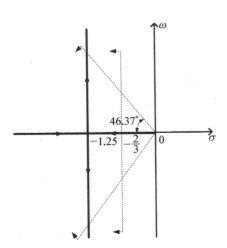

图 4-24 设计指标与根轨迹

图 4-24 中粗黑线是 K_p 由零开始增大时极点在 s 平面的轨迹。当 $K_p \leqslant 0.14$ 时,2 个极点均在实轴上,当 $K_p > 0.14$ 时,极点是一对在负半平面的共轭复根。

由调整时间(2% 允许误差)小于 6 s,即 $t_s = \frac{4}{\zeta\omega_n} < 6$,得 $\zeta\omega_n > \frac{2}{3}$。

阶跃响应时超调量小于 10%,即 $M_p = e^{-\frac{\zeta\pi}{\sqrt{1-\zeta^2}}} < 0.1$,得 $\zeta > 0.69$,即图 4-24 中 $\phi < 46.37°$。

由此两性能指标给出可行域,由图 4-24 中可见 K_p 的取值有一定限制,因此仅采用 P 控制无法达到零稳态误差的要求。

（2）为使阶跃输入时稳态误差为零,可增加系统的型次,即在开环传递函数中引入极点 $s=0$。可采用 PI 控制,取

$$G_c(s) = K_p + \frac{K_i}{s} = \frac{K_p s + K_i}{s}$$

则系统对于两个输入信号分别有传递函数

$$G_{YR}(s) = \frac{Y(s)}{R(s)} = \frac{G_c(s)G_p(s)}{1 + G_c(s)G_p(s)H(s)} = \frac{4(K_p s + K_i)}{s(2s+1)(0.5s+1) + 4(K_p s + K_i)}$$

$$G_{YD}(s) = \frac{Y(s)}{D(s)} = \frac{G_p(s)}{1 + G_c(s)G_p(s)H(s)} = \frac{4s}{s(2s+1)(0.5s+1) + 4(K_p s + K_i)}$$

此时系统已成为 1 型系统,阶跃输入响应的稳态误差为零。图 4-25 是固定 $K_p = 5$,采用不同的 K_i 时,控制输入、扰动端输入单位阶跃信号时的时域响应。当 $K_i = 0$ 时(此时即为 P 控制)存在较大稳态误差。但由图 4-25 知,当 $K_i > 0$ 时,稳态误差为零,输出会产生波动,超调量也随着增加,无法满足使用要求。

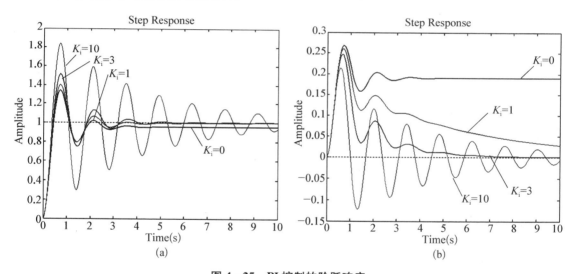

图 4-25 PI 控制的阶跃响应

（a）控制信号输入阶跃响应； （b）扰动信号输入阶跃响应

（3）为减少超调量,在过程中对输出进行预测,即引入 D 环节,从而构成 PID 控制,此时

$$G_c(s) = K_p + \frac{K_i}{s} + K_d s = \frac{K_d s^2 + K_p s + K_i}{s}$$

则系统对于两个输入信号分别有传递函数

$$G_{YR}(s) = \frac{Y(s)}{R(s)} = \frac{G_c(s)G_p(s)}{1 + G_c(s)G_p(s)H(s)} = \frac{4(K_s s^2 + K_p s + K_i)}{s(2s+1)(0.5s+1) + 4(K_d s^2 + K_p s + K_i)}$$

$$G_{YD}(s) = \frac{Y(s)}{D(s)} = \frac{G_p(s)}{1 + G_c(s)G_p(s)H(s)} = \frac{4s}{s(2s+1)(0.5s+1) + 4(K_d s^2 + K_p s + K_i)}$$

此时系统仍为 1 型系统,阶跃输入响应的稳态误差为零。图 4 - 26 是固定 $K_p = 5$、$K_i = 3$,采用不同的 K_d 时,控制输入、扰动端输入单位阶跃信号时的时域响应,振荡减弱,超调量减小,可以看到 $K_d = 2$ 时满足要求。

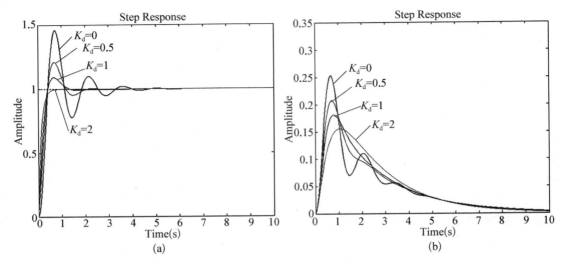

图 4 - 26 PID 控制的阶跃响应

(a) 控制信号输入阶跃响应; (b) 扰动信号输入阶跃响应

由上例可以看出 PID 控制中不同环节所起的作用:

(1) 比例环节对误差即时起作用,K_p 增大会加速系统的瞬间响应,同时减小稳态误差,比例环节影响系统的瞬态指标和稳态指标。

(2) 积分环节引入后能减小阶跃响应中的稳态误差,但会降低闭环系统的稳定性,常利用其稳态累积效应来调整稳态特性。

(3) 微分环节为闭环系统提供了阻尼,在阶跃响应中降低超调量和振荡,减缓瞬态响应。常利用其差分效应来调整瞬态特性。

[**例 4 - 17**] 如图 4 - 20 所示串联校正系统,已知 $G(s) = \dfrac{1.2}{0.36s^3 + 1.86s^2 + 2.5s + 1}$,拟采用 PID 控制律 $G_c(s) = K\dfrac{(s+a)^2}{s}$,使闭环系统在单位阶跃响应中的最大超调量小于 10%。

[**解**] 满足题意要求的 K、a 组合是一个可行域。因为超调量越大,系统响应越快,采用 MATLAB 求解时,遍历求取满足题意要求的最大超调量对应的参数组合。经初步分析在遍历程序中设定 K 的搜索范围为 $2.0 \leqslant K \leqslant 3.0$,步长为 0.2,设定 a 的搜索范围为 $0.5 \leqslant a \leqslant 1.5$,步长为 0.2。MATLAB 中程序为

K=2.0:0.2:3.0;	//设定 K 取值范围
a=0.5:0.2:1.5;	//设定 a 取值范围
t=0:0.01:5;	//设定分析用时间范围
g=tf([1.2],[0.36,1.86,2.5,1]);	//原系统传递函数
k=0;	//遍历求取

```
for i=1:6;
    for j=1:6;
        gc=tf(K(i) * [1,2 * a(j),a(j)^2],[1,0]);   //控制器传递函数
        G=gc * g/(1+gc * g);                         //闭环传递函数
        y=step(G,t);                                 //求阶跃响应
        m=max(y);                                    //求取阶跃响应峰值
        if(m<1.10)                                   // 记录峰值<1.10(即超调<10%)的参数
            k=k+1;                                        组合
            solution(k,:)=[K(i) ,a(j), m];
        end
    end
end

sortsolution=sortrows(solution,3);                   //对遍历得到的参数组合按峰值排序
KK=sortsolution(k,1)                                 //得到峰值最大所对应的 K 值和 a 值
aa=sortsolution(k,2)
```

MATLAB 运行结果如下，即 PID 控制器为 $G_c(s) = 2.4\dfrac{(s+0.9)^2}{s}$。

KK= 　　2.4000 aa= 　　0.9000	//K 值和 a 值

　　P 控制简单、调整方便，但可能会产生稳态误差，稳态误差的大小随开环增益的增加而减小，多用于就地控制以及允许有稳态误差存在的场合，如大多数液位控制系统。大时间常数的低阶系统的稳定裕量相对高，又往往允许有很大的开环增益，也可采用 P 控制。具有积分环节的对象使用 P 控制不会产生稳态误差，而采用 PI 控制器则会使系统的稳定性严重恶化，因此具有积分环节的对象也适用 P 控制。

　　很多反馈控制系统采用 PI 控制。PI 控制中积分可用于消除稳态误差，因此当 P 控制稳态误差超限时可改用 PI 控制。P 控制中控制量随误差产生会瞬时变化，而积分作用有滞后效应，并调弱比例作用，有利于减少高频噪声的影响。

　　快速系统往往带有噪声，可进行 PI 控制，并采用大比例系数、小积分时间。只需要实现平均值的系统，只需采用比例控制。

　　在温度控制和成分控制等慢速和多容控制过程常采用 PID。PI 控制消除了稳态误差但降低了响应速度。有些系统本身反应缓慢，仅 PI 控制变得更缓慢。加入微分作用可补偿对象滞后，改善稳定性，从而允许使用高增益以提高响应速度。具有高频噪声的场合不宜使用微分，必须使用时可先进行噪声滤波。

4.4.3　PID 参数整定

　　由于 PID 与系统本身的参数敏感性，PID 参数的现场调节、自动调节、智能调节成为

PID控制能否正常工作或推广的关键。

PID控制对大多数控制系统具有广泛适用性,特别是对控制对象的数学模型不了解或无法应用解析设计方法的场合。对于图4-20中的系统,如果能推导出控制对象的数学模型,则可以采用各种解析方法确定控制器的参数以满足性能指标。但如果控制对象很复杂,不能应用解析方法,则可借助实验方法调节PID控制器。

工程上有多种实验方法进行PID参数整定,其中齐格勒-尼柯尔斯(Zieler-nichols)提出了两个方法,即在实验阶跃响应的基础上,或仅采用比例控制作用的条件下,由系统的临界稳定得到参数值的合理估值,以此作为进行精细调节的起点。

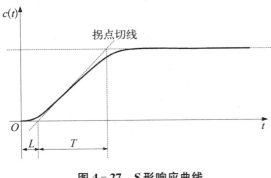

图4-27 S形响应曲线

1) 基于控制对象阶跃响应的齐格勒-尼柯尔斯法

此法又名第一种齐格勒-尼柯尔斯法,针对单位阶跃响应呈S形曲线的控制对象。如果控制对象不含积分、主导共轭复数极点,则对象的单位阶跃响应曲线将像一条S形曲线,该曲线可以通过实验获取或由控制对象的动态仿真得到。S形曲线可以用延迟时间常数L和时间常数T表达,如图4-27所示,对S形曲线的拐点作切线,由切线与时间轴和稳态值的交点得到L和T。表4-5即由此两个参数确定PID参数的第一种齐格勒-尼柯尔斯法。

当采用表4-5中的PID控制器,则$G_c(s) = K_p\left(1 + \dfrac{1}{T_i s} + T_d s\right) = 0.6T\dfrac{\left(s + \dfrac{1}{L}\right)^2}{s}$,有一个位于原点的极点和一对位于负实轴的零点。

表4-5 基于控制对象阶跃响应的齐格勒-尼柯尔斯法

控制器类型	K_p	T_i	T_d
P	$\dfrac{T}{L}$		
PI	$0.9\dfrac{T}{L}$	$\dfrac{L}{0.3}$	
PID	$1.2\dfrac{T}{L}$	$2L$	$0.5L$

2) 基于临界参数的齐格勒-尼柯尔斯法

此法又称为第二种齐格勒-尼柯尔斯法。对系统先只采用比例控制,从零开始增大K_p,直到输出首次呈现持续振荡,取临界值K_{cr}为此时的K_p值,取临界周期P_{cr}为此时的振荡周期,由这些参数参照表4-6取得对应的PID参数。

当采用表4-6中的PID控制器时,$G_c(s) = K_p\left(1 + \dfrac{1}{T_i s} + T_d s\right) =$

$0.075K_{cr}P_{cr}\dfrac{\left(s+\dfrac{4}{P_{cr}}\right)^2}{s}$，控制器有一个位于原点的极点和一对位于负实轴的零点。表中的临界参数可以通过实验得到，对于已知数学模型的系统则可以通过数学计算求取。

表 4-6 基于临界参数的齐格勒-尼柯尔斯法

控制器类型	K_p	T_i	T_d
P	$0.5K_{cr}$		
PI	$0.45K_{cr}$	$\dfrac{P_{cr}}{1.2}$	
PID	$0.6K_{cr}$	$\dfrac{P_{cr}}{2}$	$\dfrac{P_{cr}}{8}$

[例 4-18] 对于图 4-28 所示系统采用齐格勒-尼柯尔斯法求取 PID 控制器的初始参数。

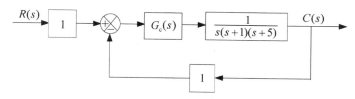

图 4-28 串联校正系统

[解] 先取 $G_c(s) = K_p$，则系统的闭环传递函数为

$$\Phi(s) = \frac{C(s)}{R(s)} = \frac{K_p}{s(s+1)(s+5) + K_p}$$

特征方程为

$$D(s) = s^3 + 6s^2 + 5s + K_p$$

由稳定性可得临界增益为

$$K_{cr} = 30$$

临界时系统持续振荡，此时

$$D(s) \big|_{s=j\omega_{cr}, K_p = K_{cr}} = 0$$

可得振荡频率

$$\omega_{cr} = \sqrt{5}$$

对应有临界周期

$$P_{cr} = \frac{2\pi}{\omega_{cr}} = 2.81$$

查表得

$$K_p = 0.6K_{cr} = 18 \qquad T_i = \frac{P_{cr}}{2} = 1.405 \qquad T_d = \frac{P_{cr}}{8} = 0.035\ 1$$

即 PID 控制器为

$$G_c(s) = \frac{6.32\ (s + 1.423\ 5)^2}{s}$$

4.4.4 PID 控制的实施

由于校正装置往往在系统 $G(s)$ 前引入,故可采用控制器数字实现或电气校正网络实现。仅由阻容元件组成的电气校正网络称为无源校正网络。由阻容电路和线性集成运算放大器组成的电气校正网络称为有源校正装置。无源校正网络元件特性稳定,但输入阻抗较低、输出阻抗较高,实际应用时常常还得配置放大器或隔离放大器,多用于简单的控制系统。如果要求校正环节的放大增益参数可以调节一般采用有源校正装置。有源校正装置中运算放大器的增益高、输入阻抗大。在运算放大器输入、输出端接上不同的输入阻抗 $Z_r(s)$ 和输出阻抗 $Z_f(s)$ 可得到超前、滞后、比例微分积分等不同性能的校正装置(又称调节器)。表 4-7 是有源网络实现的 PID 校正网络的例子。

表 4-7 有源网络实现的 PID 校正装置

控制律	有 源 网 络	传 递 函 数
PD		$G_c(s) = \dfrac{U_o(s)}{U_i(s)} = -\dfrac{R_2}{R_1}(R_1C_1s + 1) = -K_p(1 + T_1s)$ $T_1 = R_1C_1$ $K_p = -\dfrac{R_2}{R_1}$
PI		$G_c(s) = \dfrac{U_o(s)}{U_i(s)} = K_p\left(1 + \dfrac{1}{Ts}\right)$ $K_p = \dfrac{R_2}{R_1}$ $T = R_2C_2$
PID		$G_c = \dfrac{U_o(s)}{U_i(s)} = \dfrac{T_1 + T_2}{\tau}\left[1 + \dfrac{1}{(T_1 + T_2)s} + \dfrac{T_1T_2}{T_1 + T_2}s\right]$ $T_1 = R_1C_1 \qquad T_2 = R_2C_2$ $\tau = R_1C_2$

随着计算机技术的日益发展,计算机性能不断提高和价格不断降低,反馈控制中的控制器越来越多地采用数字软件方式。与采用硬件实现控制律相比,在硬件设计确定后,软件实现可以使设计者在修改控制器控制律时有更大的灵活性。

数字控制器与模拟控制器的不同之处在于,数字控制器的信号必须经过采样和量化,形成在时间域和幅值域均离散的数字信号。选择采样周期的一个比较合理的规则是在系统阶跃响应的上升时间内,应对离散控制器的输入信号采样约 6 次,要求采样频率远高于系统闭环带宽。控制器的幅值量化过程也将引入额外噪声,为保证噪声干扰在可接受范围内,A/D 转换器量化精度不少于 $10\sim12$ 位。

经典的常规数字离散控制需要用 Z 变换进行。但随着计算机技术的发展,数字采样越来越快,幅值分辨率越来越高,数字控制器的动态性比被控对象快得多。因此当采样速率是被控对象闭环带宽的 30 倍以上时,在控制器设计时按连续控制器实现的方式进行,验证后再转化成离散设计。如果连续传递函数较简单,则采样频率是最终频率的 $5\sim10$ 倍,也可以采用连续方法设计再离散实现的模式。表 4-8 是 PID 控制器采样周期 t_s 的经验选取。

表 4-8 控制器采样周期 t_s

选取方法	推 荐 值	说 明	推荐人
按开环系统特征	$t_s < 0.1 T_{max}$	T_{max} ——主导极点时间常数	kalman
	$0.2 < \dfrac{t_s}{\tau} < 1.0 \quad 0.01 < \dfrac{t_s}{T} < 0.05$	τ ——过程纯滞后时间 T ——过程时间常数	Astrom
	$\dfrac{T}{15} < t_s < \dfrac{T}{6}$	T ——过程回复时间	Isermann
	$0.25 < \dfrac{t_s}{t_r} < 0.5$	t_r ——开环系统上升时间	Astrom
	$0.15 < t_s \omega_c < 0.5$	ω_c ——连续系统临界稳定振荡频率	Astrom
	$0.05 < t_s \omega_c < 0.107$	ω_c ——连续系统临界稳定振荡频率	Shinskey
按 PID 参数	$t_s > \dfrac{T_i}{100}$	T_i ——控制器积分时间	Fertik
	$0.1 < \dfrac{t_s}{T_d} < 0.5$	T_d ——控制器微分时间	Astrom
	$0.05 < \dfrac{t_s}{T_d} < 0.1$	T_d ——控制器微分时间	Shinley

4.5 基于模型的校正

4.5.1 反馈校正

1) 反馈校正的特点

(1) 消除不希望的特性。

图 4-29 的反馈系统中,不变部分 $G_2(s)$ 被负反馈通路 $H_c(s)$ 包围,反馈回路等效频率特性(定义见 5.1 节)为

$$G_{eq}(j\omega) = \frac{G_2(j\omega)}{1 + G_2(j\omega)H_c(j\omega)}$$

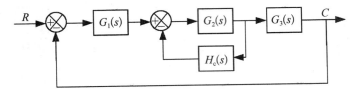

图 4-29　具有反馈校正装置的系统方块图

在系统工作频段中,如 $|G_2(j\omega)H_c(j\omega)| \gg 1$,则

$$G_{eq}(j\omega) \approx \frac{1}{H_c(j\omega)}$$

此时,系统闭环传递函数

$$\frac{C(s)}{R(s)} = \frac{G_1(s)G_3(s)}{G_1(s)G_3(s) + H_c(s)}$$

上式表明系统将不受被包围环节 $G_2(s)$ 参数变化的影响,仅与反馈通道的传递函数有关。由于一般情况下系统不可变部分选定后很难改变,如果存在不希望的特性,如上述的 $G_2(s)$,可适当地选择 $H_c(s)$ 消除它对系统性能的影响。

(2) 减弱参数变化的影响。

考虑如图 4-30 所示的两个系统。图 4-30(a)中的原系统传递函数

$$G(s) = \frac{X_c(s)}{X_r(s)}$$

假定 $X_r(s)$ 不变,由于系统 $G(s)$ 参数变化,引起输出 $X_c(s)$ 也变化,即

$$dX_c(s) = X_r(s) \cdot dG(s)$$

或

$$dX_c = \frac{X_c(s)}{G(s)}dG(s) \qquad\qquad (4-16)$$

输出量 $X_c(s)$ 的变化与系统 $G(s)$ 环节参数的变化成比例。

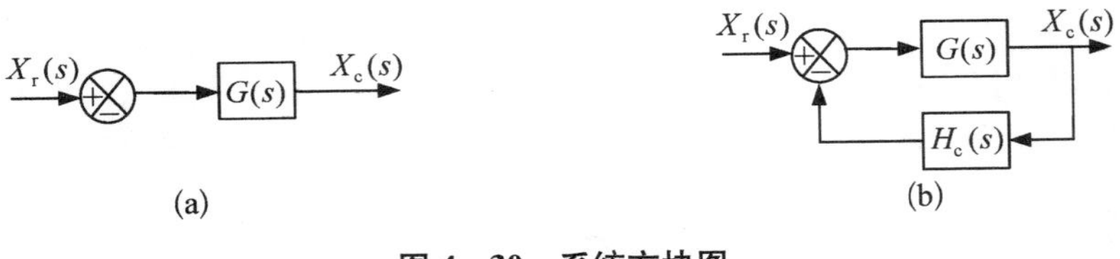

(a)　　　　　　　　　　　　　　　(b)

图 4-30　系统方块图

(a) 原系统;　(b) 加入反馈校正后

图 4-30(b)为加入反馈校正后。这时系统输出为

$$X_c(s) = \frac{G(s)}{1 + G(s)H_c(s)}X_r(s)$$

假设 $X_r(s)$、$H_c(s)$ 不变,对上式微分

$$dX_c(s) = \frac{dG(s)}{[1+G(s)H_c(s)]^2} X_r(s)$$

合并上两式并消去 $X_r(s)$ 得

$$dX_c(s) = \frac{1}{1+G(s)H_c(s)} \cdot \frac{X_c(s)}{G(s)} dG(s) \qquad (4-17)$$

比较式(4-16)和式(4-17)，引入反馈校正装置后由 $G(s)$ 中参数的变化引起的输出变化 $dX_c(s)$ 减为原来的 $\dfrac{1}{1+G(s)H_c(s)}$。

同样可证明，当系统受到常见的低频外干扰(如力或力矩作用)时，加入反馈校正后，可使外干扰引起的输出变化减小为原来的 $\dfrac{1}{1+G(s)H_c(s)}$，即干扰的影响可以得到抑制。

因此在控制系统中，为了减弱系统对某些参数变化的敏感程度，或者说为了提高系统对一些参数变化等类型干扰的抑制能力，通常最有效的措施之一就是采用负反馈校正。

2) 典型反馈校正分析

(1) 比例反馈。

参照图 4-30(b)，此时 $G(s) = \dfrac{K}{Ts+1}$，$H_c(s) = a$。则闭环传递函数为

$$\frac{X_c(s)}{X_r(s)} = \frac{K}{1+Ka} \cdot \frac{1}{\dfrac{T}{1+Ka}s+1} = \frac{1}{1+Ka} \cdot \frac{Ts+1}{\dfrac{T}{1+Ka}s+1} \cdot \frac{K}{Ts+1}$$

$$= \frac{1}{a'} \frac{Ts+1}{\dfrac{T}{a'}s+1} G(s)$$

式中：$a' = 1+Ka$。

上式表明，比例反馈包围惯性环节使被包围的惯性环节时间常数得以减小，同时也降低了系统的开环增益，但增益可通过提高未被反馈包围环节的增益来补偿。

对于本系统来说，比例反馈包围惯性环节等效于串联超前校正，即等效于前向串联了

$$G_c(s) = \frac{1}{a'} \frac{Ts+1}{\dfrac{T}{a'}s+1}$$

(2) 比例微分反馈。

参照图 4-30(b)，此时 $G(s) = \dfrac{K}{s(Ts+1)}$，$H_c(s) = as$。则闭环传递函数为

$$\frac{X_c(s)}{X_r(s)} = \frac{K}{1+Ka} \cdot \frac{1}{s\left(\dfrac{T}{1+Ka}s+1\right)} = \frac{1}{1+Ka} \cdot \frac{Ts+1}{\dfrac{T}{Ka+1}s} \cdot \frac{1}{s(Ts+1)}$$

$$= \frac{1}{a'} \frac{Ts+1}{\dfrac{T}{a'}s+1} G(s)$$

式中：$a' = 1 + Ka$。

上式表明，比例微分反馈包围积分环节和惯性环节串联组成的元件，使被包围的惯性环节时间常数得以减小，同时也降低了系统的开环增益，但可通过提高未被反馈包围环节增益来补偿增益。

对于本系统来说，比例反馈包围惯性环节等效于串联超前校正，即等效于前向串联了

$$G_c(s) = \frac{1}{a'} \frac{Ts + 1}{\frac{T}{a'}s + 1}$$

（3）一阶微分和二阶微分组合反馈。

参照图 4-30(b)，此时 $G(s) = \dfrac{K}{s\left(\dfrac{s^2}{\omega^2} + \dfrac{2\zeta}{\omega}s + 1\right)}$，$H_c(s) = bs + cs^2$。则闭环传递函数为

$$\frac{X_c(s)}{X_r(s)} = \frac{K}{1 + Kb} \cdot \frac{1}{s\left(\dfrac{s^2}{\omega_1^2} + \dfrac{2\zeta_1}{\omega_1}s + 1\right)}$$

式中：阻尼比 $\zeta_1 = \dfrac{\zeta}{\sqrt{1 + Kb}} + \dfrac{Kc}{2\sqrt{1 + Kb}}$；固有频率 $\omega_1 = \omega\sqrt{1 + Kb}$。

上式表明，一阶微分和二阶微分组合反馈包围由积分环节和振荡环节相串联组成的元件中一阶微分反馈，提高了振荡环节的固有频率，但降低了阻尼比；二阶微分反馈增加了阻尼比。

4.5.2　前置校正

当控制系统性能指标为时域特征量时，为了改善控制系统的性能，除了采用串联校正方式外，还可以采用前置滤波器组合前馈校正，以获得某些改善系统性能的功能。

1）前置滤波组合校正

为了改善系统性能，在系统中常引入 $G_c(s) = \dfrac{s + z}{s + p}$ 形式的串联校正网络，以改变系统的闭环极点。但是 $G_c(s)$ 同时也会在系统闭环传递函数 $\Phi(s)$ 中添加新零点，可能会严重影响闭环系统的动态性能。此时可以如图 4-31 所示在系统的输入端串接一个前置滤波器，以消除新增闭环零点的不利影响。

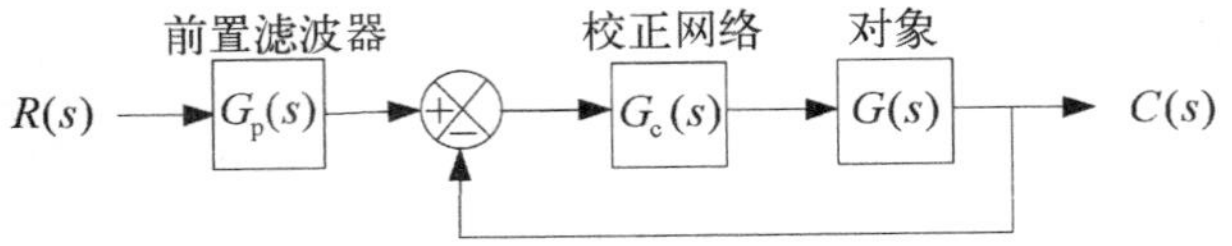

图 4-31　前置滤波校正

[例 4-19]　设带有前置滤波器的控制系统如图 4-31 所示，$G(s) = \dfrac{1}{s}$，$G_c(s) = K_1 + \dfrac{K_2}{s} = \dfrac{K_1 s + K_2}{s}$。请设计 K_1、K_2 和 $G_p(s)$ 使得系统阻尼比 $\zeta = \dfrac{1}{\sqrt{2}}$，阶跃响应超调量 $\sigma \leqslant$

5%；阶跃响应调整时间 $t_s \leqslant 0.6\,\mathrm{s}(\Delta = 2\%)$。

[解] 图 4-31 中系统的总传递函数 $\Phi(s) = \dfrac{(K_1 s + K_2)G_p(s)}{s^2 + K_1 s + K_2}$

（1）无前置滤波（即 $G_p(s) = 1$），则

$$\Phi(s) = \frac{(K_1 s + K_2)}{s^2 + K_1 s + K_2}$$

为带零点的二阶系统。其特征多项式

$$D(s) = s^2 + K_1 s + K_2 = s^2 + 2\zeta\omega_n s + \omega_n^2$$

由题意要求 $\zeta = \dfrac{1}{\sqrt{2}}$，为欠阻尼系统带零点的二阶系统。

由[例 3-02]知，当 $\Delta = 2\%$ 时，$t_s = \dfrac{4 + \ln A}{\zeta\omega_n}$，因题意要求 $t_s \leqslant 0.6\,\mathrm{s}$，暂取 $\dfrac{4}{\zeta\omega_n} = 0.5$，得 $\omega_n = 8\sqrt{2}$，于是有 $K_1 = 2\zeta\omega_n = 16$，$K_2 = \omega_n^2 = 128$。

即 $G_p(s) = 1$ 时，

$$\Phi(s) = \frac{16(s + 8)}{s^2 + 16s + 128} = \frac{128}{8}\frac{(s + 8)}{s^2 + 16s + 128}$$

与标准的欠阻尼系统带零点的二阶系统 $\Phi(s) = \dfrac{\omega_n^2}{z}\dfrac{(s + z)}{s^2 + 2\zeta\omega_n s + \omega_n^2}$ 对比得

$$z = 8 \qquad \omega_n = 8\sqrt{2} \qquad \zeta = \frac{1}{\sqrt{2}}$$

此时按[例 3-02]的结果有

$$\omega_d = \omega_n\sqrt{1 - \zeta^2} = 8$$

$$A = \frac{\sqrt{z^2 - 2\zeta\omega_n z + \omega_n^2}}{z\sqrt{1 - \zeta^2}} = 1.41$$

当允许误差范围 $\Delta = 0.02$ 时，有

$$t_s = \frac{4 + \ln A}{\zeta\omega_n} = 0.54\,\mathrm{s}$$

$$\varphi = -\pi + \arctan\left(\frac{\omega_d}{z - \zeta\omega_n}\right) + \arctan\left(\frac{\sqrt{1 - \zeta^2}}{\zeta}\right) = -\frac{\pi}{4}$$

$$t_p = \frac{\pi - \arctan\left(\dfrac{\omega_d}{z - \zeta\omega_n}\right)}{\omega_d} = 0.2\,\mathrm{s}$$

$$\sigma = \sqrt{1 - \zeta^2}\,\mathrm{e}^{-\zeta\omega_n t_p} \times 100\% = 20\%$$

由上述计算值知阶跃响应超调量不符题意要求。

（2）采用前置滤波 $G_p(s) = \dfrac{8}{s+8}$，则原闭环传递函数中的零点 $z = 8$ 被消除。此时

$$\Phi(s) = \frac{128}{s^2 + 16s + 128} = \frac{\omega_n^2}{s^2 + 2\zeta\omega_n s + \omega_n^2}$$

为标准欠阻尼二阶系统，有

$$\sigma = e^{-\pi\zeta/\sqrt{1-\zeta^2}} \times 100\% = 4.3\%$$

且 $\Delta = 2\%$ 时有

$$t_s = \frac{4}{\zeta\omega_n} = 0.5 \text{ s}$$

因此 $K_1 = 16$、$K_2 = 128$、$G_p(s) = \dfrac{8}{s+8}$ 时能满足题意要求。

2）最小节拍前置校正

最小节拍响应指以最小的超调量快速达到并保持在稳态响应允许波动范围内的响应。具体操作时将细化为：

（1）阶跃响应稳态误差为零；

（2）阶跃响应超调量 $\sigma < 2\%$；

（3）阶跃响应具有最小的上升时间和调整时间（$\Delta = 2\%$）。

在设计具有最小节拍响应系统时，选择合适的校正网络类型，并令校正后的闭环传递函数为表 4-9 中的标准闭环传递函数，由此确定校正网络参数。

表 4-9　最小节拍响应标准化传递函数

闭环传递函数 $\Phi(s)$	超调量 $\sigma/\%$	标准化调整时间 $t_s\omega_n/\text{s}$
$\dfrac{\omega_n^2}{s^2 + 1.82\omega_n s + \omega_n^3}$	0.1	4.82
$\dfrac{\omega_n^3}{s^3 + 1.9\omega_n s^2 + 2.2\omega_n^2 s + \omega_n^3}$	1.65	4.04
$\dfrac{\omega_n^4}{s^4 + 2.2\omega_n s^3 + 3.5\omega_n^2 s^2 + 2.8\omega_n^3 s + \omega_n^4}$	0.89	4.81
$\dfrac{\omega_n^5}{s^5 + 2.7\omega_n s^4 + 4.9\omega_n^2 s^3 + 5.4\omega_n^3 s^2 + 3.4\omega_n^4 s + \omega_n^5}$	1.29	5.43
$\dfrac{\omega_n^6}{s^6 + 3.15\omega_n s^5 + 6.5\omega_n^2 s^4 + 8.7\omega_n^3 s^3 + 7.55\omega_n^4 s^2 + 4.05\omega_n^5 s + \omega_n^6}$	1.63	6.04

[**例 4-20**]　设控制系统如图 4-31 所示，已知 $G(s) = \dfrac{K}{s(s+1)}$，串联校正网络 $G_c(s) = \dfrac{s+z}{s+p}$，前置滤波器为 $G_p(s) = \dfrac{z}{s+z}$。要求系统阶跃响应调整时间 $t_s = 2s(\Delta = 2\%)$ 左右，试确定上述传递函数中的各参数，使该系统成为最小节拍响应系统。

[**解**]　系统的闭环传递函数

$$\Phi(s) = \frac{G_c(s)G(s)G_p(s)}{1 + G_c(s)G(s)} = \frac{Kz}{s^3 + (p+1)s^2 + (p+K)s + Kz}$$

为三阶系统,由表 4-9 知:

$$p + 1 = 1.9\omega_n \qquad p + K = 2.2\omega_n^2 \qquad Kz = \omega_n^3$$

由 $\omega_n t_s = 4.04\,\mathrm{s}$ 及题意要求的 $t_s = 2\,\mathrm{s}$,可得 $\omega_n = 2.02$,进而可得

$$p = 2.84 \qquad K = 6.14 \qquad z = 1.34$$

因此校正网络和前置滤波器分别为

$$G_c(s) = \frac{s + 1.34}{s + 2.84} \qquad G_p(s) = \frac{1.34}{s + 1.34}$$

由表 4-9 知此时系统的超调量为 1.65%。

4.5.3　复合控制

从前面的章节可知,如果稳态精度要求很高,则需要提高系统的开环放大倍数或提高系统的型次。但这样做往往会导致系统稳定性变差,甚至使系统不稳定。在适当情况下可考虑采用复合控制解决上述精度与稳定性之间的矛盾。

开环控制仅根据输入信号进行控制,对控制结果可能的偏差没有修正能力,抑制干扰能力差。闭环控制按偏差进行控制,能抑制各种干扰,但控制精度还不够高,还存在原理性偏差。如果把开环控制和闭环控制结合起来,就构成了复合控制系统。

1) 反馈与控制输入前馈的复合控制

如图 4-32 所示。图中 $G_c(s)$ 为前馈通路的传递函数,$G_1(s)$ 和 $G_2(s)$ 为偏差控制系统的开环传递函数。控制系统包含按开环控制运行的由前馈传递函数 $G_c(s)$ 与 $G_2(s)$ 组成的补偿通道和按闭环控制运行的由 $G_1(s)$ 和 $G_2(s)$ 组成的主通道。

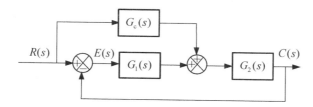

图 4-32　复合控制系统方块图

补偿通道不存在时系统闭环传递函数为

$$\Phi(s) = \frac{C(s)}{R(s)} = \frac{G_1(s)G_2(s)}{1 + G_1(s)G_2(s)} \tag{4-18}$$

加入补偿通道传递函数 $G_c(s)$ 后,复合控制系统的传递函数为

$$\Phi_c(s) = \frac{C(s)}{R(s)} = \frac{[G_1(s) + G_c(s)]G_2(s)}{1 + G_1(s)G_2(s)} \tag{4-19}$$

加入补偿通道后,系统的误差传递函数

$$\Phi_{ce}(s) = 1 - \Phi_c(s) = \frac{1 - G_c(s)G_2(s)}{1 + G_1(s)G_2(s)}$$

如取 $G_c(s) = \dfrac{1}{G_2(s)}$,则 $\Phi_{ce}(s) = 0$,系统误差 $E(s) = \Phi_{ce}(s)R(s) = 0$,即系统不存在

误差。将 $G_c(s) = \dfrac{1}{G_2(s)}$ 代入式(4-19),得

$$\Phi_c(s) = \frac{\left[G_1(s) + \dfrac{1}{G_2(s)} \right] G_2(s)}{1 + G_1(s)G_2(s)} = 1$$

即系统输出 $C(s)$ 完全复现输入 $R(s)$,既没有动态误差及稳态误差,可把系统看成无惯性系统。

式(4-18)和式(4-19)表明复合控制系统和原来按偏差控制的闭环系统的特征方程一致,即不因为系统中增加了补偿通道而影响系统稳定性。因此复合控制系统解决了偏差控制系统提高系统精度和保证稳定性之间的矛盾。

2) 反馈与干扰前馈的复合控制

反馈与干扰前馈的复合控制系统如图4-33所示,$N(s)$ 为可测量外干扰。设 $R(s) = 0$,则有

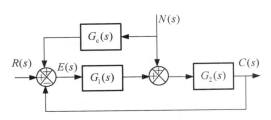

图4-33　复合控制系统方块图

$$C(s) = \frac{G_2(s)[1 + G_1(s)G_c(s)]}{1 + G_1(s)G_2(s)} N(s)$$

如选择前馈通道的传递函数为 $C_c(s) = \dfrac{-1}{G_1(s)}$,则输出响应 $C(s) = 0$,表明其完全不受干扰 $N(s)$ 的影响。在实际应用中,也常利用一些简单的 $C_c(s)$ 来达到近似补偿,以提高稳态精度。

4.5.4　史密斯补偿

物流、温度等系统滞后不可避免,被控量不能及时反映所受扰动,不能及时在控制量中体现相应的控制作用,产生明显的超调和延长调整时间,从而给控制带来难度。难度将随着滞后时间与整个动态时间的比例的增加而增加。当 τ/T 增加,相位滞后增加,超调变得严重,出现停产结果(如结焦),甚至引起系统不稳定,被控量超出安全限值,产生破坏性结果(如爆炸)。一般来说,如纯属滞后时间 τ 与时间常数 T 之比大于1,则认为系统具有大纯滞后。

在控制要求不严格时,可以采用PID控制解决滞后。在控制精度要求高时,需采用补偿控制或采样控制。补偿指按照系统的特性设想一种模型加入到原来的反馈控制中,以补偿动态特性,加入部分即为补偿反馈。图4-34常用的史密斯预估补偿器的实现原理,图中设对象模型可以分解成不含滞后的 $G_0(s)$ 和纯滞后的 $e^{-\tau s}$。

图 4-34 中史密斯预估器

$$C_1(s) = C(s) + G_0(s)(1 - e^{-\tau s})U(s)$$

补偿后系统的闭环传递函数为

$$\frac{C(s)}{R(s)} = \frac{G_c(s)G_0(s)}{1 + G_c(s)G_0(s)}e^{-\tau s}$$

其特征方程中已不含 $e^{-\tau s}$ 项,消除了滞后对系统特性的影响。分子上的 $e^{-\tau s}$ 则表明输出量 $C(s)$ 中存在滞后。

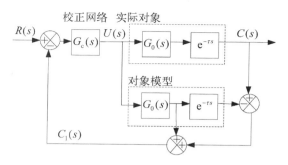

图 4-34　史密斯预估补偿器

由图 4-34 知史密斯预测补偿器在构建时采用了被控对象的数学模型,因此史密斯预估补偿器存在着模型敏感的特点,技术界也因此进行了一系列的改进。

小　　结

(1) 在给定控制系统特性要求的条件下,设计系统的结构和参数,称为控制系统的综合与校正。无论采用串联校正、并联校正方式,还是综合法、分析法,都是基于原系统、校正装置的性能,通过加入控制律、改变系统结构改变系统性能以达到使用要求。

(2) 稳定性是动态系统能正常工作的首要条件,稳定性完全取决于系统本身的结构和参数。系统稳定的充分必要条件是其特征方程的根(系统极点)全部位于 s 平面左半部。劳斯-赫尔维茨稳定判据是一种时域稳定性代数判据,不能进行系统相对稳定性的定量量度。

(3) 稳态误差是用来衡量系统控制精度的性能指标。稳态误差计算的基本方法是通过误差传递函数并运用终值定理求得。但工程上常采用稳态误差系数法。稳态误差大小与系统类型(0 型、1 型、2 型等)和输入信号形式有关。在综合考虑稳定性前提下增加系统开环增益和提高系统类型,可减小直至消除系统的稳态误差。系统灵敏性指系统内部扰动引起的误差,内扰分析中使用系统灵敏度进行度量。

(4) PID 控制对大多数控制系统具有广泛适用性,特别是对控制对象的数学模型不了解或无法应用解析设计方法的场合。

(5) 对于能得到数学模型的控制系统,反馈校正、前置校正、复合控制、史密斯补偿是能取得较好系统性能的校正方法。

习　　题

4.1　单位反馈系统,已知系统开环传递函数,判断开环增益 K 的稳定域:

(1) $G(s) = \dfrac{K}{(T_1s+1)(T_2s+1)(T_3s+1)}$;

(2) $G(s) = \dfrac{K}{s(T_1s+1)(T_2s+1)}$;

(3) $G(s) = \dfrac{K}{s^2(T_1s+1)}$。

4.2　当 K 取何值时,如图 $P4-2$ 所示系统才能稳定。

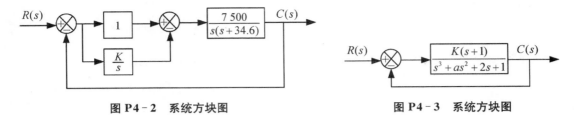

图 P4-2 系统方块图   图 P4-3 系统方块图

4.3 系统方块图如图 P4-3 所示,若系统处于稳定边界时,以 $\omega_n = 2$ rad/s 的频率振荡,试确定振荡时的 K 值和 a 值。

4.4 设单位反馈系统的开环传递函数为 $G(s) = \dfrac{K}{(s+1)(s+1.5)(s+2)}$,若希望所有特征方程根都具有小于 -1 的实部,试求满足此条件的 K 的最大值。

4.5 单位反馈系统的开环传递函数分别为

(1) $G(s) = \dfrac{100}{(0.5s+1)(2s+1)}$;   (2) $G(s) = \dfrac{4}{s(0.1s+1)(s+1)}$;

(3) $G(s) = \dfrac{40}{s^2(s^2+8s+100)}$;   (4) $G(s) = \dfrac{10(s+1)(2s+1)}{s^2(s^2+4s+20)}$。

试分别求出各系统的稳态位置、速度、加速度误差系数,以及单位阶跃、斜坡、抛物线输入下的系统的稳态误差。

4.6 图 P4-6 为单位反馈系统,试确定:

(1) 系统在单位阶跃和单位斜坡信号作用下的稳态误差;

(2) 系统的阻尼比 ζ 和无阻尼自然频率 ω_n,并讨论 K、K_h 对 ζ、ω_n 和稳态误差的影响。

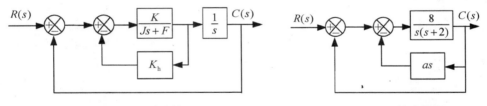

图 P4-6 系统方块图   图 P4-8 系统方块图

4.7 已知单位反馈系统的开环传递函数为 $G(s) = \dfrac{10(2s+1)}{s^2(s^2+4s+10)}$,求当输入信号为 $r(t) = 1 + 2t + t^2$ 时的系统稳态误差。

4.8 图 P4-8 为一具有局部反馈的单位反馈系统,试确定:

(1) 在没有微分反馈($a = 0$)时,系统在单位斜坡信号作用下引起的稳态误差;

(2) 如何能使带有微分反馈的系统对单位斜坡输入的稳态减小到与(1)部分相同的值,而阻尼比保持在 0.7。

4.9 如图 P4-9 所示系统,试求当 $N_1(s)$ 和 $N_2(s)$ 均为单位阶跃时的稳态误差。其中:

$$G_1(s) = \frac{5}{T_1 s + 1},\ G_2(s) = \frac{10(\tau s + 1)}{T_2 s + 1},\ G_3(s) = \frac{100}{s(T_3 s + 1)};\ \text{且}\ \tau > T_1\ \text{和}\ \tau > T_2。$$

4.10 如图 P4-10 所示系统,控制信号 $R(s)$ 和扰动信号 $N(s)$ 均为单位斜坡输入,

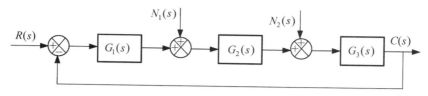

图 P4 - 9　系统方块图

试求：

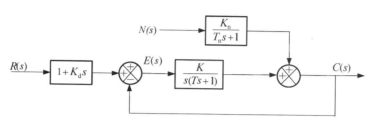

图 P4 - 10　系统方块

（1）当 $K_d = 0$ 时的稳态误差；

（2）适当选择 K_d 使稳态误差 e_{ss} 为零。

4.11　在粗糙路面上颠簸行驶的车辆会受到许多干扰,采用了能感知前方路况的传感器之后,主动式悬挂减震系统就可以减轻干扰的影响。简单悬挂减震系统的例子如图 P4 - 11 所示。试选取增益 K_1、K_2 的恰当数值,使得当预期偏移为 $R(s) = 0$,且 $D(s) = 1/s$ 时车辆不会跳动。

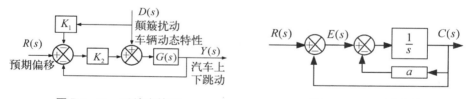

图 P4 - 11　系统方块图　　　　图 P4 - 12　系统方块

4.12　对图 P4 - 12 系统施加单位阶跃信号,测得 $e(t) = b_1 e^{-z_1 t} + b_2 e^{-z_2 t}$,$(z_1, z_2 > 0,$ $z_1 \neq z_2)$,试确定参数 a、K 与 z_1、z_2 的关系;并分析 b_1、b_2 与 z_1、z_2 的关系。

4.13　如图 P4 - 13 所示复合控制系统,设 K_0, K_f, T_0, $T_f > 0$。

（1）求系统稳态位置误差系数、稳态速度误差系数、稳态加速度误差系数;

（2）输入信号 $r(t) = 1 + t$ 时,如何设定 K_f 使系统稳态误差为零;

（3）实际应用中 K_c 如何取值?

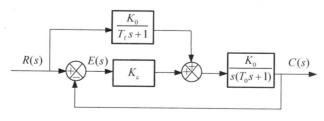

图 P4 - 13　系统方块

4.14 如图 P4 - 14 中系统,已知 $G_1(s) = K_1$,$G_2(s) = \dfrac{K_2}{Ts+1}$,改善动态性能引入校正环节 $H_c(s) = K_c$。已知 $K_2 > 1$,$K_c > 1$。问 K_1 该如何调整使得校正环节引入前后系统稳态精度不变。

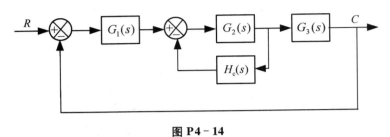

图 P4 - 14

第 5 章　频域特性分析

5.1　频率特性

5.1.1　频率特性定义

图 5-1 的 RC 电路,设 $T = RC$,可得该电路的传递函数为

$$G(s) = \frac{U_o(s)}{U_i(s)} = \frac{1}{Ts+1}$$

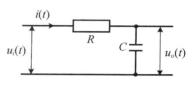

图 5-1　RC 低通电路

当输入 $u_i(t) = U_i \sin \omega t$ 时,则输出

$$u_o(t) = \frac{U_i T\omega}{T^2\omega^2 + 1}e^{-\frac{t}{T}} + \frac{U_i}{\sqrt{T^2\omega^2 + 1}} \sin\left[\omega t - \varphi(\omega)\right] \tag{5-1}$$

式中: $\varphi(\omega) = \arctan(T\omega)$ 为输出与输入量之间产生的相位差。

$t \to \infty$ 时,式(5-1)中的第一项将趋于零,即

$$u_o(t) \big|_{t \to \infty} = \frac{U_i}{\sqrt{1 + T^2\omega^2}} \sin\left[\omega t - \varphi(\omega)\right] \tag{5-2}$$

式(5-2)表明图 5-1 的 RC 电路输入正弦信号时,其稳态输出是一个与输入信号同频的正弦信号,但幅值与相位都产生与频率相关的变化。

[例 5-01]　分别对 $G(s) = \dfrac{1}{s+1}$ 和 $G(s) = \dfrac{1}{2s+1}$ 输入 $\sin(10t)$,给出输出时域波形。

[解]　MATLAB 程序为

t=[0:0.01:10];	//指定时间范围
num1=1; den=[1 1]; sys1=tf(num1,den);	//传递函数模型
num2=1; den=[2 1]; sys2=tf(num2,den);	
u=sin(10 * t);	//输入信号 u
lsim(sys1,sys2,u,t);	//绘制时域响应曲线
grid on;	

MATLAB 运行结果如图 5-2 所示,由图知其中的瞬态分量在经过几个时间常数后就消失了。

系统在正弦信号作用下,当输入量的频率由 0 变化到∞时,稳态输出量与输入量的幅值

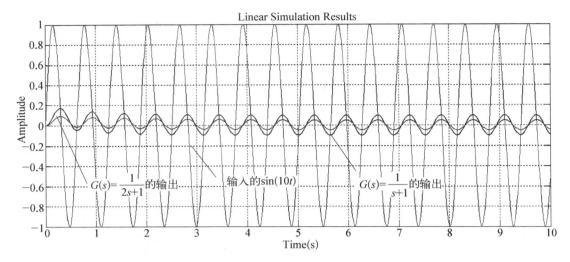

图 5 - 2　输入 $\sin(10t)$ 后的时域信号

比和相位差的变化规律称为频率特性。

图 5 - 3 中系统若输入

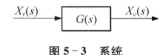

图 5 - 3　系统

$$x_r(t) = x_m \sin(\omega t)$$

稳态输出量与输入量的振幅比为 $A(\omega)$，相位差为 $\varphi(\omega)$，即系统稳态输出量

$$x_c(t) = A(\omega) \cdot x_m \sin[\omega t + \varphi(\omega)]$$

显然频率特性可表示为稳态输出量与输入量的复数比 $A(\omega)e^{j\varphi(\omega)}$。

5.1.2　频率特性求取

按照频率特性的定义，系统频率特性可以通过如下方法求得：

(1) 根据已知系统的微分方程，以正弦信号为输入，求取输出量的稳态分量和输入的正弦信号的复数之比；

(2) 进行实物实验，对系统输入频率由 0 变化到∞的正弦信号，得到稳态输出的正弦信号，测量求得稳态输出与输入信号的幅值比和相位差。

上述两种方法都是在时间域求取系统的频率特性，须取得系统的正弦信号时域响应并截取稳态分量。其实可经过系统传递函数，不须求解全部时域解而获得稳定系统的频率特性。

图 5 - 3 中线性系统，$x_r(t)$、$x_c(t)$ 分别为系统输入和输出，设 $G(s)$ 为系统传递函数，并有

$$G(s) = \frac{p(s)}{q(s)} = \frac{p(s)}{(s + s_1)(s + s_2)\cdots(s + s_n)}$$

输入正弦函数

$$x_r(t) = A\sin \omega t$$

稳定系统的正弦输入的稳态响应不受初始条件影响，可以假设初始条件为零。如果

$X_c(s)$ 只具有不同的极点,输出量拉氏变换可部分分式展开为

$$X_c(s) = G(s) \cdot X_r(s) = \frac{p(s)}{q(s)} \cdot \frac{A\omega}{s^2 + \omega^2}$$

$$= \frac{a}{s + j\omega} + \frac{\bar{a}}{s - j\omega} + \frac{b_1}{s + s_1} + \frac{b_2}{s + s_2} + \cdots + \frac{b_n}{s + s_n}$$

式中:$b_i (i = 1, 2, \cdots, n)$ 为待定实系数;a、$\bar{a}$ 为待定的共轭复数。

$X_c(s)$ 的拉普拉斯反变换为

$$x_c(t) = a e^{-j\omega t} + \bar{a} e^{j\omega t} + b_1 e^{-s_1 t} + b_2 e^{-s_2 t} + \cdots + b_1 e^{-s_n t} \ (t \geqslant 0) \tag{5-3}$$

对于稳定的系统,$-s_1, -s_2, \cdots, -s_n$ 具有负实部,因而随着 $t \to \infty$,$b_1 e^{-s_1 t}$,$b_2 e^{-s_2 t}$,$\cdots$,$b_n e^{-s_n t}$ 都趋于零。方程(5-3)除了右边第一、二项外,其余各项在稳态时都等于零。

如果 $X_c(s)$ 包含有 m 重极点 $-s_j$,那么 $x_c(t)$ 将包含有 $t^{h_j} e^{-s_j t} (j = 0, 1, 2, \cdots, m)$ 这样的分项。由于 $-s_j$ 的实部为负,所以 $t^{h_j} e^{-s_j t}$ 的各项随着 $t \to \infty$ 也都趋于零。

因此,不管系统属于哪种形式,其稳态响应总为

$$x_c(t) = a e^{-j\omega t} + \bar{a} e^{j\omega t} \tag{5-4}$$

式中:

$$a = G(s) \cdot \frac{A\omega}{s^2 + \omega^2} \cdot (s + j\omega) \mid_{s = -j\omega} = -\frac{AG(-j\omega)}{2j}$$

$$\bar{a} = G(s) \cdot \frac{A\omega}{s^2 + \omega^2} \cdot (s - j\omega) \mid_{s = j\omega} = \frac{AG(j\omega)}{2j}$$

复数 $G(j\omega)$ 可以写成幅值 $|G(j\omega)|$ 和幅角 $\angle G(j\omega)$ 的表达形式

$$G(j\omega) = |G(j\omega)| e^{j\angle G(j\omega)}$$

同样

$$G(-j\omega) = |G(-j\omega)| e^{-j\angle G(j\omega)} = |G(j\omega)| e^{-j\angle G(j\omega)}$$

因此式(5-4)可写成

$$x_c(t) = A|G(j\omega)| \frac{e^{j(\omega t + \angle G(j\omega))} - e^{-j(\omega t + \angle G(j\omega))}}{2j} = A|G(j\omega)| \sin[\omega t + \angle G(j\omega)]$$

系统稳态输出量和输入量具有相同频率,但输出量的振幅和相位与输入量不同。

根据以上讨论,可以得到

$$|G(j\omega)| = \left|\frac{X_c(j\omega)}{X_r(j\omega)}\right| \qquad \angle G(j\omega) = \angle \frac{X_c(j\omega)}{X_r(j\omega)}$$

可见,只要把系统传递函数 $G(s)$ 中的算子 s 换成 $j\omega$,就可以得到系统的频率特性

$$G(j\omega) = \frac{X_c(j\omega)}{X_r(j\omega)}$$

因此也可以将稳定系统的频率特性视作系统传递函数的一种特殊情况。

频率特性和传递函数是描述同一个物理系统的不同域的数学模型。微分方程是时间域的数学模型,传递函数是复数域的数学模型,而频率特性则是系统频率域的数学模型。

5.1.3 频率特性的物理意义

为了对频率特性的物理含义有更深刻的理解,对图 5-1 的 RC 电路求取频率特性

$$G(\mathrm{j}\omega) = \frac{U_{\mathrm{o}}(\mathrm{j}\omega)}{U_{\mathrm{i}}(\mathrm{j}\omega)} = \frac{1}{1+\mathrm{j}\omega T} = A(\omega)\mathrm{e}^{\mathrm{j}\varphi(\omega)}$$

式中:

$$A(\omega) = \frac{1}{\sqrt{1+(T\omega)^2}} \qquad \varphi(\omega) = -\arctan(\omega T)$$

电路参数 R、C 给定后,频率特性便完全确定,所以频率特性反映了电路的内在性质,与外界因素无关。$A(\omega)$ 随频率升高而衰减,表现了对不同频率的正弦输入信号的"复现能力"或"跟踪能力"。输入低频信号(即 $\omega T \ll 1$)时,$A(\omega) \approx 1$,$\varphi(\omega) \approx 0°$,输出电压 $u_{\mathrm{o}}(t)$ 与输入电压 $u_{\mathrm{i}}(t)$ 幅值几乎相等,相位接近同相,电路复现能力较强。输入高频信号(即 $\omega T \gg 1$)时,$A(\omega) \approx \dfrac{1}{\omega T}$,$\varphi(\omega) \approx -90°$,输出电压振幅只有输入电压振幅的 $\dfrac{1}{\omega T}$ 倍,相位几乎落后 $90°$,电路复现能力较差。因此,输入低频率信号基本上在输出端复现而不发生严重失真;输入高频率信号就被抑制而不能传送出去。

[例 5-02] 如图 5-4(a)所示为原始机械系统,$M_1 = 10\ \mathrm{kg}$、$K_1 = 1\ 000\ \mathrm{N/m}$、$B_1 = 4\ \mathrm{N/(m/s)}$。图 5-4(b)为在图(a)的系统上加了吸振环节。$M_2 = 1\ \mathrm{kg}$、$K_2 = 100\ \mathrm{N/m}$、$B_2 = 0.1\ \mathrm{N/(m/s)}$。请给出输入量 $f(t)$ 分别为 $\sin(8.5t)$、$\sin(10t)$ 和 $\sin(11.7t)$ 时输出量 $x_1(t)$ 的稳态输出情况。

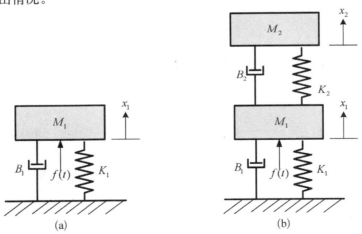

图 5-4 机械系统

(a) 原始机械系统; (b) 加了吸振环节后的机械系统

[解] 图 5-4(a)中系统的传递函数为

$$G(s) = \frac{X_1(s)}{F(s)} = \frac{1}{M_1 s^2 + B_1 s + K_1} = \frac{0.1}{s^2 + 0.4s + 100}$$

采用 MATLAB 求取其时域输出波形,程序如下。

t=[0:0.1:50];	//指定时间范围
num=0.1; den=[1 0.4 100]; sys=tf(num,den);	//传递函数模型
u=sin(8.5 * t); [y1,t]=lsim(sys,u,t);	//生成时域信号
u=sin(10 * t); [y2,t]=lsim(sys,u,t);	
u=sin(11.7 * t); [y3,t]=lsim(sys,u,t);	
subplot(3,1,1); plot(t,y1); title('sin(8.5t)'); grid on;	//绘制时域响应曲线
subplot(3,1,2); plot(t,y2); title('sin(10t)'); grid on;	
subplot(3,1,3);plot(t,y3);title('sin(11.7t)');grid on;	

　　MATLAB 运行结果如图 5-5(a)所示,由图知在输入 $\sin(10t)$ 时,其稳态输出的幅值大于输入 $\sin(8.5t)$ 和 $\sin(11.7t)$。

　　采用 MATLAB 求取其频域特性波形,程序如下。

w=[0:0.1:20];	//指定频率范围
num=0.1; den=[1 0.4 100]; sys=tf(num,den);	//传递函数模型
[mag,pha,w]=bode(num,den,w);	//生成频域特性
subplot(2,1,1); plot(w,mag); title('mag'); grid on;	//绘制频域特性曲线
subplot(2,1,2); plot(w,pha); title('phase');grid on;	

　　MATLAB 运行结果如图 5-5(b)所示,在频率为 10 rad/s 时,存在峰值,与时域稳态信号情况相符。

　　为了可以在 10 rad/s 工作在图 5-4(a)系统上添加吸振器[见图 5-4(b)],传递函数变为

$$G(s) = \frac{X_1(s)}{F(s)} = \frac{s^2 + 0.1s + 100}{10s^4 + 5.1s^3 + 2\,100.4s^2 + 500s + 100\,000}$$

依然采用 MATLAB 程序求取其在输入 $\sin(8.5t)$、$\sin(10t)$ 和 $\sin(11.7t)$ 时的时域输出波形,以及其频域波形,结果如图 5-6 所示。由图 5-6(a)知在输入 $\sin(10t)$ 时,时域稳态输入明显变小。由图 5-6(b)知 10 rad/s 处存在极小值,成功实现在工作点 10 rad/s 的吸振。

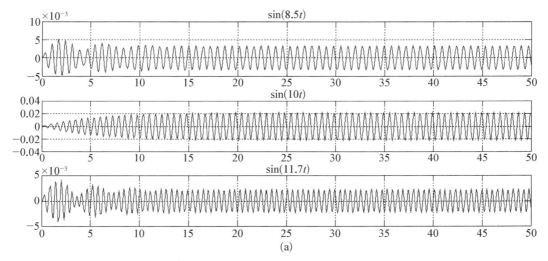

(a)

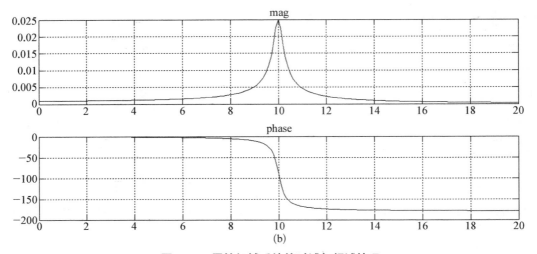

图 5－5　原始机械系统的时域与频域情况

（a）时域输出；（b）频域输出

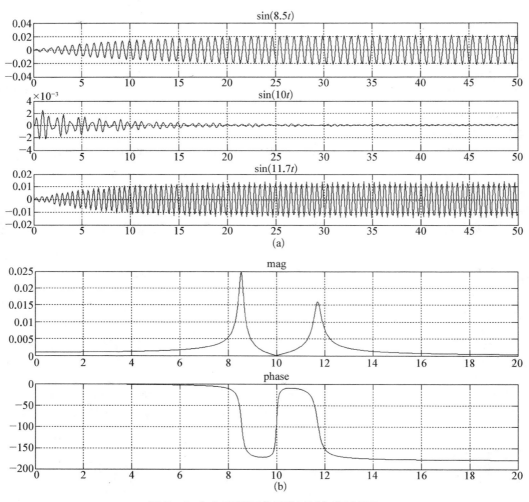

图 5－6　加入吸振环节后的时域与频域情况

（a）时域输出；（b）频域输出

5.1.4　频率特性的图形表达

[例 5-02]中分析机械系统添加吸振环节前后的频域特性时采用了直接幅值-频率、相位-频率的曲线来表达。以频率为参量的频率特性的图形表达有多种，在理论研究、实践校正中，常常采用的是 Bode 图或 Nyquist 图。在 Bode 图进行系统的频域校正非常方便，而 Nyquist 图则能有效地给出系统稳定性。

1) Bode 图

设系统的频率特性可表示为

$$G(j\omega) = |G(j\omega)|\, e^{j\varphi(\omega)}$$

Bode 图将频率特性分为幅频和相频两部分，包含两条曲线即对数幅频特性

$$L(\omega) = 20\lg|G(j\omega)|$$

和对数相频特性 $\varphi(\omega)$。

如图 5-7 所示，在 Bode 图中幅值单位是分贝，以"dB"(decibel)表示，相角单位是度。幅值和相角坐标均采用线性划分，频率采用对数划分，但一般只标注 ω 的自然数值。横轴上频率变化十倍叫作变化了一个十倍频程，以"dec"(decade)表示；频率变化一倍则称为变化了一个倍频程，以"oct"(octave)表示。

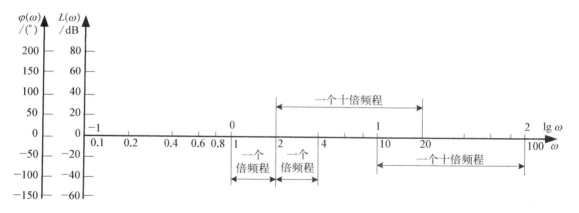

图 5-7　Bode 图的坐标

2) Nyquist 图

Nyquist 图(又称为幅相频率特性曲线)得名于 Nyquist 在 1932 年基于极坐标图的形状阐述系统稳定性问题。频率特性 $G(j\omega)$ 是个矢量，不同的 ω 值可算出相应的幅值和相角值，可以在极坐标复平面上画出 ω 值由零变化到无穷大时的 $G(j\omega)$ 矢量，把矢端连成曲线就得到系统的 Nyquist 图，如图 5-8(a)所示。绘制矢量也可采用不同频率 ω 时的频率特性 $G(j\omega)$ 的实部 $U(\omega)$ 和虚部 $V(\omega)$ 进行，如图 5-8(b)所示。

[**例 5-03**]　绘制系统 $G(s) = \dfrac{K}{s^2 + 4s + 25}$，当 K 分别取 4、25 和 100 时的 Bode 图和 Nyquist 图。

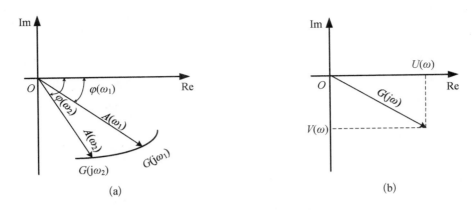

图 5-8　Nquist 图的绘制

[解]　采用 MATLAB 绘制,程序如下。

den=[1 4 25];	//系统传递函数
num1=4; sys1=tf(num1,den);	
num2=25; sys2=tf(num2,den);	
num3=100; sys3=tf(num3,den);	
figure(1);bode(sys1,sys2,sys3);grid on;	//在一张图内中画三个系统的 bode 图
figure(2);nyquist(sys1,sys2,sys3);	//在一张图内中画三个系统的 nyquist 图

　　运行结果如图 5-9 所示。从 MATLAB 运行结果中可以看出,当系统仅变化增益时,仅仅对数幅频发生上下移动,而对数相频图上没有任何改变。图 5-10(b)中软件给出 Nyquist 图的频率范围为 $(-\infty,\infty)$。系统在 $(-\infty,0]$ 和 $[0,\infty)$ 的频率特性为共轭复变函数,在 Nyquist 图中 $(-\infty,0]$ 部分与 $[0,\infty)$ 关于实轴对称,故本书以下分析均采用有物理意义的 $[0,\infty)$ 部分,如图 5-10(b)中实轴下部部分。

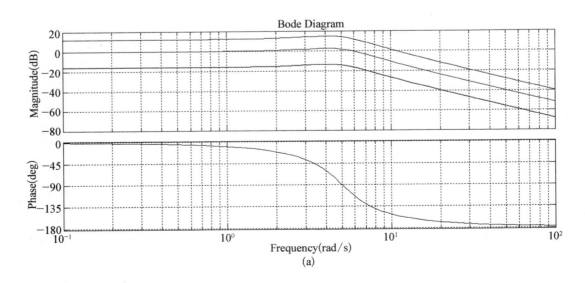

(a)

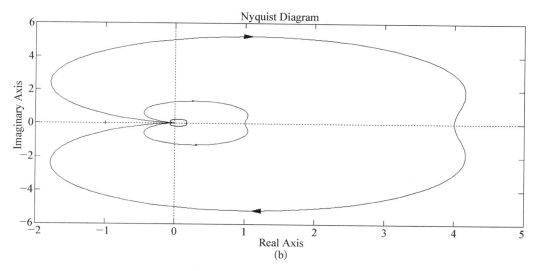

图 5 - 9　**MATLAB 运行结果**

（a）Bode 图；（b）Nyquist 图

5.2　系统频域特性

5.2.1　典型环节频率特性

1）放大环节

放大环节的频率特性式分别有

$$G(\mathrm{j}\omega) = K$$

$$|G(\mathrm{j}\omega)| = K \qquad L(\omega) = 20\lg K$$

$$\angle G(\mathrm{j}\omega) = \varphi(\omega) = \arctan\left(\frac{0}{K}\right) = 0°$$

放大环节幅频是常数 K，相频特性是 $0°$，均与频率无关。

图 5 - 10 所示为放大环节的 Nyuist 图，是实轴上的一个点，增大 K，此点向正方向移动。

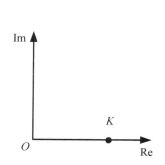

图 5 - 10　**放大环节的 Nyuist 图**

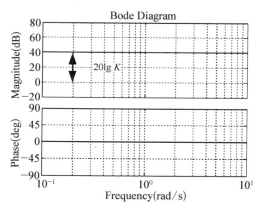

图 5 - 11　**放大环节 Bode 图 $(G(\mathrm{j}\omega) = 100)$**

133

图 5-11 所示为放大环节的 Bode 图。幅频曲线为 $20\lg K\text{(dB)}$ 的一条水平直线，$K>1$ 时在零分贝线以上，$K<1$ 时在零分贝线以下。相频曲线为一零相位水平直线。

一般系统增大 K 使幅频曲线向上移动，减小 K 使幅频曲线向下移动，但幅频形状不变。增益变化不影响相频特性故相频曲线无变化。故讨论其他环节的 Bode 图时往往假设 $K=1$。

2）积分环节

积分环节的频率特性式分别有

$$G(j\omega) = \frac{1}{j\omega} = -j\,\frac{1}{\omega}$$

$$|G(j\omega)| = \frac{1}{\omega} \qquad L(\omega) = -20\lg\omega$$

$$\angle G(j\omega) = \varphi(\omega) = \arctan\left[\frac{-\dfrac{1}{\omega}}{0}\right] = -90°$$

放大环节幅频随 ω 增加而减小，相频特性为常数 $-90°$ 与频率无关。

图 5-12 所示为积分环节的 Nyuist 图，是一条与负虚轴相重合的直线。

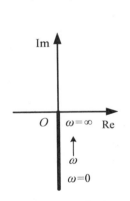

图 5-12 积分环节的 Nyuist 图

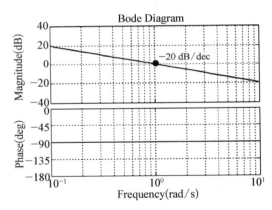

图 5-13 积分环节 Bode 图

图 5-13 所示为积分环节的 Bode 图。幅频曲线为一条斜率为 -20 dB/dec 直线且与零分贝线相交于 $\omega=1$，即

$$L(\omega)\,|_{\omega=1} = -20\lg\omega\,|_{\omega=1} = 0$$

相频曲线为 $-90°$ 的水平直线。

3）纯微分环节

纯微分环节的频率特性式分别有

$$G(j\omega) = j\omega$$

$$|G(j\omega)| = \omega \qquad L(\omega) = 20\lg\omega$$

$$\angle G(j\omega) = \varphi(\omega) = \arctan\left(\frac{\omega}{0}\right) = 90°$$

纯微分环节幅频随 ω 增加而增大,相频特性为常数 $90°$ 与频率无关。

图 5 - 14 所示为纯微分环节的 Nyuist 图,是一条与正虚轴相重合的直线。

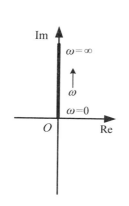

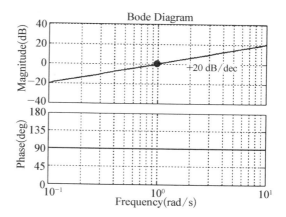

图 5 - 14　纯微分环节的 Nyuist 图　　　　**图 5 - 15　纯微分环节 Bode 图**

图 5 - 15 所示为纯微分环节的 Bode 图。幅频曲线为一条斜率为 $+20\ \text{dB/dec}$ 的直线且与零分贝线相交于 $\omega = 1$。相频曲线为 $-90°$ 的水平直线。

4) 惯性环节

惯性环节的频率特性式分别有

$$G(j\omega) = \frac{1}{jT\omega + 1}$$

$$|G(j\omega)| = \frac{1}{\sqrt{T^2\omega^2 + 1}} \qquad L(\omega) = -20\lg\sqrt{T^2\omega^2 + 1}$$

$$\angle G(j\omega) = \varphi(\omega) = -\arctan(T\omega)$$

$$U(\omega) = \frac{1}{T^2\omega^2 + 1} \qquad V(\omega) = -\frac{T\omega}{T^2\omega^2 + 1}$$

可知

当 $\omega = 0$ 时,$G(j0) = 1\angle 0° = 1 + j0$,$\varphi(\omega) = 0°$;

当 $\omega = \dfrac{1}{T}$ 时,$G\left(j\dfrac{1}{T}\right) = \dfrac{1}{\sqrt{2}}\angle -45° = \dfrac{1}{2} - j\dfrac{1}{2}$,$\varphi(\omega) = -45°$;

当 $\omega = \infty$ 时,$G(j\infty) = 0\angle -90° = 0 + j0$,$\varphi(\omega) = -90°$。

图 5 - 16 所示为惯性环节的 Nyuist 图。当频率 ω 由 0 变化到 ∞ 时,惯性环节的幅相频率特性是以 $(0.5,\ j0)$ 为圆心,半径为 0.5 的一个半圆,即圆方程为

$$\left(U - \frac{1}{2}\right)^2 + V^2 = \left(\frac{1}{2}\right)^2$$

图 5 - 17 所示为惯性环节的 Bode 图。幅频曲线可近似地用两条渐近线(图 5 - 17 中虚线)来表示。

(1) 低频段 $\left(\omega \ll \dfrac{1}{T}\right)$,$L(\omega) = -20\lg\sqrt{T^2\omega^2 + 1} \approx 0$,是一个幅值等于 0 dB 的水平线;

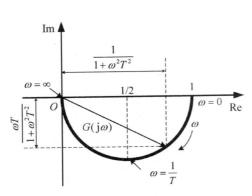

图 5 - 16　惯性环节的 Nyuist 图

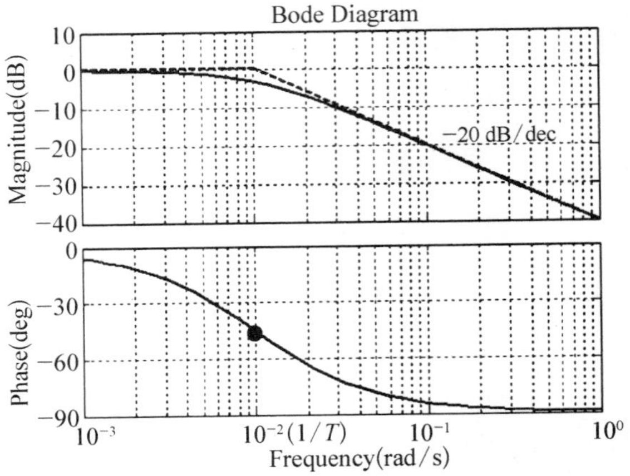

图 5 - 17　惯性环节的 Bode 图 $\left(G(j\omega) = \dfrac{1}{j100\omega + 1}\right)$

（2）高频段 $\left(\omega \gg \dfrac{1}{T}\right)$，$L(\omega) = -20\lg \omega T$，是一条斜率为 $-20\ \text{dB/dec}$ 的直线。

两条渐近线相交之处的频率 $\omega = \dfrac{1}{T}$，称为转折频率。

初步设计阶段可利用渐近线画出的 Bode 图。由图 5 - 17 知由于采用渐近线而在幅值上产生的最大误差发生在转折频率 $\omega = \dfrac{1}{T}$ 处，并近似为

$$-20\lg\sqrt{T^2\left(\frac{1}{T}\right)^2 + 1} = -3\ \text{dB}$$

同样可知在低于或高于转折频率一倍频程处$\left(\text{即 }\omega = \dfrac{1}{2T}\text{ 和 }\omega = \dfrac{2}{T}\text{ 处}\right)$误差均为 $-1\ \text{dB}$；在低于或高于转折频率十倍频程处的误差近似等于 $-0.04\ \text{dB}$。因此可以对渐近线进行修正以得到较精确的频率特性曲线：在转折频率处画一个低于渐近线 3 dB 的点，在低于或高于转折频率一倍频程处画一个低于渐近线 1 dB 的点，然后以一条光滑曲线连起来。

惯性环节的 Bode 图中相频为负反正切函数，在转折频率处斜对称，并有 $\varphi\left(\dfrac{1}{T}\right) = -45°$。

5）一阶微分环节

一阶微分环节的频率特性式分别有

$$G(j\omega) = j\tau\omega + 1$$

$$|G(j\omega)| = \sqrt{\tau^2\omega^2 + 1} \qquad L(\omega) = 20\lg\sqrt{\tau^2\omega^2 + 1}$$

$$\angle G(j\omega) = \varphi(\omega) = \arctan(\tau\omega)$$

图 5 - 18 所示为一阶微分环节的 Nyuist 图，只是将纯微分环节的幅相频率特性曲线右移 1。

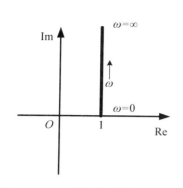

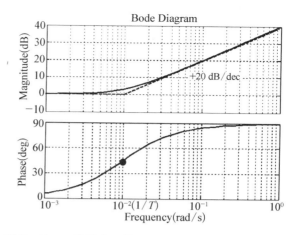

图 5-18　一阶微分环节的 Nyuist 图　　图 5-19　一阶微分环节 Bode 图 $(G(\mathrm{j}\omega)=1+\mathrm{j}100\omega)$

图 5-19 所示为一阶微分环节的 Bode 图。一阶微分环节与惯性环节只相差一个符号。故幅频图中在 $\omega<\dfrac{1}{\tau}$ 时是一条零分贝线；在 $\omega>\dfrac{1}{\tau}$ 时是一条斜率为 $+20\,\mathrm{dB/dec}$ 的直线,交点处的转折频率为 $\omega=\dfrac{1}{\tau}$。相频为反正切函数,在转折频率处斜对称,并有 $\varphi\left(\dfrac{1}{\tau}\right)=45°$。

6)振荡环节

振荡环节的频率特性式分别有

$$G(\mathrm{j}\omega)=\frac{1}{T^2(\mathrm{j}\omega)^2+2T\zeta(\mathrm{j}\omega)+1}$$

$$|G(\mathrm{j}\omega)|=\frac{1}{\sqrt{(1-T^2\omega^2)^2+(2\zeta\omega T)^2}}\qquad L(\omega)=-20\lg\sqrt{(1-T^2\omega^2)^2+(2\zeta T\omega)^2}$$

$$\angle G(\mathrm{j}\omega)=\varphi(\omega)=\arctan\left(\frac{-2\zeta T\omega}{1-T^2\omega^2}\right)$$

可知

(1) $\omega=0$ 时, $G(\mathrm{j}\omega)=1\angle0°$, $\varphi(\omega)=0°$;

(2) $\omega=\dfrac{1}{T}$ 时, $G(\mathrm{j}\omega)=-\mathrm{j}\dfrac{1}{2\zeta}$, $\varphi(\omega)=-90°$;

(3) $\omega=\infty$ 时, $G(\mathrm{j}\omega)=1\angle-180°$, $\varphi(\omega)=-180°$。

图 5-20 所示为振荡环节的 Nyuist 图,从 $1\angle0°$ 开始到 $0\angle180°$ 结束并与负实轴相切。与负虚轴相交点的频率为无阻尼自然频率 ω_n。

振荡环节的幅频和相频不仅与 ω 有关,还与阻尼比 ζ 有关。图 5-21 即为具有不同 ζ 值时的振荡环节 Bode 图。暂不考虑 ζ,有

(1) 低频段 $\left(\omega\ll\dfrac{1}{T}\right)$, $L(\omega)\approx0$,是零分贝的水平线;

(2) 高频段 $\left(\omega\gg\dfrac{1}{T}\right)$, $L(\omega)\approx-20\lg(\omega T)^2=-40\lg\omega T$,是一条斜率为 $-40\,\mathrm{dB/dec}$

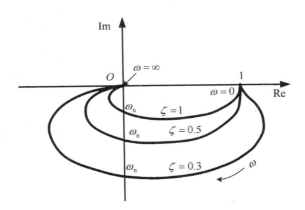

图 5 - 20 振荡环节的 Nyuist 图

的直线。

两条渐近线相交于 $\omega = \dfrac{1}{T} = \omega_n$，无阻尼自然频率 ω_n 即为振荡环节的转折频率。

在阻尼比 ζ 较小时，$G(j\omega)$ 将随 ω 变化而出现峰值，由

$$\frac{\mathrm{d}\,|\,G(j\omega)\,|}{\mathrm{d}\omega} = 0$$

可求得谐振频率 ω_r 和谐振峰值 M_r

$$\omega_r = \omega_n\sqrt{1-2\zeta^2} \qquad M_r = |\,G(j\omega_r)\,| = \frac{1}{2\zeta\sqrt{1-\zeta^2}}$$

谐振峰值与阻尼比 ζ 有关，因此用渐近线来表示时的误差大小与 ζ 值有关。表 5 - 1 是不同频率点下的幅值修正量。

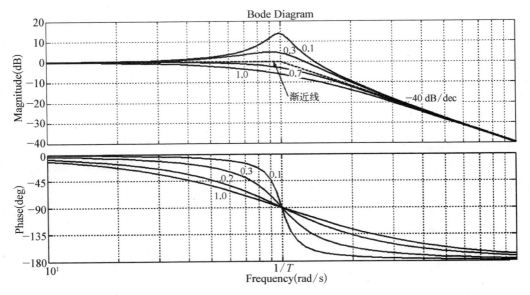

图 5 - 21 振荡环节的 Bode 图(所标数字为对应的 ζ 值)

表 5-1 振荡环节幅值比修正量

ζ \ ωT	0.1	0.2	0.4	0.6	0.8	1	1.25	1.66	2.5	5	10
0.1	0.086	0.348	1.48	3.728	8.094	13.98	8.094	3.728	1.48	0.348	0.086
0.2	0.08	0.325	1.36	3.305	6.345	7.96	6.345	3.305	1.36	0.325	0.08
0.3	0.071	0.292	1.179	2.681	4.439	4.439	4.439	2.681	1.179	0.292	0.071
0.5	0.044	0.17	0.627	1.137	1.137	0.00	1.137	1.137	0.627	0.17	0.044
0.7	0.001	0.00	−0.08	−0.473	−1.41	−2.92	−1.41	−0.473	−0.08	0.00	0.001
1.0	−0.086	−0.34	−1.29	−2.76	−4.296	−6.20	−4.296	−2.76	−1.29	−0.34	−0.086

表 5-2 是不同 ζ 值时的 $\varphi(\omega)$ 值,在 $\omega=0$、$\omega=\dfrac{1}{T}$ 和 $\omega=\infty$ 时相位分别为 $0°$、$-90°$ 和 $-180°$,与 ζ 值的大小无关。在 Bode 图中相频曲线对 $\varphi\left(\dfrac{1}{T}\right)=-90°$ 点斜对称。

表 5-2 振荡环节的相频特性 $\varphi(\omega)$

ζ \ ωT	0.1	0.2	0.5	1	2	5	10
0.1	−1.2°	−2.4°	−7.6°	−90°	−172.4°	−177.6°	−178.8°
0.2	−2.3°	−4.8°	−14.9°	−90°	−165.1°	−175.2°	−177.7°
0.3	−3.5°	−7.1°	−21.8°	−90°	−158.2°	−172.9°	−176.5°
0.5	−5.8°	−11.8°	−33.7°	−90°	−146.3°	−168.2°	−174.2°
0.7	−8.1°	−16.3°	−43.0°	−90°	−137.0°	−163.7°	−171.9°
1	−11.4°	−22.6°	−53.1°	−90°	−126.9°	−157.4°	−168.6°

[例 5-04] 求解系统 $G(s)=\dfrac{25}{s^2+s+25}$ 的谐振峰值和谐振频率。

[解] 对应有程序

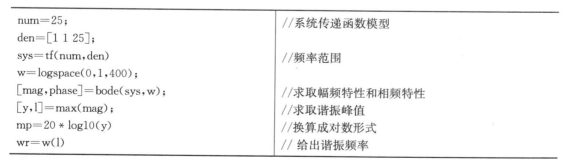

num=25;	//系统传递函数模型
den=[1 1 25];	
sys=tf(num,den)	//频率范围
w=logspace(0,1,400);	
[mag,phase]=bode(sys,w);	//求取幅频特性和相频特性
[y,l]=max(mag);	//求取谐振峰值
mp=20*log10(y)	//换算成对数形式
wr=w(l)	// 给出谐振频率

MATLAB 中运行结果为

mp=	// $M_r=14.0228$ dB
14.0228	
wr=	// $\omega_r=4.9458$ rad/s
4.9458	

7）二阶微分环节

二阶微分环节的频率特性式分别有

$$G(j\omega) = \tau^2 (j\omega)^2 + 2\tau\zeta(j\omega) + 1$$

$$|G(j\omega)| = \sqrt{(1-\tau^2\omega^2)^2 + 4\tau^2\zeta^2\omega^2} \qquad L(\omega) = 20\lg\sqrt{(1-\tau^2\omega^2)^2 + (2\zeta\tau\omega)^2}$$

$$\angle G(j\omega) = \varphi(\omega) = \arctan\left(\frac{2\zeta\tau\omega}{1-\tau^2\omega^2}\right)$$

可知：

（1）$\omega = 0$ 时，$G(j\omega) = 1\angle 0°$；

（2）$\omega = \dfrac{1}{\tau}$ 时，$G(j\omega) = j2\zeta$；

（3）$\omega = \infty$ 时，$G(j\omega) = \infty\angle 180°$。

图 5-22 所示为二阶微分环节的 Nyuist 图，从 $1\angle 0°$ 开始由第一象限变化到第二象限，并向实轴的负端无限延伸。

二阶微分环节和振荡环节的对数幅频特性和对数相频特性不同之处也仅相差一个符号。因此绘制二阶微分环节的 Bode 图时，可以利用表 5-1 的修正值，但注意相差一个符号。

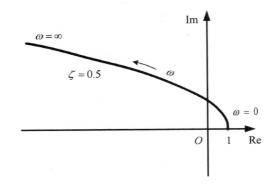

图 5-22　二阶微分环节的 Nyuist 图

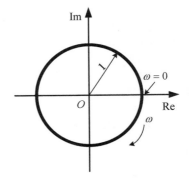

图 5-23　延滞环节的 Nyuist 图

8）延滞环节

延滞环节的频率特性式分别有

$$G(j\omega) = e^{-j\omega\tau}$$

$$|G(j\omega)| = 1 \qquad L(\omega) = 20\lg|G(j\omega)| = 0$$

$$\angle G(j\omega) = \varphi(\omega) = -\omega\tau$$

幅值总为 1，相角与 ω 成线性变化。因此延滞环节的 Nyquist 是一单位圆（见图 5-23）。Bode 图中幅频为零分贝线，相频则与频率 ω 成线性变化。

5.2.2　系统的开环频率特性

系统的开环传递函数可以表示为若干典型环节的串联形式

$$G(s)H(s) = G_1(s)G_2(s)\cdots G_n(s)$$

对应有系统的开环频率特性

$$G(j\omega)H(j\omega) = A_1(\omega)e^{j\varphi_1(\omega)}A_2(\omega)e^{j\varphi_2(\omega)}\cdots A_n(\omega)e^{j\varphi_n(\omega)}$$

可以得到对应的开环幅频特性 $A(\omega)$、开环对数幅频特性 $L(\omega)$ 和开环相频特性 $\varphi(\omega)$：

$$A(\omega) = A_1(\omega)A_2(\omega)\cdots A_n(\omega) \tag{5-5a}$$

$$L(\omega) = 20\lg A(\omega) = 20\lg A_1(\omega) + 20\lg A_2(\omega) + \cdots + 20\lg A_n(\omega) \tag{5-5b}$$

$$\varphi(\omega) = \varphi_1(\omega) + \varphi_2(\omega) + \cdots + \varphi_n(\omega) \tag{5-5c}$$

1）系统的开环幅相频率特性

由式（5-5）知，系统的开环幅频特性等于组成开环系统的各典型环节的幅频特性之乘积；开环相频特性等于组成开环系统的各典型环节的相频特性的代数和。

[例 5-05]　系统开环传递函数 $G(s)H(s) = \dfrac{10}{s(0.5s+1)(0.2s+1)}$，请绘制开环幅相频率特性曲线。

[解]　$$G(j\omega)H(j\omega) = \frac{10}{j\omega(j0.5\omega+1)(j0.2\omega+1)}$$

$$A(\omega) = \frac{10}{\omega\sqrt{1+0.25\omega^2}\sqrt{1+0.04\omega^2}}$$

$$\varphi(\omega) = -90° - \arctan(0.5\omega) - \arctan(0.2\omega)$$

对应有 $\omega = 0$ 时，$A(\omega) = \infty$、$\varphi(\omega) = -90°$；随着 ω 增大 $A(\omega)$、$\varphi(\omega)$ 都减小；直到 $\omega = \infty$ 时，$A(\omega) = 0$、$\varphi(\omega) = -270°$。根据此过程绘制，可得如图 5-24 所示 Nyquist 图。

由虚部 $V(\omega)\big|_{\omega_j} = \dfrac{10(0.1\omega^2-1)}{0.49\omega^3 + \omega(0.1\omega^2-1)^2}\bigg|_{\omega_j} = 0$ 得 Nyquist 与负实轴交点的频率 $\omega_j = \sqrt{10}$，对应实部值为 $U(\omega)\big|_{\omega_j} = \dfrac{-7}{0.49\omega^3 + \omega(0.1\omega^2-1)^2}\bigg|_{\omega_j} = -\dfrac{10}{7}$。

[例 5-06]　已知系统开环传递函数 $G(s)H(s) = \dfrac{K(T_1s+1)}{s^2(T_2s+1)}$，请绘制开环幅相频率特性曲线。

[解]　$$G(j\omega)H(j\omega) = \frac{K(j\omega T_1+1)}{-\omega^2(j\omega T_2+1)}$$

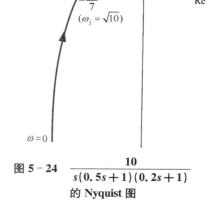

图 5-24　$\dfrac{10}{s(0.5s+1)(0.2s+1)}$ 的 Nyquist 图

$$A(\omega) = \frac{K\sqrt{1+T_1^2\omega^2}}{\omega^2\sqrt{1+T_2^2\omega^2}}$$

$$\varphi(\omega) = -180° + \arctan(T_1\omega) - \arctan(T_2\omega)$$

对应有 $\omega = 0$ 时，$A(\omega) = \infty$、$\varphi(\omega) = -180°$；$\omega = \infty$ 时，$A(\omega) = 0$、$\varphi(\omega) = -180°$。

在 ω 由 0 随 ω 增大的过程中 $A(\omega)$ 一直减小，而 $\varphi(\omega)$ 值均一直在变化，由 $-180°$ 起最终又回到 $-180°$。当 $T_1 < T_2$ 时，在此过程中 $\varphi(\omega) < -180°$；反之当 $T_1 > T_2$ 时在此过程中 $\varphi(\omega) > -180°$。按此过程绘制，可得如图 5 - 25 所示 Nyquist 图。

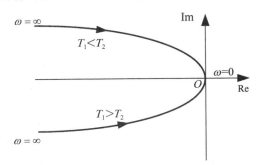

图 5 - 25　$\dfrac{K(T_1 s + 1)}{s^2 (T_2 s + 1)}$ 的 Nyquist 图

图 5 - 26 给出了一些常见系统的幅相频率特性曲线，可以看出：

(1) 传递函数中每增加一个非零极点，当 $\omega \to \infty$ 时，将使极坐标图的相角多转 $-90°$；

(2) 传递函数中每增加零的极点，则在 $\omega = 0$ 和 $\omega = \infty$ 时极坐标图相角都多转 $-90°$；

(3) 传递函数中每增加一个零点使极坐标图的相角在高频部分反时针旋转 $90°$。

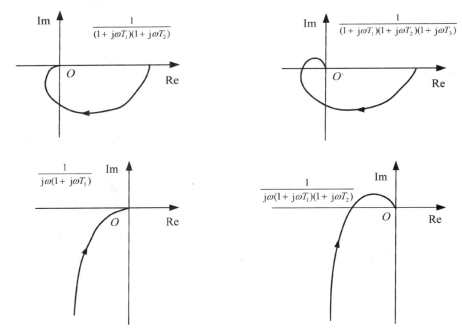

图 5 - 26　常见系统幅相频率特性

[例 5 - 07]　对图 5 - 27(a)中含延迟环节系统绘制开环 Nyquist 图。

[解]　系统开环传递函数

$$G(s) = \frac{K}{s(s+a)} \mathrm{e}^{-2\pi \tau s}$$

对应有

$$A(\omega) = \frac{K}{\omega\sqrt{\omega^2 + a^2}}, \quad \varphi(\omega) = -90° - \arctan\frac{\omega}{a} - 2\pi\tau\omega$$

幅频函数中延滞环节不起作用,相位函数中延滞环节使得相位不断地减小,最终开环 Nyquist 图如图 5-27(b)所示。

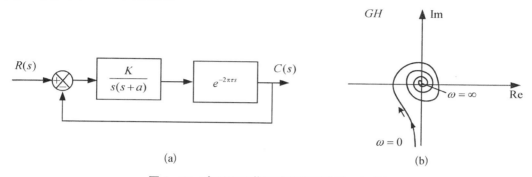

(a)   (b)

图 5-27　含延迟环节系统及其开环 Nyquist 图

(a) 系统;　(b) 开环 Nyquist 图

2) 系统的开环 Bode 图

系统的开环对数幅频特性 $L(\omega)$ 和对数相频特性 $\varphi(\omega)$ 共同构成系统开环对数幅频特性,由式(5-5)知 $L(\omega)$ 可以用各典型环节的对数幅频特性的纵坐标值相加得到,$\varphi(\omega)$ 可以用各典型环节的相频特性相加得到。

图 5-28 所示是各个典型环节的以渐近线表达的 Bode 图,由图知各环节的幅值都是从转折频率开始离开零频线,即开始在幅值上起作用。因此在绘制系统开环对数幅频图时可依据转折频率的大小,依次加入各个环节。

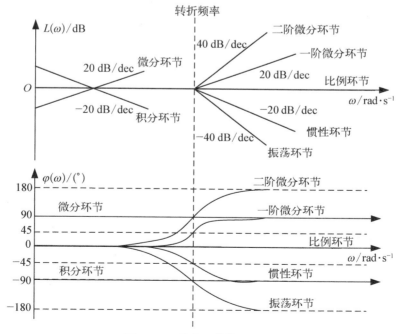

图 5-28　基本环节的 Bode 图

在系统低频段(指第一个转折频率前),只有积分、微分(可视为负积分)、放大环节在幅值上可不为零,即有 $L(\omega) \approx 20\lg K - 20v\lg \omega$,并有 $L(\omega)\,|_{\omega=1} \approx 20\lg K$。而斜率为 $-20v$ dB/dec 则只与积分环节个数有关。

当频率增长时,对数幅频特性渐近线在转折频率处发生斜率变化,变化值与此转折频率上引入的环节有关,分别如表 5-3 所示。

表 5-3 环节渐近线变化

序号	环节	传递函数	斜率变化/(dB/dec)
1	惯性环节	$\dfrac{1}{Ts+1}$	-20
2	一阶微分环节	$\tau s + 1$	$+20$
3	振荡环节	$\dfrac{1}{T^2 s^2 + 2\zeta T s + 1}$	-40
4	二阶微分环节	$\tau^2 s^2 + 2\zeta \tau s + 1$	$+40$

[例 5-08] 系统频率特性 $G(j\omega) = \dfrac{10(j\omega+3)}{(j\omega)(j\omega+2)\left[(j\omega)^2 + j\omega + 2\right]}$,绘制系统 Bode 图。

[解] (1) 把传递函数化为典型环节传递函数乘积的标准形式

$$G(j\omega) = \frac{7.5\left(\dfrac{j\omega}{3}+1\right)}{(j\omega)\left(\dfrac{j\omega}{2}+1\right)\left[\dfrac{(j\omega)^2}{2} + \dfrac{j\omega}{2} + 1\right]}$$

(2) 求各转折频率由小到大为 ω_1、ω_2、ω_3、$\cdots$,选定坐标轴比例并沿频率轴标出各转折频率。

$G(j\omega)$ 由 5 个典型环节串联组成,分别为放大环节 $K = 7.5$、积分环节 $(j\omega)^{-1}$、振荡环节 $\left[\dfrac{(j\omega)^2}{2} + \dfrac{j\omega}{2} + 1\right]^{-1}$ (转折频率 $\omega_1 = \sqrt{2}$)、惯性环节 $\left(\dfrac{j\omega}{2}+1\right)^{-1}$ (转折频率 $\omega_2 = 2$)、一阶微分环节 $\left(\dfrac{j\omega}{3}+1\right)$ (转折频率 $\omega_3 = 3$)。图 5-29 中已将本题中的将转折频率 ω_1、ω_2、ω_3 在横坐标上标出。

(3) 画出对数幅频特性 $L(\omega)$ 的低频段渐近线。

$\omega < \omega_1$ 时渐近线是一条斜率为 $-20v$ dB/dec 的直线,$v = 0, 1, 2, \cdots$ 为系统包含积分环节的个数。在 $\omega = 1$ 时渐近线纵坐标为 $20\lg K$。

本题中系统对数幅频特性

$$L(\omega) = 20\lg 7.5 - 20\lg \omega - 20\lg\sqrt{1 + \left(\frac{\omega}{2}\right)^2}$$
$$+ 20\lg\sqrt{1 + \left(\frac{\omega}{3}\right)^2} - 20\lg\sqrt{\left(1 - \frac{\omega^2}{2}\right)^2 + \left(\frac{\omega}{2}\right)^2}$$

在低频段 $\omega < \omega_1$ 时,

$$L(\omega) = 20\lg 7.5 - 20\lg \omega$$

令 $\omega = 1$ 有

$$L(\omega) = 20\lg 7.5$$

即在横坐标轴 $\omega = 1$ 处垂直向上取 $20\lg 7.5$ 得到近似曲线穿过的点。因为存在一个积分环节所以经过上述点绘制斜率为 $-20\ \mathrm{dB/dec}$ 的直线,这段曲线即低频渐近线。

本题中系统传递函数中只包含有一个积分环节。如果系统传递函数包含有两个积分环节,低频渐近线是一斜率为 $-40\ \mathrm{dB/dec}$ 的直线。如果系统传递函数不含积分环节,低频渐近线是一条平行于横轴且离横轴 $20\lg K$ 的水平线。

(4)在每个转折频率处改变渐近线的斜率。

如果是惯性环节则斜率改变为 $-20\ \mathrm{dB/dec}$;如果是振荡环节则斜率改变为 $-40\ \mathrm{dB/dec}$;如果是一阶微分环节则斜率改变为 $+20\ \mathrm{dB/dec}$;而二阶微分环节则斜率改变为 $+40\ \mathrm{dB/dec}$。

本题中将低频渐近线延长至 $\omega_1 = \sqrt{2}$,此后振荡环节加入,故在 ω_1 处系统渐近线经叠加后变为 $-60\ \mathrm{dB/dec}$。随后延长到下一个转折频率 $\omega_2 = 2$,在这以后惯性环节加入,所以在 ω_2 处系统的幅频特性斜率变为 $-80\ \mathrm{dB/dec}$。随后延长到转折频率 $\omega_3 = 3$,在这以后微分环节加入,故从 ω_3 起系统幅频特性斜率又变为 $-60\ \mathrm{dB/dec}$。由上述过程得到系统近似对数幅频特性曲线(见图 5-29 中实线)。

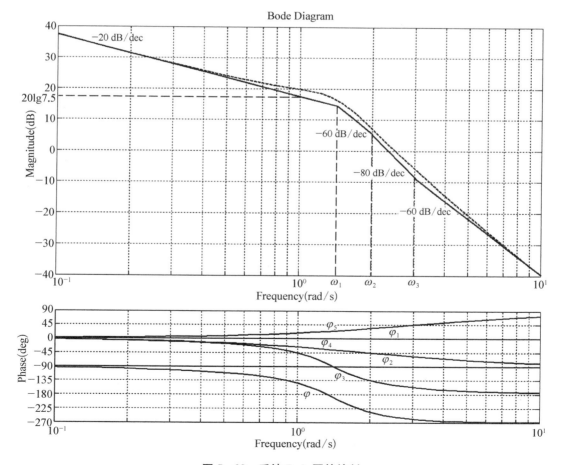

图 5-29 系统 Bode 图的绘制

（5）对渐近线进行修正。

为得到较精确结果，需对近似曲线加以修正。图 5-29 中虚线就是本题系统的修正后的对数幅频特性曲线。

（6）画出每一个环节的对数相频特性曲线，然后把所有的相频特性在相同的频率下相加，即得到系统的开环相频特性曲线。

如图 5-29 所示，图中 $\varphi_1(\omega)$ 和 $\varphi_2(\omega)$ 分别为放大环节和积分环节的相频特性，$\varphi_3(\omega)$ 为振荡环节的相频特性，$\varphi_4(\omega)$ 和 $\varphi_5(\omega)$ 分别为惯性环节和一阶微分环节的相频特性。将所有环节的相角在相同频率下代数相加，可画出系统完整的相频特性曲线 $\varphi(\omega)$。

当然也可以用 MATLAB 相关频率特性函数 Bode( ) 和 Nyquist( ) 等直接获取开环频率特性曲线。上述基于渐近线的绘制更容易理解频率特性中各环节的作用以及后述章节给出的校正方法及其实现。

5.2.3　系统的闭环频率特性及特征参数

1）闭环频率特性的绘制

反馈系统的闭环频率特性

$$\Phi(j\omega) = \frac{G(j\omega)}{1 + G(j\omega)H(j\omega)}$$

式中：$G(j\omega)$ 为前向通道频率特性；$H(j\omega)$ 为反馈回路的频率特性。

可以看出获得闭环频率特性并非容易。而通常 $G(j\omega)H(j\omega)$ 是由一些典型环节组成，系统开环频率特性是很容易获得的。因此，在工程中广泛利用较易绘制的系统开环频率特性来求取系统闭环频率特性、分析和综合闭环系统。

不同于以往采用开环频率特性求闭环频率特性（如 M-N 圆图法和尼柯尔斯图线法），现在常采用 MATLAB 相关频率特性函数直接获取闭环频率特性曲线。

[例 5-09]　一具有单位反馈系统的开环传递函数 $G(s) = \dfrac{11.7}{s(0.1s+1)(0.05s+1)}$，求其对应的开环对数幅相特性曲线和闭环对数幅相特性曲线。

[解]　对应的闭环传递函数为 $\Phi(s) = \dfrac{G(s)}{1+G(s)} = \dfrac{11.7}{0.005s^3 + 0.15s^2 + s + 11.7}$。

采用 MATLAB 绘制开环和闭环 Bode 图，程序如下。

num_o=11.7; den_o=[0.005,0.15,1,0];	//开环传递函数模型
sys_o=tf(num_o,den_o);	
num_c=11.7; den_c=[0.005,0.15,1,11.7];	//闭环传递模型
sys_c=tf(num_c,den_c);	
bode(sys_o,sys_c); grid on;	//绘制 Bode 图

MATLAB 运行结果如图 5-30 所示。比较图中系统的开环 Bode 图和闭环 Bode 图可以看出：在低频段闭环对数幅频特性与 0 dB 线重合，这是因为当 $|G(j\omega) \gg 1|$ 时，

$$\Phi(j\omega) = \frac{G(j\omega)}{1 + G(j\omega)} \approx 1$$

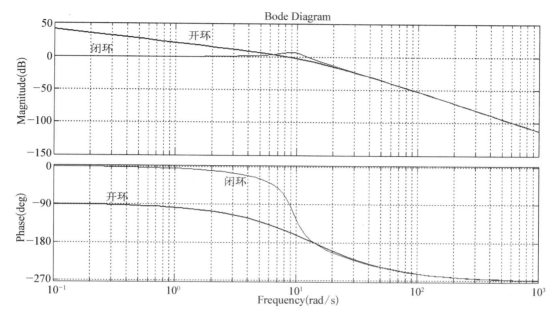

图 5‐30　系统的开、闭环传递函数

而在高频段,闭环对数幅频特性基本上与开环对数频率特性重合,这是因为在 $|G(j\omega)\ll 1|$ 时,

$$\Phi(j\omega) = \frac{G(j\omega)}{1 + G(j\omega)} \approx G(j\omega)$$

这些特性有助于通过开环 Bode 图初步估计闭环频率特性。

2) 系统频率特性的特征参数

系统幅频特性曲线的形状和特征参数,反映了系统的品质和性能,可用作系统设计时的性能指标。对于如图 5‐31 所示闭环系统,性能指标主要有零频值 $M(0)$、谐振频率 ω_r、谐振峰值 M_r、截止频率 ω_b 和带宽。

(1) 零频值 $M(0)$。

$M(0)$ 表示在频率趋近于零时,系统稳态输出与输入的比值。$M(0)$ 反映系统的稳态误差,$M(0)$ 越接近 1,反映系统零频时输出越接近输入,稳态误差越小。

(2) 复现精度和复现频率。

若给定 Δ 为系统复现低频输入信号的允许误差,而系统复现低频输入信号的误

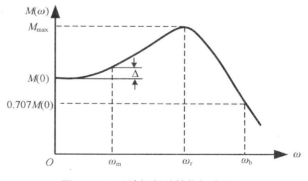

图 5‐31　系统幅频特性指标定义

差不超过 Δ 时的最高频率为 ω_m,则称 ω_m 为复现频率,称 $(0, \omega_m]$ 为复现带宽。Δ 值越小系统复现低频输入信号的准确度越高;ω_m 越大意味着系统以规定的准确度复现输入信号的带宽越宽。

$M(0)$、ω_m 和 Δ 值决定于系统幅频特性低频段的形状,象征着系统的稳态性能。

(3) 相对谐振峰值 M_r 和谐振频率 ω_r。

相对谐振峰值 M_r 定义为绝对谐振峰值 M_{max} 与零频值 $M(0)$ 之比,即

$$M_r = \frac{M_{\max}}{M(0)}$$

谐振频率 ω_r 指谐振峰值 M_r 对应的频率。

对于标准二阶系统且 $\zeta \leqslant 0.707$，有

$$\omega_r = \omega_n \sqrt{1-2\zeta^2} \qquad M_r = \frac{1}{2\zeta\sqrt{1-\zeta^2}}$$

（4）系统截止频率 ω_b 与带宽。

截止频率 ω_b 指系统频率特性的幅值下降到零频值 $M(0)$ 的 70.7% 时所对应的频率，也就是对数幅频特性幅值相对于 $M(0)$ 变化 $-3\,\mathrm{dB}$ 时的频率。而频率 $(0, \omega_b]$ 称为系统带宽。

当输入信号的频率高于截止频率时，系统的输出急剧衰减，形成系统响应的截止状态。因此，截止频率和带宽反映了系统响应的快速和滤波特性。对于标准二阶系统，令

$$M(\omega_b) = \frac{M(0)}{\sqrt{2}}$$

即可求得其截止频率

$$\omega_b = \omega_n \sqrt{1-2\zeta^2 + \sqrt{2-4\zeta^2+4\zeta^4}}$$

5.2.4　最小相位系统

最小相位环节指与其对应的具有相同幅频特性的环节中，相频特性的绝对值最小的环节。如图 5-32 所示，最小相位环节的极点和零点均位于 s 左半平面。

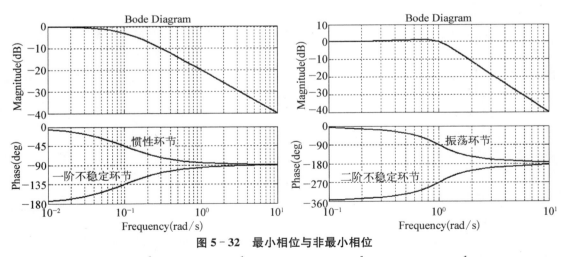

图 5-32　最小相位与非最小相位

（a）$G(s) = \dfrac{1}{10s+1}$ 与 $G(s) = \dfrac{1}{10s-1}$；　（b）$G(s) = \dfrac{1}{s^2+s+1}$ 与 $G(s) = \dfrac{1}{s^2-s+1}$

在复平面 s 右半面上没有零点和极点的系统称为最小相位系统；反之则为非最小相位系统。具有相同幅频特性的系统中，最小相位系统的相角变化范围是最小的。

最小相位系统的幅频特性和相频特性之间具有唯一确定的单值对应关系。这就是说，如果系统的幅频特性曲线确定，那么相频特性曲线就唯一确定；反之亦然。然而对非最小相位系统来说却是不成立的。

可通过检查对数幅频特性曲线高频渐近线的斜率及高频时的相角确定系统是不是最小相位系统,如果 $\omega \to \infty$ 时幅频特性曲线的斜率和相角分别为 $-20(n-m)$ dB/dec 和 $-90° \times (n-m)$,其中 n、m 分别为传递函数中分母、分子多项式的阶数,那么系统就是最小相位系统。

非最小相位系统多是由于系统含有延滞元件或传输的滞后以及小闭环不稳定等因素引起的,故起动性能差,响应慢。因此响应要求快的伺服系统中总是尽量避免采用非最小相位系统。

[例 5 - 10]　求最小相位系统的传递函数,已知相位表达式

$$\varphi(\omega) = \arctan \omega - 90° - \arctan \frac{\omega}{2} - \arctan \frac{2\omega}{1 - 4\omega^2}$$

[解]　最小相位系统中除了比例环节,其他环节在相位函数中均一一对应与本例相关的如下表所示。

环　　节	相 位 表 达 式
s	$90°$
$\dfrac{1}{s}$	$-90°$
$\tau s + 1$	$\arctan(\tau\omega)$
$\dfrac{1}{Ts + 1}$	$-\arctan(T\omega)$
$\dfrac{1}{T^2 s^2 + 2\zeta Ts + 1}$	$-\arctan\left(\dfrac{2\zeta T\omega}{1 - T^2\omega^2}\right)$

由相位知其包含 $G_1(s) = s+1$、$G_2(s) = \dfrac{1}{s}$、$G_3(s) = \dfrac{1}{\dfrac{s}{2} + 1}$、$G_4(s) = \dfrac{1}{4s^2 + 2s + 1}$,加上在相位函数未表达的比例环节,则此系统的传递函数为

$$G(s) = K G_1(s) G_2(s) G_3(s) G_4(s) = \frac{K(s+1)}{s\left(\dfrac{s}{2} + 1\right)(4s^2 + 2s + 1)}$$

5.2.5　基于频域的系统辨识

在分析和设计系统时首先要建立系统的数学模型。但是在很多情况下,由于实际对象的复杂性,完全从理论上推导出系统的数学模型很困难,此时可采用实验分析法来确定系统的数学模型,实现系统辨识。

系统辨识就是给系统施加激励信号后测量出系统的输出响应,然后对输入、输出信号进行数学处理并获得系统的数学模型。不同的激励信号数学处理方法各有不同,本节介绍由 Bode 图进行频域系统辨识。即根据频率特性定义用正弦信号作为激励信号求取实验 Bode 图,估计 Bode 图幅频对应的最小相位系统的传递函数,再根据 Bode 图相频进行修正。

在可能涉及的频率范围内测出系统在足够多频率点上的幅值和相角并由测得的实验数据画出系统 Bode 图;在 Bode 图上画出实验曲线的渐近线;将各段渐近线组合起来就可构成整个系统的近似对数幅值曲线。再由渐近线确定系统传递函数,其中确定环节组成和增益

是关键。

实验曲线对数幅频特性的渐近线斜率是 $\pm 20\ \text{dB/dec}$ 的倍数。如果 ω_1 处渐近线斜率变化了 $-20\ \text{dB/dec}$，则传递函数中包含有一个惯性环节 $\dfrac{1}{\dfrac{s}{\omega_1}+1}$。如果 ω_2 处斜率变化了 $-40\ \text{dB/dec}$，则传递函数中必包含有一个振荡环节 $\dfrac{1}{\left(\dfrac{s}{\omega_2}\right)^2+2\zeta\dfrac{s}{\omega_2}+1}$，无阻尼自然频率就等于转折频率 ω_2，阻尼比 ζ 可以通过测量实验对数幅频特性在转折频率 ω_2 附近的谐振峰值来确定。同样地，根据斜率变化可确定其他环节。

系统增益由实验对数幅频特性的低频渐近线确定。在 $\omega \to 0$ 即当 $\omega \ll \omega_1$ 时，有

$$L(\omega) = 20\lg K - 20v\lg \omega$$

式中：v 为系统中积分环节个数，通常工程系统 $v \leqslant 2$。图 5-33 给出了 $v \leqslant 2$ 时系统低频渐近线中系统增益与频率的关系。

(1) $v = 0$ 时 $L(\omega) = 20\lg K$。低频渐近线是一条高度为 $20\lg K$(dB) 的水平线，故可由该水平渐近线的高度求出 K 值。

(2) $v = 1$ 时 $L(\omega) = 20\lg K - 20\lg \omega$。当 $L(\omega) = 0$ 即与零分贝线相交时 $K = \omega$，因此增益 K 在数值上等于低频渐近线或它的延长线与零分贝线交点处的频率 ω 值。

(3) $v = 2$ 时 $L(\omega) = 20\lg K - 40\lg \omega$。当 $L(\omega) = 0$ 时 $K = \omega^2$，因此增益 K 等于低频渐近线与零分贝线相交处频率 ω 值的平方。

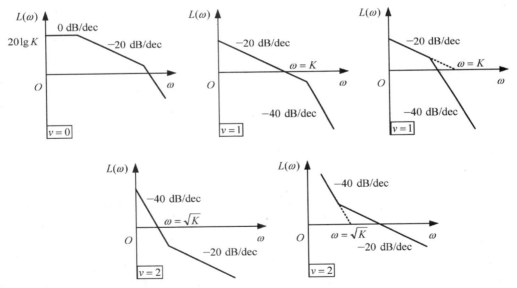

图 5-33 由实验对数幅频特性低频渐近线确定系统的增益

[**例 5-11**] 已知最小相位系统的渐近线逼近的对数幅频如图 5-34 所示，请给出对应的系统模型。

[**解**] (1) $\omega_1 = 0.1$ 前斜率为 $-20\ \text{dB/dec}$，含一个积分环节，由 $L(\omega)\big|_{\omega=0.1} = 20\lg K - 20\lg \omega = 20$ 知 $K = 1$；

(2) $\omega_1 = 0.1$ 处斜率由 -20 dB/dec 转为 0 dB/dec，引入一个一阶微分环节，即 $\left(\dfrac{s}{0.1} + 1\right)$；

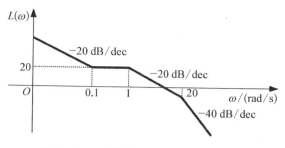

图 5-34 系统渐近线逼近的对数幅频

(3) $\omega_2 = 1$ 处斜率由 0 dB/dec 转为 -20 dB/dec，引入一个惯性环节，即 $\left(\dfrac{1}{\frac{s}{1} + 1}\right)$；

(4) $\omega_3 = 20$ 处斜率由 -20 dB/dec 转为 -40 dB/dec，引入一个惯性环节，即 $\left(\dfrac{1}{\frac{s}{20} + 1}\right)$；

因此系统的传递函数为 $G(s) = 1 \cdot \dfrac{1}{s} \cdot \left(\dfrac{s}{0.1} + 1\right)\left(\dfrac{1}{s+1}\right)\left(\dfrac{1}{\frac{s}{20} + 1}\right) = \dfrac{10s+1}{s(s+1)(0.05s+1)}$。

环节和增益确定后还必须用实验得到的相频特性曲线来检验已确定的传递函数。如果实验测得的相角在高频时不等于 $-90° \times (n-m)$，其中 n、m 分别表示传递函数分母和分子的阶次，那么被测系统必定是一个非最小相位系统，比如传递函数可能包含一个延滞环节。

[**例5-12**] 图 5-35 为根据实验测得的数据绘制的系统 Bode 图。由图中给出的幅频特性和相频特性实验曲线确定该系统的传递函数。

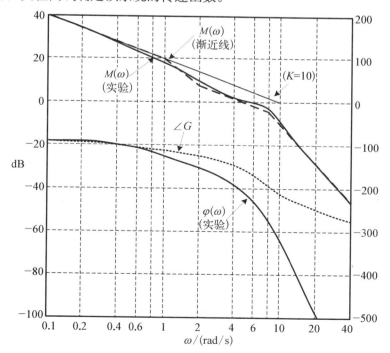

图 5-35 实验测得系统的 Bode 图

[解] （1）按 $\pm 20\,\mathrm{dB/dec}$ 渐近线斜率逼近幅频特性的实验曲线得到图 5-35 虚线所示渐近线，各频段上的斜率依次为 $-20\,\mathrm{dB/dec}$、$-40\,\mathrm{dB/dec}$、$-20\,\mathrm{dB/dec}$、$-60\,\mathrm{dB/dec}$，由斜率变化知系统中在包含有一个积分环节、一个惯性环节（$\omega_1 = 1$）、一个微分环节（$\omega_2 = 2$）和一个振荡环节（$\omega_3 = 8$）。由低频线经过（$1\,\mathrm{rad/s}$，$20\,\mathrm{dB}$）知系统增益 $K = 10$。

（2）暂设为最小相位系统，由渐近线写出该系统的传递函数

$$G(s) = \frac{10\left(\dfrac{1}{2}s + 1\right)}{s(s+1)\left[\left(\dfrac{s}{8}\right)^2 + \dfrac{2\zeta s}{8} + 1\right]}$$

式中：阻尼比 ζ 可根据振荡环节产生谐振的频率 ω_r 求得。由图 5-35 知 $\omega_r = 6\,\mathrm{rad/s}$，代入 $\omega_r = \omega_n\sqrt{1 - 2\zeta^2}$ 可得 $\zeta = 0.47$。

因此由实验幅频特性求得的对应于最小相位系统的传递函数为

$$G(s) = \frac{10(0.5s + 1)}{s(s+1)\left[0.015\,6s^2 + 0.117\,5s + 1\right]}$$

（3）计算最小相位系统的相频特性

$$\angle G(\mathrm{j}\omega) = -90° - \arctan\omega - \arctan\frac{0.117\,5\omega}{1 - 0.015\,6\omega^2} + \arctan 0.5\omega$$

如图 5-35 中虚线所示。

最小相位系统的相频特性曲线在高频时相角为 $-90° \times (n-m) = -270°$，图 5-35 中最小相位系统相频特性曲线与实验测得的相频特性曲线不吻合，说明实际上该系统是非最小相位系统，含有非最小相位环节。从相频特性实验曲线知系统相位滞后量随着频率 ω 的增大迅速增加，且与理论曲线的差在高频时变化率为一常数，可知系统包含延滞环节。

任取频率 ω_i，可由

$$\angle[G(\mathrm{j}\omega_i)\mathrm{e}^{-\mathrm{j}\tau\omega_i}] - \angle G(\mathrm{j}\omega_i) = -57.3\tau\omega_i°$$

求得时滞

$$\tau = \frac{\angle[G(\mathrm{j}\omega_i)\mathrm{e}^{-\mathrm{j}\tau\omega_i}] - \angle G(\mathrm{j}\omega_i)}{-57.3\omega_i}(\mathrm{s})$$

式中：$\angle[G(\mathrm{j}\omega_i)\mathrm{e}^{-\mathrm{j}\tau\omega_i}]$ 为 ω_i 时的相频特性的实验数据；$\angle G(\mathrm{j}\omega_i)$ 为理论相频特性在 ω_i 处的相角。

本题中取 $\omega_i = 10\,\mathrm{rad/s}$，从图 5-35 的相频特性实验曲线得 $\angle G(\mathrm{j}10)\mathrm{e}^{-\mathrm{j}10\tau} = -333°$，理论计算得 $\angle G(\mathrm{j}10) = -212°$，故时滞

$$\tau = \frac{-333° - (-212°)}{-57.3 \times 10} = 0.21\,\mathrm{s}$$

故系统的传递函数为

$$G(s) = \frac{10(0.5s + 1)\mathrm{e}^{-0.21s}}{s(s+1)(0.015\,6^2 + 0.117\,5s + 1)}$$

5.3　频域稳定性分析

5.3.1　Nquist 判据

1）系统特征矢量的幅角变化与稳定性的关系

设系统特征方程根为 p_1、p_2、$\cdots$、p_n，系统的特征多项式可写成

$$D(s) = a_0 s^n + a_1 s^{n-1} + a_2 s^{n-2} + \cdots + a_{n-1}s + a_n = a_0(s-p_1)(s-p_2)\cdots(s-p_n)$$

令 $s = j\omega$ 代入得

$$D(j\omega) = a_0(j\omega - p_1)(j\omega - p_2)\cdots(j\omega - p_n) = |D(j\omega)| \angle D(j\omega)$$

式中：$|D(j\omega)|$ 为特征矢量的幅值；$\angle D(j\omega)$ 为特征矢量的幅角，且有

$$|D(j\omega)| = a_0 |j\omega - p_1||j\omega - p_2|\cdots|j\omega - p_n|$$

$$\angle D(j\omega) = \angle(j\omega - p_1) + \angle(j\omega - p_2) + \cdots + \angle(j\omega - p_n)$$

即特征矢量 $D(j\omega)$ 的幅值和幅角分别为各特征根 p_i 对应的矢量 $(j\omega - p_i)$ 的幅值之积和幅角之和。

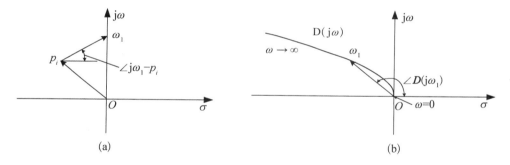

图 5 - 36　$D(j\omega)$ 轨迹

图 5 - 36(a)表示 s 平面上任意一个特征方程根 p_i，该根对应的矢量 $(j\omega_1 - p_i)$ 为 $D(j\omega_1)$ 所提供的幅角 $\angle(j\omega_1 - p_i)$。若令频率 ω 由 $0 \to \infty$，即复变量 s 沿着 s 平面的虚轴自零点向上移动，则在 s 平面上得到一条特征矢量 $D(j\omega)$ 的矢端轨迹，即 $D(j\omega)$ 轨迹。当 $\omega = \omega_1$ 时，矢量 $D(j\omega_1)$ 所具有的幅角为 $\angle D(j\omega_1)$，如图 5 - 36(b)所示。当频率 ω 由 $0 \to \infty$ 时，轨迹 $D(j\omega)$ 的幅角变化为

$$\underset{\omega:0\to\infty}{\Delta \angle D(j\omega)} = \sum_{i=1}^{n}\underset{\omega:0\to\infty}{\Delta \angle(j\omega - p_i)}$$

图 5 - 37 是一阶系统分别为负实特征根和正实特征根时的幅角。

（1）图 5 - 37(a)中的负实特征根对应的 $\underset{\omega:0\to\infty}{\Delta \angle D(j\omega)} = \dfrac{\pi}{2}$；

（2）图 5 - 37(b)中的正实特征根对应的 $\underset{\omega:0\to\infty}{\Delta \angle D(j\omega)} = -\dfrac{\pi}{2}$。

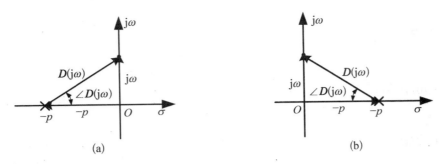

图 5－37　一阶系统的幅角

(a) 负实特征根；　(b) 正实特征根

图 5－38 为二阶系统幅角当两个特征根在 s 平面不同位置的情况：

(1) 图 5－38(a)中的两个负实特征根对应的 $\underset{\omega:0\to\infty}{\Delta}\angle D(\mathrm{j}\omega)=\dfrac{\pi}{2}+\dfrac{\pi}{2}=\pi$；

(2) 图 5－38(b)中的一正一负实特征根对应的 $\underset{\omega:0\to\infty}{\Delta}\angle D(\mathrm{j}\omega)=\dfrac{\pi}{2}-\dfrac{\pi}{2}=0$；

(3) 图 5－38(c)中的两个正实特征根对应的 $\underset{\omega:0\to\infty}{\Delta}\angle D(\mathrm{j}\omega)=-\dfrac{\pi}{2}-\dfrac{\pi}{2}=-\pi$；

(4) 图 5－38(d)中的一对负实部共轭复根对应 $\underset{\omega:0\to\infty}{\Delta}\angle D(\mathrm{j}\omega)=\left(\dfrac{\pi}{2}+\varphi_0\right)+\left(\dfrac{\pi}{2}-\varphi_0\right)=\pi$；

(5) 图 5－38(e)中的一对正实部共轭复根对应 $\underset{\omega:0\to\infty}{\Delta}\angle D(\mathrm{j}\omega)=\left(-\dfrac{\pi}{2}-\varphi_0\right)+$

$\left(-\dfrac{\pi}{2}+\varphi_0\right)=-\pi$。

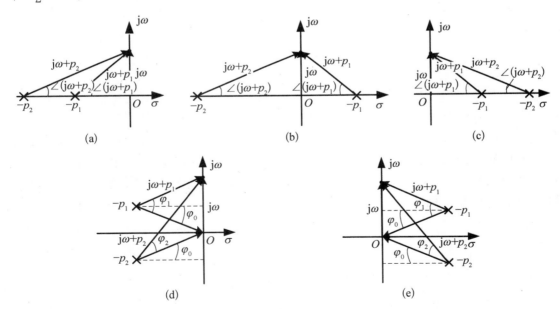

图 5－38　二阶系统的幅角

(a) 两个负实特征根；　(b) 一个正实特征根＋一个负实特征根；　(c) 两个正实特征根；
(d) 负实部的共轭复根；　(e) 正实部的共轭复根

由图 5 - 37 和图 5 - 38 知对于开环特征方程的任意左根和右根,当 ω 由 $0 \rightarrow \infty$ 时,有

(1) 每一个正实根 $\underset{\omega:0\rightarrow\infty}{\Delta} \angle D(\mathrm{j}\omega) = -\dfrac{\pi}{2}$;

(2) 每一个负实根 $\underset{\omega:0\rightarrow\infty}{\Delta} \angle D(\mathrm{j}\omega) = \dfrac{\pi}{2}$;

(3) 每一对正实部的共轭复根 $\underset{\omega:0\rightarrow\infty}{\Delta} \angle D(\mathrm{j}\omega) = -2 \cdot \dfrac{\pi}{2}$;

(4) 每一对负实部的共轭复根 $\underset{\omega:0\rightarrow\infty}{\Delta} \angle D(\mathrm{j}\omega) = 2 \cdot \dfrac{\pi}{2}$。

设 n 阶系统特征方程有 m 个根在 s 平面右半部,则必有 $(n-m)$ 个根在 s 平面的左半部。此时,当 ω 由 $0 \rightarrow \infty$ 时,$D(\mathrm{j}\omega)$ 轨迹的幅角总变化为

$$\underset{\omega:0\rightarrow\infty}{\Delta} \angle D(\mathrm{j}\omega) = (n-m)\frac{\pi}{2} - m\frac{\pi}{2} = (n-2m)\frac{\pi}{2} \tag{5-6}$$

如果系统稳定,特征方程根应该全部位于 s 平面左半部,右半部没有根,$m = 0$,则 $D(\mathrm{j}\omega)$ 的幅角变化为

$$\underset{\omega:0\rightarrow\infty}{\Delta} \angle D(\mathrm{j}\omega) = n\frac{\pi}{2}$$

上式可得出采用 $D(\mathrm{j}\omega)$ 轨迹的幅角变化来判断系统稳定性的方法,即米哈依洛夫判据:

当频率 ω 由 $0 \rightarrow \infty$ 时,若 n 阶系统 $D(\mathrm{j}\omega)$ 轨迹转过的角度为 $n\dfrac{\pi}{2}$,则系统稳定。或者说,当频率 ω 由 $0 \rightarrow \infty$ 时,系统 $D(\mathrm{j}\omega)$ 轨迹由正实轴开始逆时针转过 n 个象限,则系统稳定。

2) Nquist 稳定性判据

设闭环系统如图 5 - 39 所示。系统的开环传递函数

$$G(s)H(s) = \frac{M_{\mathrm{G}}(s)}{D_{\mathrm{G}}(s)}\frac{M_{\mathrm{H}}(s)}{D_{\mathrm{H}}(s)} = \frac{M_{\mathrm{K}}(s)}{D_{\mathrm{K}}(s)}$$

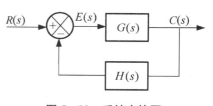

图 5 - 39　系统方块图

式中:$M_{\mathrm{G}}(s)$、$D_{\mathrm{G}}(s)$ 分别为 $G(s)$ 的分子和分母多项式;$M_{\mathrm{H}}(s)$、$D_{\mathrm{H}}(s)$ 为 $H(s)$ 的分子和分母多项式;$D_{\mathrm{K}}(s)$ 为开环特征多项式;$M_{\mathrm{K}}(s)$ 为开环传递函数的分子多项式。

闭环系统传递函数

$$\Phi(s) = \frac{G(s)}{1+G(s)H(s)} = \frac{\dfrac{M_{\mathrm{G}}(s)}{D_{\mathrm{G}}(s)}}{1+\dfrac{M_{\mathrm{G}}(s)}{D_{\mathrm{G}}(s)}\dfrac{M_{\mathrm{H}}(s)}{D_{\mathrm{H}}(s)}}$$

$$= \frac{M_{\mathrm{G}}(s)D_{\mathrm{H}}(s)}{D_{\mathrm{G}}(s)D_{\mathrm{H}}(s)+M_{\mathrm{G}}(s)M_{\mathrm{H}}(s)} = \frac{M_{\mathrm{b}}(s)}{D_{\mathrm{b}}(s)}$$

式中:$D_{\mathrm{b}}(s)$ 为闭环特征多项式;$M_{\mathrm{b}}(s)$ 为闭环传递函数的分子多项式。

令函数 $F(s) = 1+G(s)H(s)$,则有

$$F(s) = 1 + G(s)H(s) = 1 + \frac{M_G(s)}{D_G(s)} \frac{M_H(s)}{D_H(s)}$$

$$= \frac{D_G(s)D_H(s) + M_G(s)M_H(s)}{D_G(s)D_H(s)} = \frac{D_b(s)}{D_k(s)}$$

$F(s)$ 的分母是开环特征多项式,而分子是系统闭环特征多项式。

令 $s = j\omega$ 代入 $F(s)$ 则有

$$1 + G(j\omega)H(j\omega) = \frac{D_b(j\omega)}{D_k(j\omega)} \tag{5-7}$$

如前所述,根据闭环 $D_b(j\omega)$ 轨迹的幅角变化可以判别闭环系统稳定性。对于式(5-7)当频率 ω 由 $0 \to \infty$ 时,有如下的幅角变化关系

$$\underset{\omega: 0 \to \infty}{\Delta \angle} 1 + G(j\omega)H(j\omega) = \underset{\omega: 0 \to \infty}{\Delta \angle} D_b(j\omega) - \underset{\omega: 0 \to \infty}{\Delta \angle} D_k(j\omega) \tag{5-8}$$

由米哈依洛夫判据知闭环系统稳定的充分必要条件是当频率 ω 由 $0 \to \infty$ 时,闭环 $D_b(j\omega)$ 轨迹的幅角变化应该为

$$\underset{\omega: 0 \to \infty}{\Delta \angle} D_b(j\omega) = n\frac{\pi}{2} \tag{5-9}$$

如果要用 $1 + G(j\omega)H(j\omega)$ 轨迹的幅角变化来判断该闭环系统的稳定性,由式(5-8)可知,尚需知道开环 $D_k(j\omega)$ 的幅角变化。

(1) 开环系统 $G(j\omega)H(j\omega)$ 稳定。

即

$$\underset{\omega: 0 \to \infty}{\Delta \angle} D_k(j\omega) = n\frac{\pi}{2} \tag{5-10}$$

欲使闭环稳定,必须满足式(5-10)条件,将式(5-9)、式(5-10)代入式(5-8),此时 $1 + G(j\omega)H(j\omega)$ 轨迹的幅角变化应为

$$\underset{\omega: 0 \to \infty}{\Delta \angle} 1 + G(j\omega)H(j\omega) = n\frac{\pi}{2} - n\frac{\pi}{2} = 0$$

由此得出开环稳定条件下的 Nquist 判据:系统在开环状态稳定的条件下,闭环系统稳定的充分必要条件是 $1 + G(j\omega)H(j\omega)$ 轨迹不包围 $[1 + GH]$ 平面的原点。根据此判据,图 5-40 所示的系统是稳定的。

为了直接利用开环 $G(j\omega)H(j\omega)$ 轨迹来判别闭环系统的稳定性,我们仅需将 $[1 + GH]$ 平面的纵坐标右移一个单位而转换成 GH 平面,如图 5-40 虚线所示。则开环稳定条件下的 Nquist 判据:若系统在开环状态下是稳定的,则系统在闭环状态下稳定的充分必要条件是其开环 $G(j\omega)H(j\omega)$ 轨迹不包围 GH 平面上的

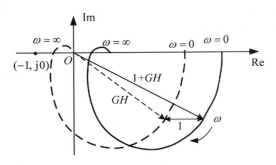

图 5-40 $1 + G(j\omega)H(j\omega)$ 轨迹和 $G(j\omega)H(j\omega)$ 轨迹

$(-1,j0)$ 点。根据此判据,图 5-40 所示系统是稳定的。

(2) 普遍情况。

若开环系统不稳定,并设开环特征方程有 m 个右根,由式(5-6)得

$$\Delta \underset{\omega:0\to\infty}{\angle D_{\text{k}}(j\omega)} = (n-2m)\frac{\pi}{2} \tag{5-11}$$

欲使闭环稳定,应满足式(5-9)的条件,将式(5-9)、式(5-11)代入式(5-8),则要求 $1+G(j\omega)H(j\omega)$ 轨迹的幅角变化为

$$\Delta \underset{\omega:0\to\infty}{\angle 1+G(j\omega)H(j\omega)} = n\frac{\pi}{2} - (n-2m)\frac{\pi}{2} = \frac{m}{2}2\pi$$

所以,普遍情况下的 Nquist 稳定判据为:系统若开环状态不稳定,且开环特征方程有 m 个右根,则闭环系统稳定的充分必要条件是 $1+G(j\omega)H(j\omega)$ 轨迹逆时针方向包围 $[1+GH]$ 平面原点 $m/2$ 次。

同理,将 $[1+GH]$ 平面纵坐标右移一个单位,转换成 GH 平面,则闭环稳定的充分必要条件也改为逆时针包围 GH 平面的 $(-1,j0)$ 点 $m/2$ 次。

综合上述情况,**Nquist 稳定性判据**:若系统在开环状态下不稳定,且开环特征方程有 m 个根在 s 平面的右半部,则闭环系统稳定的充分必要条件是开环 $G(j\omega)H(j\omega)$ 轨迹逆时针方向包围 $(-1,j0)$ 点 $m/2$ 次。

[**例 5-13**] 设系统开环传递函数为 $G(s)H(s)=\dfrac{K}{T^2s^2+2T\zeta s+1}$,试判断系统的稳定性。

[**解**] 作系统开环 $G(j\omega)H(j\omega)$ 轨迹如图 5-41 所示。二阶系统中 K、T、ζ 为物理参数均为正值,故开环稳定。由图 5-41 知不论这些参数如何变化,$G(j\omega)H(j\omega)$ 轨迹都不包围 $(-1,j0)$ 点,故闭环系统稳定。

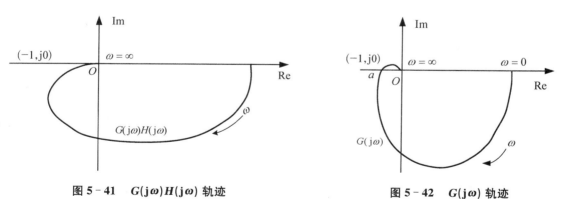

图 5-41 $G(j\omega)H(j\omega)$ 轨迹   图 5-42 $G(j\omega)$ 轨迹

[**例 5-14**] 设单位反馈系统的开环传递函数为 $G(s)=\dfrac{K}{(T_1s+1)(T_2s+1)(T_3s+1)}$,其中 $T_1=0.1$ s、$T_2=0.05$ s、$T_3=0.01$ s,试求闭环系统稳定的 K 值。

[**解**] 由于时间常数 T_1、T_2、T_3 均为正,故系统开环稳定。

$$G(j\omega)=\frac{K}{(T_1j\omega+1)(T_2j\omega+1)(T_3j\omega+1)} = U(\omega)+jV(\omega)$$

$G(j\omega)$ 的实部和虚部分别为

$$U(\omega) = \frac{[1-(T_1T_2+T_2T_3+T_3T_1)\omega^2]K}{[1-(T_1T_2+T_2T_3+T_3T_1)\omega^2]^2+\omega^2[(T_1+T_2+T_3)-T_1T_2T_3\omega^2]^2}$$

$$V(\omega) = \frac{-\omega[(T_1+T_2+T_3)-T_1T_2T_3\omega^2]K}{[1-(T_1T_2+T_2T_3+T_3T_1)\omega^2]^2+\omega^2[(T_1+T_2+T_3)-T_1T_2T_3\omega^2]^2}$$

作开环 $G(j\omega)$ 轨迹如图 5-42 所示,设 $G(j\omega)$ 轨迹交负实轴于 a 点,令 $V(\omega)=0$,得

$$\omega_a = \sqrt{\frac{T_1+T_2+T_3}{T_1T_2T_3}}$$

代入 $U(\omega)$ 得

$$U(\omega_a) = \frac{K}{-\left(2+\dfrac{T_1}{T_2}+\dfrac{T_1}{T_3}+\dfrac{T_2}{T_1}+\dfrac{T_2}{T_3}+\dfrac{T_3}{T_1}+\dfrac{T_3}{T_2}\right)}$$

为使闭环稳定,由 Nquist 稳定性判据知 $U(\omega_a)>-1$,所以闭环系统稳定条件是

$$0<K<2+\frac{T_1}{T_2}+\frac{T_1}{T_3}+\frac{T_2}{T_1}+\frac{T_2}{T_3}+\frac{T_3}{T_1}+\frac{T_3}{T_2}$$

将题中 T_1、T_2、T_3 的值代入,得闭环系统稳定的 K 值范围是 $0<K<19.8$。

3) 开环传递函数具有积分环节时的 Nquist 判据

设系统开环传递函数为

$$G(s)H(s) = \frac{M_k(s)}{D_K(s)} = \frac{M_k(s)}{s^v D_K'(s)} \tag{5-12}$$

式中:v 为积分环节的个数(即特征方程零根数);$D_K'(s)$ 为 $D(s)$ 中不含零根的部分。

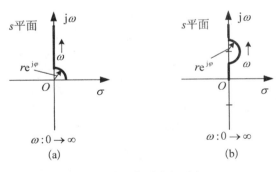

图 5-43 s 的变化路径

由于开环特征方程有零根,s 的变化路径不能完全沿虚轴 $\omega:0\to\infty$ 而应该用半径很小 $(r\to0)$ 的半圆 $re^{j\varphi}$ 绕过原点 $(\omega=0)$,如图 5-43(a)所示。显然已将该零根 $s=0$ 视为 s 平面左半部的根。因为半径很小,故不影响特征方程其他根的分布。

根据新的 s 变化路径,$G(j\omega)H(j\omega)$ 轨迹可分为两个部分。$\omega>0$ 部分将 $s=j\omega$ 代入式 (5-12),所得 $G(j\omega)H(j\omega)$ 轨迹如原来形状;另一部分即 $\omega\to0$ 部分,以 $s=re^{j\varphi}$ 代入式(5-12)得

$$G(s)H(s)\big|_{s\to0} = \frac{M_k(0)}{(re^{j\varphi})^v D_K'(0)} = \frac{M_k(0)}{r^v D_K'(0)}e^{-jv\varphi} = Re^{j\varphi}$$

式中:$R = \dfrac{M_k(0)}{r^v D_K'(0)}$;$\varphi=-v\varphi$。

上式表明对应于 $\omega = 0$ 附近的轨迹可由幅值 R 和相位 ϕ 确定。因当 $r \to 0$，幅值 $R \to \infty$，而相位 ϕ 与开环特征方程零根（积分环节个数）有关。图 5-44 中 φ 的变化为 $0 \to \dfrac{\pi}{2}$，则 1 型系统相位 ϕ: $0 \to -\dfrac{\pi}{2}$ ϕ；2 型系统 ϕ: $0 \to -\pi$。根据幅值 $R \to \infty$ 和相位 ϕ 的变化可作得 $\omega \to 0$ 部分轨迹如图中虚线所示，此虚线为辅助线。

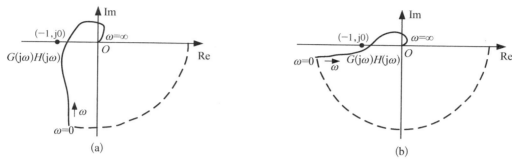

图 5-44　具有零根的开环 $G(j\omega)H(j\omega)$ 迹

(a) 1 型系统；　(b) 2 型系统

因此开环特征方程具有零根的系统采用 Nquist 判据时将开环特征方程的零根看作左根，绘出 ω 由 $0^+ \to \infty$ 变化时的 Nyquist 曲线，从 $G(j0^+)H(j0^+)$ 开始，以 ∞ 的半径逆时针补画 $90v°$ 的辅助圆弧，然后再看整个的 $G(j\omega)H(j\omega)$ 轨迹是否包围 $(-1,j0)$ 点来决定闭环系统的稳定性。

如果开环特征方程有纯虚根，其处理方法同上。这时取复变量 s 的变化路径如图 5-43 (b) 所示，亦即将虚轴上的根看作为左根，然后按系统 $G(j\omega)H(j\omega)$ 轨迹判断闭环系统稳定性。

如果系统是最小相位系统则辅助线可以简化为：以半径为无穷大的圆弧顺时针方向将正实轴端和轨迹的起始端 $\omega = 0^+$ 连接起来。容易看出图 5-44 的两个系统的开环轨迹 $G(j\omega)H(j\omega)$ 都不包围 $(-1,j0)$ 点。

[**例 5-15**]　已知单位反馈系统的开环传递函数为 $G(s) = \dfrac{K}{s(Ts+1)}$，试确定闭环系统的稳定性。

[**解**]　系统开环特征方程有一个零根，另一个根在 s 平面左半部，故开环稳定。系统的 $G(j\omega)$ 轨迹如图 5-45 所示，画辅助线将正实轴和 $G(j\omega)$ 轨迹起始端 $G(j0^+)$ 连接起来。由图 5-45 知 $G(j\omega)$ 轨迹不包围 $(-1,j0)$ 点，故闭环系统是稳定的。

[**例 5-16**]　已知单位反馈系统的开环传递函数为 $G(s) = \dfrac{K}{s(T_1s+1)(T_2s-1)}$，$K$、$T_1$、$T_2$ 为正实数，试确定闭环系统的稳定性。

[**解**]　$A(\omega) = \dfrac{K}{\omega\sqrt{(1+\omega^2 T_1^2)(1+\omega^2 T_2^2)}}$

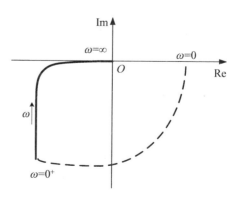

图 5-45　系统的 $G(j\omega)$ 轨迹

$$\varphi(\omega) = -\frac{\pi}{2} - \arctan(T_1\omega) + [-\pi + \arctan(T_2\omega)]$$

$$= -\frac{3}{2}\pi - \arctan(T_1\omega) + \arctan(T_2\omega) = \begin{cases} > -\dfrac{3}{2}\pi, & T_1 < T_2 \\ < -\dfrac{3}{2}\pi, & T_1 > T_2 \end{cases}$$

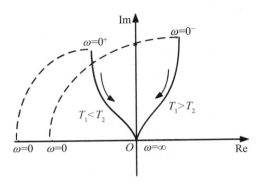

图 5-46　系统的 **GH** 轨迹

作系统 GH 轨迹于图 5-46,其中从 $\omega = 0^+$ 逆时针作 $\dfrac{\pi}{2}$,正好止于负实轴,与负实轴的交点在负无穷大处。开环传递函数中一个特征根为右根,$m=1$,闭环稳定的充要条件是逆时针绕 $(-1,\mathrm{j}0)$ 点 1/2 次,而图 5-46 中顺时针绕 $(-1,\mathrm{j}0)$ 点 1/2 次,故闭环系统仍不稳定。

4) Bode 图上的 Nquist 判据

工程上常用 Bode 图进行系统分析与设计,因此需将 Nquist 判据从极坐标图转换到 Bode 图上,即在 Bode 图上得出 $G(\mathrm{j}\omega)H(\mathrm{j}\omega)$ 轨迹是否包围 $(-1,\mathrm{j}0)$ 点以及包围次数。

图 5-47 所示为开环稳定闭环稳定的系统 1 和开环稳定闭环不稳定的系统 2 的 Nquist 图和 Bode 图。由图可得如下对应关系:

(1) Nquist 图上的单位圆对应于 Bode 图上的对数幅频图上的零分贝线;

(2) 单位圆外 ($|G(\mathrm{j}\omega)H(\mathrm{j}\omega)| > 1$) 区域对应于零分贝线以上 ($L(\omega) > 0$) 区域,单位圆内 ($|G(\mathrm{j}\omega)H(\mathrm{j}\omega)| < 1$) 区域对应于零分贝线以下 ($L(\omega) < 0$) 区域。

(3) Nquist 图上负实轴具有 $-180°$ 相位,对应于相频图上的 $-180°$ 线。

$G(\mathrm{j}\omega)H(\mathrm{j}\omega)$ 轨迹与单位圆交点处频率称为增益交界频率(或剪切频率)ω_c;而 $G(\mathrm{j}\omega)H(\mathrm{j}\omega)$ 轨迹与负实轴($-\pi$ 线)交点处频率称为相位交界频率 ω_g。

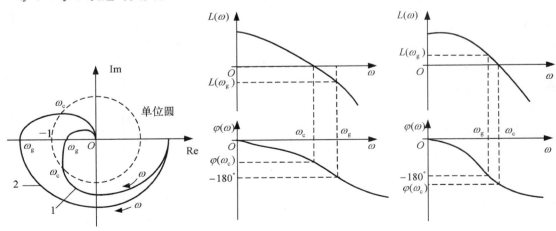

图 5-47　系统的 **Nquist** 图和 **Bode** 图

1—开环稳定闭环稳定;　2—开环稳定闭环不稳定

由图 5-47 可知在 Nquist 图中系统稳定与否的特点：

（1）开环稳定闭环稳定系统：$G(j\omega)H(j\omega)$ 轨迹不包围 $(-1, j0)$ 点，随着频率 ω 增加，$G(j\omega)H(j\omega)$ 轨迹先穿过单位圆而后穿过负实轴，即

$$\omega_c < \omega_g \qquad \angle G(j\omega_c)H(j\omega_c) > -\pi \qquad |G(j\omega_g)H(j\omega_g)| < 1$$

（2）开环稳定闭环不稳定系统：$G(j\omega)H(j\omega)$ 轨迹包围 $(-1, j0)$ 点。随着频率 ω 增加，$G(j\omega)H(j\omega)$ 轨迹先穿过负实轴而后穿过单位圆，即

$$\omega_c > \omega_g \qquad \angle G(j\omega_c)H(j\omega_c) < -\pi \qquad |G(j\omega_g)H(j\omega_g)| > 1$$

由图 5-47 中稳定系统 1 和不稳定系统 2 的 Bode 图，也可得出：

（1）开环稳定闭环稳定系统：$\omega_c < \omega_g$，$\varphi(\omega_c) > -\pi$，$L(\omega_g) < 0$；

（2）开环稳定闭环不稳定系统：$\omega_c > \omega_g$，$\varphi(\omega_c) < -\pi$，$L(\omega_g) > 0$。

5.3.2 稳定裕量

一个实际系统能够稳定可靠地工作，刚好满足稳定性条件是不够的。因为数学模型所表达的系统与实际运行的系统之间总有一定误差，一方面由于在建立数学模型时忽略了一些次要因素、非线性特性的线性化、系统参数值不精确以及用实验方法求取时的仪器仪表误差和读数误差等；另一方面，在系统工作过程中的元件老化和特性漂移等均会使原来为稳定的系统变得不稳定。因此设计系统时应避免系统处于稳定边界或离稳定边界很近，即系统相对稳定性，可采用稳定性裕量定量衡量。

图 5-48 中三条有不同开环增益的 $G(j\omega)H(j\omega)$ 轨迹。若开环稳定，则大 K 值对应的闭环系统不稳定；对应于小 K 值的闭环系统稳定；而当 K 值变化到某一值时，$G(j\omega)H(j\omega)$ 轨迹正好通过 $(-1, j0)$ 点，这时系统处于稳定边界，理论上此时系统在扰动作用下呈现持续的等幅振荡。

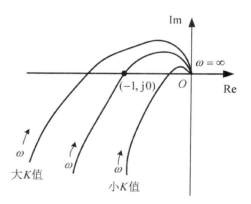

图 5-48　不同开环增益的系统
$G(j\omega)H(j\omega)$ 轨迹

一般说来，$G(j\omega)H(j\omega)$ 轨迹越接近 $(-1, j0)$ 点，系统相对稳定性越差。因此可以用 $G(j\omega)H(j\omega)$ 轨迹靠近 $(-1, j0)$ 点的程度来衡量稳定裕量，量化值分为相位裕量和增益裕量。

1）相位裕量

相位裕量 γ 指增益交界频率 ω_c 处使系统达到稳定边界所需要的附加相位滞后量，即

$$\gamma = \varphi(\omega_c) - (-180°) = 180° + \varphi(\omega_c)$$

式中：$\varphi(\omega_c)$ 为开环频率特性在增益交界频率处的相位。

图 5-49(a) 示意了开环稳定条件下，闭环稳定系统和不稳定系统的相位裕量。图上从原点到 $G(j\omega)H(j\omega)$ 轨迹与单位圆的交点 $(\omega = \omega_c)$ 作一条直线。负实轴与这条直线的夹角就是相位裕量 γ。稳定系统的相位裕量为正 $(\gamma > 0)$，不稳定系统的相位裕量为负 $(\gamma < 0)$。

2）增益裕量

增益裕量定义为相位交界频率 ω_g 处频率特性幅值 $|G(j\omega)H(j\omega)|$ 的倒数，即

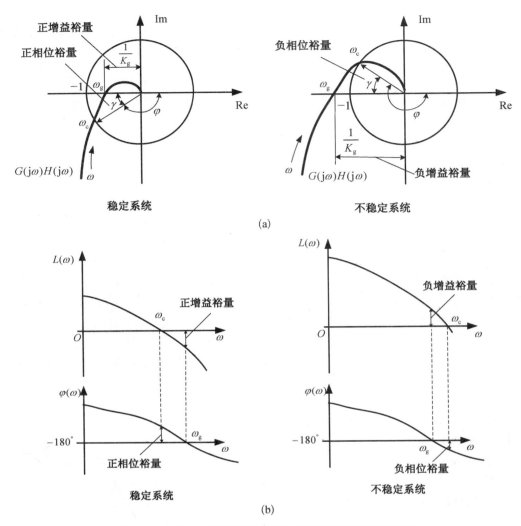

图 5-49 稳定系统和不稳定系统的相位裕量和增益裕量

(a) Nyquist 图; (b) Bode 图

$$K_{\mathrm{g}} = \frac{1}{\mid G(\mathrm{j}\omega_{\mathrm{g}})H(\mathrm{j}\omega_{\mathrm{g}}) \mid}$$

即增益裕量可理解为相位交界频率 ω_{g} 处使频率特性幅值达到稳定边界所需要的附加增益大小。

增益裕量若用分贝表示,则有

$$K_{\mathrm{g}}(\mathrm{dB}) = 20\lg K_{\mathrm{g}} = -20\lg \mid G(\mathrm{j}\omega_{\mathrm{g}})H(\mathrm{j}\omega_{\mathrm{g}}) \mid$$

图 5-49(a)示意了稳定系统和不稳定系统的增益裕量。稳定系统 $\mid G(\mathrm{j}\omega)H(\mathrm{j}\omega) \mid < 1$,则增益裕量 $K_{\mathrm{g}} > 1$,$K_{\mathrm{g}}(\mathrm{dB})$ 为正。不稳定系统 $\mid G(\mathrm{j}\omega)H(\mathrm{j}\omega) \mid > 1$,则增益裕量 $K_{\mathrm{g}} < 1$,$K_{\mathrm{g}}(\mathrm{dB})$ 为负。

在 Bode 图上,稳定系统和不稳定系统的相位裕量和增益裕量如图 5-49(b)所示。

作为评价系统稳定性好坏的性能指标,稳定性裕量是进行系统动态设计的重要依据之一。当系统在开环状态下是稳定的,如果系统具有正相位裕量和正增益裕量,则闭环系统是稳定的;如果系统具有负相位裕量和负增益裕量,则闭环系统是不稳定的。相位裕量和增益裕量的大小应该适当,使系统具有足够的相对稳定性又能得到较满意的动态性能。如两者取值太小则过于接近稳定边界,而如两者取值太大则系统响应变慢。经验表明,$\gamma \approx 30° \sim 60°$ 和 $K_g \geqslant 6$ dB 较为合适。

[**例 5 - 17**]　设单位反馈系统的开环传递函数为 $G(s) = \dfrac{K}{s(s+1)(s+5)}$,试分析 $K = 10$ 和 $K = 100$ 时系统的相位裕量和增益裕量。

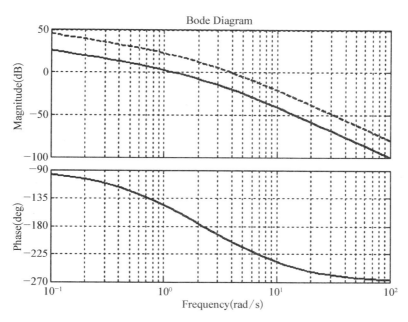

图 5 - 50　系统 Bode 图

[**解**]　$K = 10$ 和 $K = 100$ 的系统 Bode 图如图 5 - 50 所示,其中 $K = 10$ 的 $L(\omega)$ 如图中实线所示,$K = 100$ 时,相频特性 $\varphi(\omega)$ 不变,幅频特性 $L(\omega)$ 向上平移 20 dB,如图 5 - 50 中虚线所示。

当 $K = 10$ 时,由图可得系统稳定性裕量为 $\gamma = 25°$、$K_g = 9.5$ dB。

当 $K = 100$ 时,由图可得系统稳定性裕量为 $\gamma = -24°$、$K_g = -10.5$ dB。

根据系统开环传递函数知其开环是稳定的,但当 $K = 100$ 时系统具有负相位裕量和负增益裕量,系统在闭环状态下是不稳定的。

因此为了使系统稳定并具有所要求的稳定性裕量,可以降低系统开环增益,但随着开环增益的减小,系统稳态误差增大,这是我们所不希望的。此时可用校正网络来改变开环频率特性曲线形状,并兼顾稳定性裕量和稳态误差指标,详见下章。

[**例 5 - 18**]　具有单位反馈系统的开环传递函数 $G(s) = \dfrac{as+1}{s^2}$,试确定使相位裕量 $\gamma = 45°$ 时的 a 值。

[**解**]　系统频率特性为

$$G(\mathrm{j}\omega) = \frac{\mathrm{j}a\omega + 1}{(\mathrm{j}\omega)^2} = -\frac{\mathrm{j}a\omega + 1}{\omega^2}$$

所以

$$| G(j\omega) | = \frac{\sqrt{a^2\omega^2+1}}{\omega^2} \qquad \angle G(j\omega) = \arctan(a\omega) - 180°$$

图 5 - 51 是系统开环 Nquist 图。

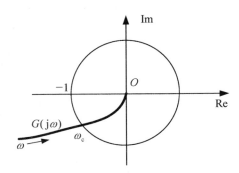

图 5 - 51   Nquist 图

由相位裕量

$$\gamma = 180° + \angle G(j\omega) = \arctan(a\omega_c) = 45°$$

得

$$\omega_c = \frac{1}{a}$$

此时,有

$$| G(j\omega_c) | = \frac{\sqrt{a^2\omega_c^2+1}}{\omega_c^2} = 1$$

将 ω_c 代入得

$$a = 0.84$$

[例 5 - 19]   已知单位反馈系统的开环传递函数 $G(s) = \dfrac{50}{s(s+1)(s+5)}$,求取系统的稳定性。

[解]   MATLAB 绘制程序如下。

num=[50];	//系统传递函数
den=[1 6 5 0];	
margin(num,den);	//计算闭环系统稳定性裕量并绘制图形
grid on;	

程序运行后输出如图 5 - 52 所示,可知闭环系统 $\gamma = -10.5°$、$K_g = -4.44$ dB,闭环系统不稳定。

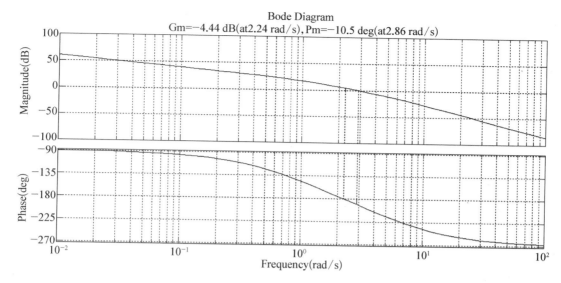

图 5 - 52 MATLAB 运行结果

小 结

（1）频率特性是系统频域中的数学模型，取决于系统内在性质，与外界因素无关。频率特性物理含义明确并且可实验获取。

（2）Nquist 图、Bode 图是从不同角度描述环节与系统动态特性的频率特性谱图，各个典型环节和系统在 Nquist 图和 Bode 图上各有特点。

（3）可以由系统传递函数绘制系统 Bode 图，也可以由频率特性实验曲线求取系统传递函数，须注意最小相位检验。

（4）Nquist 稳定性判据是通过图解法判断系统是否满足稳定的充分必要的频域稳定性判据，由系统开环 $G(j\omega)H(j\omega)$ 轨迹包围 $(-1, j0)$ 点情况来判断闭环系统的稳定性。通过转换，也可将 Nquist 判据运用到 Bode 图上。

（5）可用稳定裕量（相位裕量和增益裕量）定量表示系统相对稳定性。应适当选择稳定裕量，使系统既具有足够的稳定性，又能快速响应。

习 题

5.1 某质量-弹簧-阻尼系统 $10\ddot{x}+c\dot{x}+20x=f(t)$，输入为 $f(t)=11\cos(\omega t)$，求 c 使 x 最大稳态幅值不大于 3。

5.2 设单位反馈系统的开环传递函数为 $G(s)=\dfrac{10}{s+1}$，求系统输入信号 $r(t)=2\cos(2t-45°)$ 时的稳态输出。

5.3 画出下列给定传递函数的幅相频率特性。

(1) $G(s)=\dfrac{1}{(s+1)(s+3)}$ (2) $G(s)=\dfrac{1}{s(s+1)(s+3)}$

5.4 绘出下列三个传递函数的 Bode 图(其中 $T_1 > T_2 > 0$),并进行比较。

(1) $G(s) = \dfrac{T_1 s + 1}{T_2 s + 1}$ (2) $G(s) = \dfrac{-T_1 s + 1}{T_2 s + 1}$ (3) $G(s) = \dfrac{T_1 s - 1}{T_2 s + 1}$

5.5 若系统的单位阶跃响应为 $h(t) = 1 - 1.8e^{-4t} + 0.8e^{-9t}$ $(t > 0)$,试求系统的频率特性。

5.6 绘出下列环节的 Bode 图,并求出最大相位角 φ_{max} 及对应的频率。

(1) $G(s) = \dfrac{3s + 1}{0.5s + 1}$ (2) $G(s) = \dfrac{0.5s + 1}{3s + 1}$

(3) $G(s) = \dfrac{0.5s + 1}{0.02s + 1}$ (4) $G(s) = \dfrac{0.02s + 1}{0.5s + 1}$

5.7 已知系统的频率特性为 $G(j\omega) = \dfrac{K}{j\omega(1 + j0.1\omega)}$,若满足系统谐振峰值 $M_r = 1.4$,求此时系统的增益,并求在此增益下系统的阻尼比和无阻尼自然频率。

5.8 已知最小相位系统的 Bode 图如图 P5-8 所示,试求出系统的传递函数。

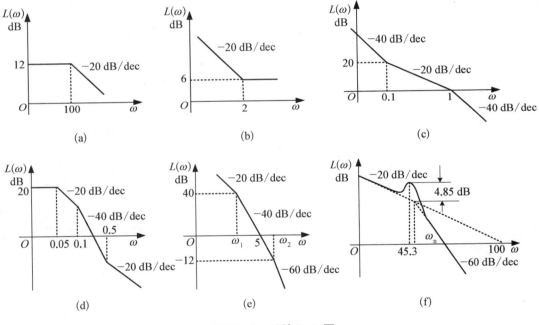

图 P5-8 系统 Bode 图

5.9 单位反馈系统的开环传递函数 $G(s) = \dfrac{10}{(s+1)(s^2 + 3s + 2)}$,编制 MATLAB 程序绘制系统的开环 Bode 图和闭环 Bode 图。

5.10 手工绘制下列传递函数的 Bode 图,然后用 MATLAB 加以验证。

(1) $G(s) = \dfrac{1}{(s+1)(s+10)}$ (2) $G(s) = \dfrac{s+10}{(s+1)(s+20)}$

(3) $G(s) = \dfrac{s+5}{(s+1)(s^2 + 12s + 50)}$

5.11 系统 Bode 图如图 P5-11 所示,试写出该系统的传递函数。

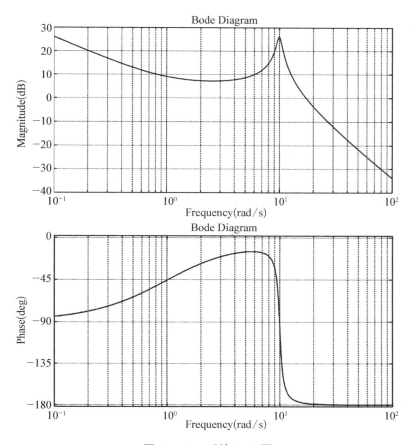

图 P5‑11　系统 Bode 图

5.12　设单位反馈系统开环传递函数 $G(s) = \dfrac{K}{s\left(\dfrac{s^2}{\omega_n^2} + \dfrac{2\zeta s}{\omega_n} + 1\right)}$，其中 $\omega_n = 90\ \text{rad/s}$，$\zeta = 0.2$。试分别在 Nquist 图和 Bode 图上应用 Nquist 判据确定速度常数 K 值为多大时系统稳定。

5.13　具有传输滞后的单位反馈系统开环传递函数 $G(s) = \dfrac{e^{-sT}}{s(s+1)}$，用 Nquist 判据确定如系统稳定时 T 的最大值。

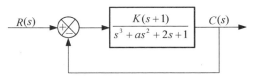

$$\frac{K(s+1)}{s^3 + as^2 + 2s + 1}$$

图 P5‑14　系统方块图

5.14　系统方块图如图 P5‑14 所示，若系统处于稳定边界时，以 $\omega_n = 2\ \text{rad/s}$ 的频率振荡，试确定振荡时的 K 值和 a 值。

5.15　已知反馈系统的开环传递函数为 $G(s)H(s) = \dfrac{13.3}{s\left(\dfrac{s}{4.59} + 1\right)\left(\dfrac{s^2}{4.05^2} + 0.81 \times \dfrac{s}{4.05} + 1\right)}$，试用 Nquist 判据分别在 Nquist 图和 Bode 图上判断系统是否稳定，并给出稳定裕量。

5.16 单位反馈系统开环传递函数 $G(s) = \dfrac{Ts+1}{s^2}$，试确定使 $\gamma = 30°$ 的 T 值。

5.17 设系统开环对数幅频特性如图 P5 - 17 所示，图中 ω_1 和 ω_2 为转折频率，ω_c 为增益交界频率，v 为积分环节数，试导出用 ω_1 和 ω_2 表示的关于最大相位裕量时的 ω_c 表达式，并确定 $v = 1$ 时的最大相位裕量。

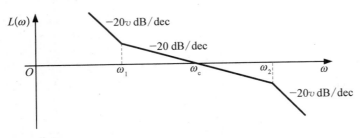

图 P5 - 17 系统对数幅频特性

第6章 频 域 校 正

6.1 频域设计指标

6.1.1 频域指标与时域指标间的关系

在设计控制系统时,需首先根据工作条件和使用要求确定控制系统的性能指标,不同的控制系统要求对应于不同的性能指标。在时域或频域方法中,均有对应的指标定义,如:

（1）瞬态响应指标:超调量 M_p、调整时间 t_s 和上升时间 t_r 等;

（2）频率响应指标:开环频率响应指标的相位裕量 γ、增益裕量 K_g 和增益交界频率 ω_c,以及闭环频率响应指标的谐振峰值 M_r、谐振频率 ω_r 和截止频率 ω_b 等。

其中 M_p、γ、M_r 等反映系统的阻尼情况,直接关系到系统的稳定性;而 t_s、ω_c、ω_r 和 ω_b 主要反映系统的快速性。

实际应用中给定的性能指标可能与采用的研究方法不符,此时须进行指标转换。如二阶系统的性能指标均是参数 ω_n 和 ζ 的函数,可以通过 ω_n 和 ζ 把时域的瞬态响应指标和频域的频率响应指标关联起来。

（1）超调量 M_p,相位裕量 γ 和谐振峰值 M_r 之间的关系。

已知二阶欠阻尼系统

$$M_p = e^{-\left(\frac{\zeta}{\sqrt{1-\zeta^2}}\right)\pi} \qquad \gamma = \arctan \frac{2\zeta}{\sqrt{\sqrt{1+4\zeta^4}-2\zeta^2}} \qquad M_r = \frac{1}{2\zeta\sqrt{1-\zeta^2}}$$

这三个性能指标仅与阻尼比 ζ 有关,只要知道其中一个,即可求得其余两个指标。

（2）调整时间 t_s、增益交界频率 ω_c、谐振频率 ω_r 和截止频率 ω_b 之间的关系。

已知二阶欠阻尼系统

$$t_s = \frac{3}{\zeta\omega_n} \ (\Delta = \pm 5\%)$$

$$\omega_c = \omega_n\sqrt{\sqrt{1+4\zeta^4}-2\zeta^2}$$

$$\omega_r = \omega_n\sqrt{1-2\zeta^2} \qquad \left[0 < \zeta < \frac{\sqrt{2}}{2}\right]$$

$$\omega_b = \omega_n\sqrt{\sqrt{2-4\zeta^2+4\zeta^4}+(1-2\zeta^2)}$$

$$\frac{\omega_b}{\omega_n} = -1.1961\zeta + 1.8508 \quad (0.3 \leqslant \zeta \leqslant 0.8)$$

整理可得

$$\omega_c t_s = \frac{3\sqrt{\sqrt{1+4\zeta^4}-2\zeta^2}}{\zeta}$$

$$\omega_r t_s = \frac{3\sqrt{1-2\zeta^2}}{\zeta}$$

$$\omega_b t_s = \frac{3\sqrt{\sqrt{2-4\zeta^2+4\zeta^4}+(1-2\zeta^2)}}{\zeta}$$

即可由阻尼比ζ值求得这些响应指标之间的关系。

高阶系统的瞬态响应和频率响应之间的关系很复杂。但如果高阶闭环系统中存在一对共轭复数主导极点,那么就可以运用上述二阶系统的瞬态响应指标和频率响应指标之间的关系,大大简化高阶系统的分析和研究。频率法分析与设计高阶控制系统时,在一定的应用条件下可采用频域响应指标M_r、ω_c和时域响应指标M_p、t_s间联系经验公式:

$$M_p = 0.16 + 0.4(M_r - 1) \qquad (1 \leqslant M_r \leqslant 1.8)$$

$$M_r \approx \frac{1}{\sin \gamma} \qquad (34° \leqslant \gamma \leqslant 90°)$$

$$t_s = \frac{\pi}{\omega_c}\left[2 + 1.5(M_r - 1) + 2.5(M_r - 1)^2\right]$$

由于性能指标在一定程度上决定了系统实现的难易程度、工艺要求、可靠性和成本,因此性能指标的提出应有依据,不能脱离实现的可能性。

6.1.2　频域三段论

基于频率响应的系统综合与校正通常在 Bode 图进行,其过程相对简单。如采用串联校正时,校正后系统的开环 Bode 图即为原有系统开环 Bode 图和校正装置的 Bode 图直接相加。某些数学模型推导起来比较困难的元件,如液压和气动元件,也可以通过频率响应实验来获得其 Bode 图。

分析法、综合法都可实现频率法。分析法进行校正装置选定时,频率特性图可以清楚表明系统改变性能指标的方向。在涉及高频噪声时,频域法设计比其他方法更为方便。对于如图 6-1 所示的系统开环 Bode 图分成低频段、中频段、高频段三个频段,三个频段将对应闭环系统的不同特性。

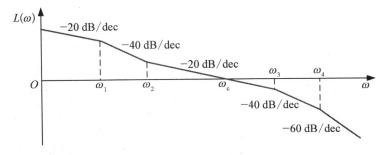

图 6-1　开环 Bode 图中的三频段划分

1) 低频段

图 6-1 中第一转折频率 ω_1 前为低频段,其特性用于表征系统的稳态特性。

低频段内 $\omega < \omega_1$,$G(j\omega)H(j\omega) \approx \dfrac{K}{(j\omega)^v}$,$L(\omega) \approx 20\lg K - v20\lg\omega$。此时有下列几种情况:

(1) 如果 $v = 0$,则有稳态误差 $e_{ssp} = \dfrac{1}{1+K}$、$e_{ssv} = e_{ssa} = \infty$;

(2) 如果 $v = 1$,则有稳态误差 $e_{ssp} = 0$、$e_{ssv} = \dfrac{1}{K}$、$e_{ssa} = \infty$;

(3) 如果 $v = 2$,则有稳态误差 $e_{ssp} = e_{ssv} = 0$、$e_{ssa} = \dfrac{1}{K}$。

即低频段斜率越大稳态误差越小,如果斜率相同,图线越上移越好。

但从图 6-2 可知,即如果没有后继环节,则 0 型系统、1 型系统、2 型系统对应的相位裕量分别为 $\gamma = 180°$、$\gamma = 90°$、$\gamma = 0°$。

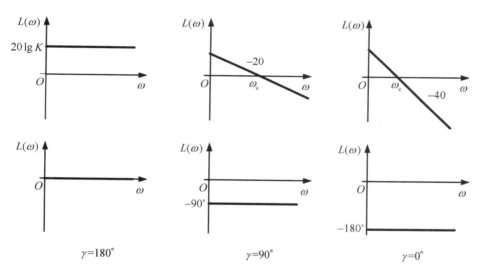

图 6-2 低频段的相位裕量(无后续环节)

如果存在后续环节,如图 6-3 所示,设中频段为理想的 -20 dB/dec,则对应不同的低频段斜率,相位裕量的情况也有所不同。由图 6-3 知低频斜率大有益于稳态指标的同时将使得相位裕量 γ 变差,变差的程度与 ω_1 与 ω_c 的距离有关,越远对相位裕量 γ 影响越小。

2) 中频段

系统相位增益交界频率 ω_c 附近为中频段,图 6-1 中可具体划分为 $[\omega_1, 10\omega_c]$,其特性表征系统动态特性。

对于如图 6-1 所示系统,可得

$$\gamma = 90° - \arctan\left(\frac{\omega_c}{\omega_1}\right) + \arctan\left(\frac{\omega_c}{\omega_2}\right) - \arctan\left(\frac{\omega_c}{\omega_3}\right) - \arctan\left(\frac{\omega_c}{\omega_4}\right)$$

$$\approx \arctan\left(\frac{\omega_c}{\omega_2}\right) - \arctan\left(\frac{\omega_c}{\omega_3}\right) > 0°$$

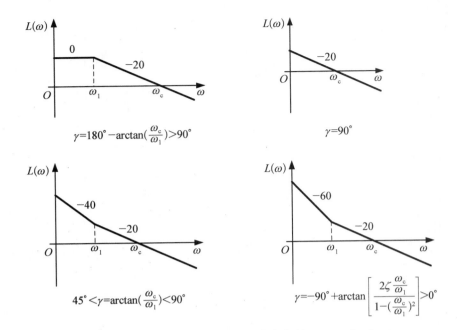

图 6-3　低频段的相位裕量(中频段保持−20 dB/dec)

当 ω_2 减小、ω_3 增大时，γ 增大，即在系统相位增益交界频率 ω_c 前后应有足够的带宽，可以定义 $h = \dfrac{\omega_3}{\omega_2}$，对上式求最大值，得到

$$\gamma_{\max} = \arctan\left(\sqrt{h}\right) - \arctan\left[\frac{1}{\sqrt{h}}\right] = \arctan\left[\frac{h-1}{2\sqrt{h}}\right]$$

$$\omega_{c\max} = \sqrt{\omega_1 \omega_2}$$

中频段一般采用 -20 dB/dec 斜率过系统相位增益交界频率 ω_c。表 6-1 是取不同 K 值时 $G(\mathrm{j}\omega)H(\mathrm{j}\omega) = \dfrac{K}{s(0.2s+1)(0.02s+1)}$ 对应的相位裕量情况以及此时 ω_c 对应的 $L(\omega)$ 斜率。

表 6-1　$G(\mathrm{j}\omega)H(\mathrm{j}\omega) = \dfrac{K}{s(0.2s+1)(0.02s+1)}$ 不同 K 值时对应的相位裕量情况

K	ω_c/(rad/s)	γ/(°)	ω_c 处斜率/(dB/dec)
4	3.3	52.6	−20
10	6.2	31.7	−40
30	11.6	10.3	−40
60	16.5	−1.4	−40
1 200	61.3	−46.1	−60

与表 6-1 相类似，一般系统当中频段斜率为 −60 dB/dec 时肯定不稳定；当中频段斜率

为 $-40\,\mathrm{dB/dec}$ 时可能稳定但相位裕量相对较小;当斜率为 $-20\,\mathrm{dB/dec}$ 时一般为稳定,且稳定裕量相对较大。但如果中频段很窄,使得 $\omega_c \rightarrow \omega_g$,斜率为 $-20\,\mathrm{dB/dec}$ 也会引起不稳定。

3) 高频段

图 $6-1$ 中 $> 10\omega_c$ 后的频段为高频段,更多体现对高频噪声的抗干扰能力,此频段斜率越大越好。图 $6-4$ 给出了中频段为理想的 $-20\,\mathrm{dB/dec}$ 时,不同高频段斜率时的相位裕量。由图 $6-4$ 知高频段斜率越高相位裕量减小,影响效果与 ω_c、ω_2 的距离有关,距离越远影响越小。

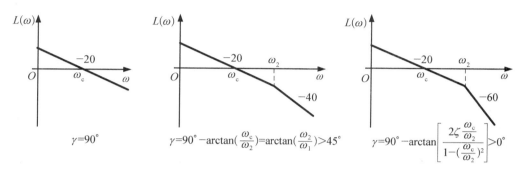

图 $6-4$ 高频段的相位裕量(中频段保持 $-20\,\mathrm{dB/dec}$)

三频段给出了系统不同性能在频域上的体现,当系统的性能不满足而需要进行校正时,可以作为进行校正的指向。

6.2 校正装置及其频域特性

用频率法进行系统设计和校正时,通常在开环 Bode 图上进行。由于对系统品质指标的要求最终可归结为对系统开环频率特性的要求,因而系统设计的实质从某种角度说就是利用校正装置对系统开环 Bode 图进行整形。系统设计时稳定性和稳态精度需求常会发生矛盾,无法通过改变被控对象的元件参数同时满足稳定性和稳态精度要求,此时需加入附加校正装置。频域校正时可采用的校正装置 PID 校正网络和频域特性修正针对性强的校正网络,如超前、滞后、滞后-超前网络。为便于设计时选用,附录Ⅱ列入一些常用校正网络及其特性曲线。

6.2.1 PID 校正的频率特性

如图 $4-20$ 所示,PID 校正采用串联校正方式,不同 PID 控制律将对原系统的开环频率特性产生不同的影响。

1) 比例(P)控制律

比例控制的传递函数

$$G_c(s) = K_p$$

本质是具有可调放大系数的比例放大器。如图 $6-5$ 所示,控制系统中采用比例控制,若 $K_p > 1$ 则系统开环增益值加大使得稳态误差减小;增益交界频率 ω_c 增大会提高系统快速性,但可能会降低稳定性。比例控制常常与微分控制、积分控制结合使用,仅在原系统稳定裕量充分大时才采用。

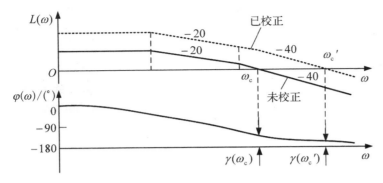

图 6-5 P校正 $(K_p > 1)$

2) 比例微分(PD)控制律

比例微分控制的传递函数

$$G_c(s) = K_p + T_d s$$

如图 6-6(a)所示,转折频率 $\omega_1 = K_p/T_d$。从图 6-6(b)可看出,比例微分控制中的比例系数 K_p 将影响系统稳态误差性能,当 $K_p = 1$ 不改变系统稳态性能;随着频率的增大,比例微分控制器的输出幅值增大,系统增益交界频率 ω_c 增大,快速性提高;微分引起的相位超前使系统相位裕量增加,稳定性提高;但高频段幅值提升会降低系统抗干扰能力并可能导致执行元件输出饱和。

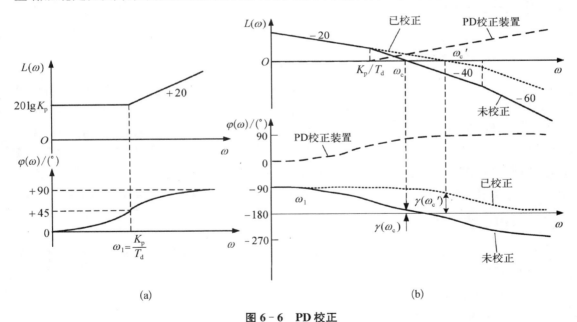

图 6-6 PD校正

(a) PD装置频域特性; (b) PD串联校正的作用 $(K_p = 1)$

3) 比例积分(PI)控制律

比例积分控制的传递函数

$$G_c(s) = K_p + \frac{1}{T_i s}$$

如图 6-7(a)所示,转折频率 $\omega_1 = 1/(K_p T_i)$。从图 6-7(b)知当 $K_p < 1$ 时,由于高频段 PI 带来的低幅值,使得系统增益交界频率 ω_c 变小,快速性变差。但由于系统增益交界频率 ω_c 前移,系统本身低频段相位较大,使得校正后有可能系统从不稳定变为稳定。

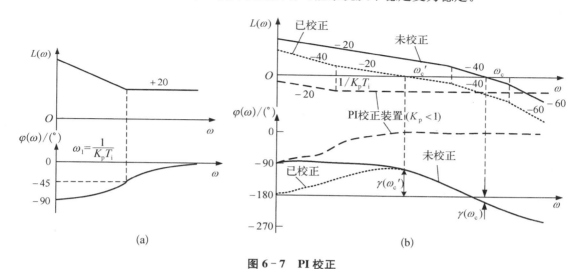

图 6-7　PI 校正

(a) PI 装置频域特性;　(b) PI 串联校正的作用 ($K_p < 1$)

6.2.2　频域修形校正网络

1) 超前校正网络

如图 6-8(a)所示是无源相位超前网络,有

$$G_c(s) = \frac{U_o(s)}{U_i(s)} = \frac{1}{\alpha} \frac{Ts+1}{\dfrac{T}{\alpha}s+1} \tag{6-1a}$$

式中:$T = R_1 C_1$;$\alpha = \dfrac{R_1 + R_2}{R_2} > 1$。

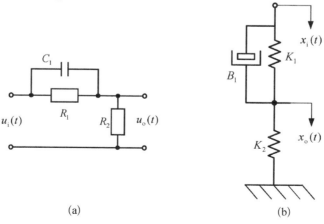

图 6-8　相位超前网络

(a) 无源校正网络;　(b) 机械校正装置

图 6-8(b)是图 6-8(a)的机械相似系统,同样有

$$G_c(s) = \frac{X_o(s)}{X_i(s)} = \frac{1}{\alpha} \frac{Ts+1}{\frac{T}{\alpha}s+1} \tag{6-1b}$$

式中:$T = \dfrac{B_1}{K_1}$;$\alpha = \dfrac{K_1 + K_2}{K_2} > 1$。

式(6-1a)或式(6-1b)是超前校正网络的传递函数,当 $|\alpha| \gg 1$ 时,有

$$G_c(s) \approx \frac{1}{\alpha}(1 + Ts)$$

故相位超前网络近似实现了 PD 控制律。PD 控制因为高频放大的原因不单独使用。超前校正网络相比于 PD 控制,分母中增加了一个一阶极点,在实现相位超前的同时抑制高频的放大效应。

"超前"是指在稳定的正弦信号作用下,可以使其输出的正弦信号相位超前的意思。图 6-9 为超前校正网络的 Bode 图,其转折频率分别为 $1/T$ 和 α/T。

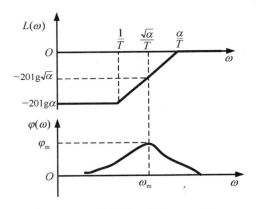
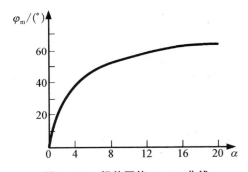

图 6-9　超前校正网络 Bode 图　　　　图 6-10　超前网络 α-φ_m 曲线

相位超前网络提供的超前相角为

$$\varphi = \arctan(T\omega) - \arctan\left(\frac{T}{a}\omega\right)$$

由 $\dfrac{\mathrm{d}\varphi}{\mathrm{d}\omega} = 0$ 可求出产生最大相位角 φ_m 处的频率 ω_m,即

$$\omega_m = \frac{\sqrt{\alpha}}{T} \qquad \varphi_m = \arcsin\frac{\alpha-1}{\alpha+1} \qquad \alpha = \frac{1 + \sin\varphi_m}{1 - \sin\varphi_m}$$

ω_m 位于两转折频率 $1/T$、α/T 的几何中点。如图 6-10 所示 φ_m 仅与 α 有关,α 越大相位超前角 φ_m 也越大。

超前校正具有高通滤波特性,使用时需考虑对抑制噪声干扰的不利,因而 α 值一般不能取得太大。由图 6-10 的 α-φ_m 曲线可看出:α 取得过小时超前校正效果不显著;α 取得过大时超前校正的相位超前效果变得趋缓。通常取 $5 \leqslant \alpha \leqslant 15$,如果需要较大的相位超前,可以

采用双重超前校正, 即 $G_{\mathrm{c}}(s) = \left(\dfrac{1}{\alpha} \cdot \dfrac{Ts+1}{\dfrac{T}{a}s+1} \right)^{2}$。

超前校正网络在低频段对数幅频特性曲线的幅值变化为

$$\Delta L = 20\lg\frac{1}{\alpha} = -20\lg\alpha$$

在最大相位角 φ_{m} 处(对应频率为 ω_{m}), 幅频特性曲线的幅值变化为

$$\Delta L_{\mathrm{m}} = 20\lg\frac{1}{\sqrt{\alpha}} = -10\lg\alpha$$

式(6-1)中的系数 $1/\alpha$ 是一衰减量, α 越大衰减量越严重, 因此在回路中需要提高增益或附加放大环节, 以避免因低频增益降低而影响精度。

2) 滞后校正网络

用无源阻容元件组成的滞后校正网络如图 6-11(a)所示, 传递函数为

$$G_{\mathrm{c}}(s) = \frac{Ts+1}{\beta s+1} \tag{6-2}$$

式中: $\beta = \dfrac{R_{1}+R_{2}}{R_{2}} > 1$; $T = R_{2}C_{2}$。

图 6-11(b)是图 6-11(a)的机械相似系统, 有同样的传递函数, 其中 $\beta = \dfrac{B_{1}+B_{2}}{B_{2}} > 1$, $T = \dfrac{B_{2}}{K_{2}}$。

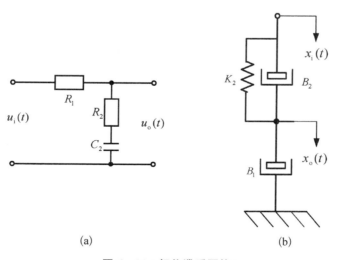

(a)　　　　　　　　　　(b)

图 6-11　相位滞后网络

(a) 无源校正网络; (b) 机械校正装置

$|\beta| \gg 1$ 时, 式(6-2)可近似为

$$G_{\mathrm{c}}(s) = \frac{Ts+1}{\beta s+1} \approx \frac{1}{\beta}\left(1+\frac{1}{Ts}\right)$$

故相位滞后网络近似地实现了 PI 控制律。

滞后校正网络的 Bode 图如图 6-12 所示,其转折频率分别为 $1/T$ 和 $\dfrac{1}{\beta T}$。采用类似超前网络的分析方法,可求出产生最大相位滞后角 φ_m 处的频率 ω_m,即

$$\omega_m = \frac{1}{\sqrt{\beta}T} \qquad \varphi_m = -\arcsin\frac{\beta-1}{\beta+1}$$

从图 6-12 可看出,滞后校正网络实质是低通滤波器。高频对数幅频特性比低频幅频特性衰减 $20\lg\beta$ dB。利用这一特性可以对开环的中高频部分加以衰减,使增益交界频率 ω_c 减小,以提高系统的稳定裕度。或者通过增大开环增益,抬高开环的低频部分,以提高系统的稳态精度。

由图 6-13 的 β-φ_m 曲线可看出:β 越大相位滞后越严重,所以应尽量使产生最大滞后相角的频率 ω_m 远离校正后系统的幅值穿越频率 ω_c,否则会对系统动态性能产生不利影响。常取

$$\frac{\omega_c}{10} \leqslant \left(\omega_2 = \frac{1}{T}\right) \leqslant \frac{\omega_c}{2}$$

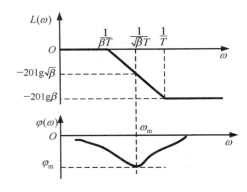

图 6-12　滞后校正网络 Bode 图

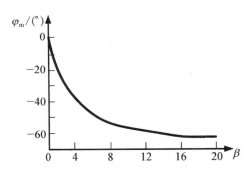

图 6-13　滞后网络 $\boldsymbol{\beta}$-$\boldsymbol{\varphi}_m$ 曲线

3)滞后-超前校正网络

图 6-14(a)是近似的滞后-超前网络的无源阻容实现,传递函数为

$$G_c(s) = \frac{(T_1 s+1)(T_2 s+1)}{T_1 T_2 s^2 + (T_1 + \alpha T_2)s + 1} \tag{6-3}$$

式中:$T_1 = R_1 C_1$;$T_2 = R_2 C_2$;$\alpha = \dfrac{R_1 + R_2}{R_2} > 1$。

图 6-14(b)是图 6-14(a)的机械相似系统,有同样的传递函数式,式中:$T_1 = \dfrac{B_1}{K_1}$;$T_2 = \dfrac{B_2}{K_2}$;$\alpha = \dfrac{K_1 + K_2}{K_2} > 1$。

若 $T_2 > T_1$、$\alpha \gg 1$,则式(6-3)变为

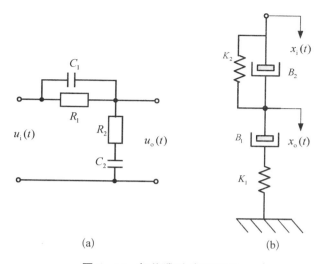

(a)   (b)

图 6-14 相位滞后-超前网络

(a) 无源校正网络；(b) 机械校正装置

$$G_c(s) = \frac{(T_1 s + 1)(T_2 s + 1)}{T_1 T_2 s^2 + (T_1 + \alpha T_2)s + 1} \approx \frac{(T_1 s + 1)(T_2 s + 1)}{(T_1 + \alpha T_2)s}$$

$$= \frac{T_1 + T_2}{(T_1 + \alpha T_2)}\left[1 + \frac{1}{(T_1 + T_2)s} + \frac{T_1 T_2}{T_1 + T_2}s\right],$$

是 PID 控制律的近似实现。

当近似有 $T_1 + \alpha T_2 \approx \dfrac{T_1}{\alpha} + \alpha T_2$，则式(6-3)的传递函数可近似写成

$$G_c(s) \approx \left(\frac{T_1 s + 1}{\dfrac{T_1}{\alpha}s + 1}\right)\left(\frac{T_2 s + 1}{\alpha T_2 s + 1}\right) \tag{6-4}$$

式(6-4)表明,滞后-超前校正网络实际是把滞后校正网络和超前校正网络的特性结合起来,其 Bode 图如图 6-15 所示。频率前半段是相位滞后部分,具有使后续增益衰减的作用,可用于在低频段提高增益以改善系统的稳态性能。频率后半段是相位超前部分,可用于提高系统相位裕量,增大增益交界频率 ω_c 改善系统动态性能。由图 6-15 可见,随着频率增加,由相位滞后变为相位超前。当频率

$$\omega = \frac{1}{\sqrt{T_1 T_2}}$$

时相位为零。

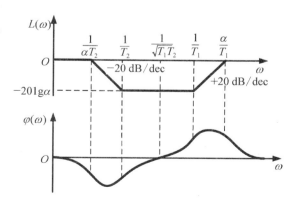

图 6-15 滞后-超前网络的 Bode 图

6.3 频域分析法串联校正

串联校正将校正装置串联在控制系统的前向通路中,常采用分析法。待校正的开环对数幅频特性可分为以下几类:

(1) 原系统稳定,瞬态响应和频带宽度达标,但稳态精度不满足要求。如图 6-16(a)中虚线所示,可提高低频增益以减小稳态误差,同时维持高频部分。

(2) 原系统不稳定,或者稳定并具有满意的稳态误差但瞬态响应不达标。如图 6-16(b)中虚线所示,可通过改变高频部分以提高增益交界频率。

(3) 原系统稳定,但稳态误差及瞬态响应均不达标。如图 6-16(c)所示,可通过增大低频增益和提高增益交界频率来改进。

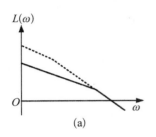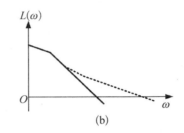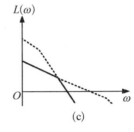

图 6-16 系统校正的几种情况

6.3.1 超前校正

图 6-17 是超前校正工作原理示意图,超前校正网络在 $\left[\dfrac{1}{T}, \dfrac{\alpha}{T}\right]$ 引起相位超前而增加稳定裕度,降低了中频段的斜率并增大了增益交界频率,提高了系统带宽,系统动态性能得以提升。因为 α 值过大对抑制高频噪声不利,故通常取 $\alpha \leqslant 10$,即一次超前 $\varphi_m \leqslant 55°$。

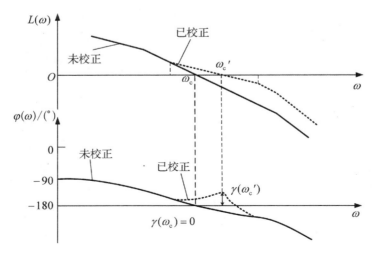

图 6-17 超前校正工作原理

[**例 6‑01**] 设一单位反馈系统,其开环传递函数为 $G_s(s) = \dfrac{4K}{s(s+2)}$。试设计系统校正网络,使得系统的静态速度误差系数 K_v 等于 $20\ \text{s}^{-1}$,相位裕度 γ 不小于 $50°$。

[**解**] (1)由稳态指标确定开环增益。

由已给定条件

$$K_v = \lim_{s \to 0} s G_s(s) = \lim_{s \to 0} \frac{s \cdot 4K}{s(s+2)} = 2K = 20$$

即 $K = 10$ 时,可满足系统的稳态要求。

(2)确定校正网络类型。

由已求得的 K 值画出未加入超前校正网络的开环频率特性

$$G_s(j\omega) = \frac{4K}{j\omega(j\omega + 2)} = \frac{20}{j\omega(0.5j\omega + 1)}$$

的 Bode 图,如图 6‑18 所示。可求出系统相位和增益裕量分别为 $17°$ 和 $+\infty\,\text{dB}$。此时系统满足稳态性能指标,相位裕量较小。

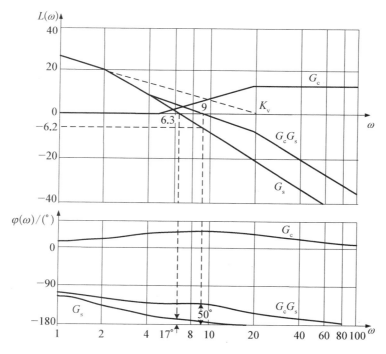

图 6‑18 校正前后的系统 Bode 图

题意中系统的稳定性要求,即相位裕量 γ 不低于 $50°$,需要增加的相位超前量为 $\varphi = 50° - 17° = 33°$。在不减小 K 值的情况下获得 $33°$ 的相位裕量,可以在系统中加入适当的超前校正装置。

(3)确定最大超前角 φ_m。

加入相位超前校正装置会改变 Bode 图中的幅频特性,从而使增益交界频率向右移动,可能因此带来相位滞后增量,拟再增加 $5°$ 相位超前量作补偿。因此通过相位超前校正装置增加的相位超前量为 $\varphi_m = 33° + 5° = 38°$。

（4）确定系数 α。

根据需要提供的最大相位超前角 φ_m 确定系数 α：

$$\alpha = \frac{1 + \sin \varphi_m}{1 - \sin \varphi_m} = \frac{1 + \sin 38°}{1 - \sin 38°} = 4.2$$

（5）确定新的增益交界频率。

可算出超前网络最大相位角 φ_m（频率为 ω_m）处的幅值变化量为

$$\Delta L_m = -10 \lg \alpha = -10 \lg 4.2 = -6.2 \text{ dB}$$

从图 6-18 可知，对应未校正系统 $G_s(j\omega) = -6.2$ dB 处的频率为 9 rad/s，即在此频率下可提供最大相位超前角 φ_m，故应该选择这一频率作为校正后的新增益交界频率 ω_c，即 $\omega_c = \omega_m = \frac{\sqrt{\alpha}}{T} = 9$ rad/s。

（6）确定超前网络的转折频率。

$$\omega_1 = \frac{1}{T} = \frac{\omega_c}{\sqrt{\alpha}} = \frac{9}{\sqrt{4.2}} = 4.41 \text{ rad/s}$$

$$\omega_2 = \frac{\alpha}{T} = 4.2 \times 4.41 = 18.4 \text{ rad/s}$$

因此，相位超前校正网络可确定为 $\dfrac{1}{4.2} \left[\dfrac{\frac{s}{4.41} + 1}{\frac{s}{18.4} + 1} \right]$。

（7）确定衰减补偿放大器。

为了补偿超前校正网络造成的衰减，配置增益为 4.2 的附加放大器，以确保稳态指标的实现。由放大器和超前校正网络组成的校正装置传递函数为

$$G_c(s) = \frac{0.227s + 1}{0.054s + 1}$$

$G_c(j\omega)$ 的幅频特性曲线和相频特性曲线如图 6-18 所示。校正后的系统开环传递函数为

$$G(s) = G_s(s)G_c(s) = \frac{20}{s(0.5s + 1)} \cdot \frac{0.227s + 1}{0.054s + 1}$$

（8）校验。

从图 6-18 中的已校正系统的幅频特性和相频特性可以看出，超前校正装置使系统增益交界频率从 6.3 rad/s 增加到 9 rad/s，系统的带宽增加，响应速度增大。校正后的系统相位裕量和增益裕量分别为 50° 和 $+\infty$ dB。进一步的计算还可知，校正后系统的闭环谐振频率 ω_r 从 6 rad/s 增大到 7 rad/s，谐振峰值 M_r 从 3 减小到 1.29。

6.3.2　滞后校正

系统设计时碰到系统动态品质满意但稳态精度达不到要求的情形，一般会选择增大系

统开环增益。但仅增大系统开环增益会引起增益交界频率变化,可能影响动态特性。此时可采用图 6-19(a)的滞后校正,校正环节的转折频率远离增益交界频率,利用滞后校正网络的低通特性提升幅频特性低频段以提高稳态精度,同时又维持较高临界频率范围内的增益从而防止对系统的动态品质的影响及出现不稳定现象。

图 6-19(b)则是滞后校正的另一个工作原理,即利用滞后校正网络的高频段衰减特性使增益交界频率移向低频点,这时系统带宽降低,系统响应变慢。但如果原系统在新的增益交界频率处有足够的相位富裕,则可以因此获得足够的裕量。特别是当碰到系统稳定性差且稳态精度也达不到要求的情形,就意味着开环增益应有明显的增加,又需要在高频段进行衰减以得到充分的相位裕量。如果系统对 ω_c 没有严格要求,那么引入串联的滞后校正装置,就有可能达到校正目的。

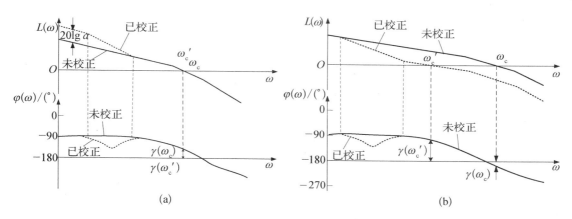

图 6-19 滞后校正工作原理

[**例 6-02**] 设一具有单位反馈的系统开环传递函数为 $G_s(s) = \dfrac{K}{s(s+1)(0.5s+1)}$。要求对系统进行校正,校正后系统的速度误差系数 $K_v = 5 \text{ s}^{-1}$,相位裕量不小于 $40°$,试设计适当的串联校正装置。

[**解**] (1)由稳态指标确定开环增益

$$K_v = \lim_{s \to 0} sG_s(s) = \lim_{s \to 0} \frac{sK}{s(s+1)(0.5s+1)} = K = 5$$

即系统开环增益 $K = 5$ 时,能满足稳态性能要求。

(2)确定校正网络类型。

由已求得的 K 值画出未加入超前校正网络的开环系统

$$G_s(s) = \frac{5}{s(s+1)(0.5s+1)}$$

的 Bode 图,如图 6-20 所示。由图得系统的相位裕量 $\gamma = -20°$,系统不稳定。

图 6-20 中增益交界频率附近 $G_s(j\omega)$ 的相位很快减小,采用超前校正不怎么有效。可以采用滞后校正装置。

(3)确定新的增益交界频率 ω_c。

因为与 $40°$ 相位裕量对应的频率是 0.7 rad/s,所以在这附近选取新的增益交界频率。

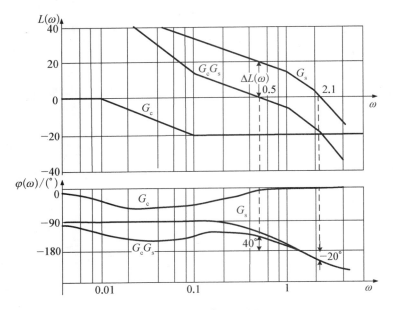

图 6 - 20　系统 Bode 图

考虑到滞后环节的转折频率与新的增益交界频率不太远,滞后网络引起的相位滞后量可能比较大,故在给定的相位裕量上增加 12° 的相位补偿(一般补偿值按 $G_s(j\omega)$ 相角特性取 5°～12°)。因此需要的相位裕量 $\gamma = 40° + 12° = 52°$。由未校正的开环传递函数可知,在 $\omega = 0.5$ rad/s 附近的相位角等于 $-128°$,选择新的增益交界频率 $\omega_c = 0.5$ rad/s。

(4) 确定衰减系数 α。

为了在这一新的增益交界频率上使幅频曲线下降到零分贝,滞后网络须产生必要的衰减。由未校正的开环幅频曲线查得 $\Delta L_s(\omega_c) = -20$ dB。因此 $20\lg \dfrac{1}{\beta} = -20$,得 $\beta = 10$。

(5) 确定滞后网络的转折频率。

在 $\left[\dfrac{\omega_c}{10}, \dfrac{\omega_c}{2}\right]$ 范围选取转折频率

$$\omega_2 = \frac{1}{T} = 0.1 \text{ rad/s}$$

则另一个转折频率

$$\omega_1 = \frac{1}{\beta T} = \frac{1}{10 \times 10} = 0.01 \text{ rad/s}$$

(6) 确定滞后校正装置的传递函数。

$$G_c(s) = \frac{10s + 1}{100s + 1}$$

校正后系统的开环传递函数为

$$G(s) = G_s(s) \cdot G_c(s) = \frac{5(10s + 1)}{s(100s + 1)(s + 1)(0.5s + 1)}$$

(7) 校验。

图 6-20 是已校正系统 $G(s)$ 的 Bode 图。在高频段上,校正装置引起的相角滞后影响可以忽略。校正后系统的相位裕量约等于 $40°$,速度误差系数等于 $5\ \mathrm{rad/s}$。因此,经校正后的系统既能满足稳态准确度的要求,又能满足稳定性要求。

将一个不稳定的系统(题中 $\gamma = -20°$)校正到具有一定相位裕量的稳定系统(题中 $\gamma = 40°$),将使得增益交界频率的降低,题中从 $2.1\ \mathrm{rad/s}$ 降低到 $0.5\ \mathrm{rad/s}$,系统带宽变窄了,已校正系统的瞬态响应速度比原来系统低。

6.3.3 滞后-超前校正

超前校正和滞后校正各有特点。超前校正使系统频带增宽,改善动态品质,但对稳态性能的改善却很小。滞后校正改善稳态特性,但会降低系统带宽,减慢响应速度。如果待校正系统在稳态精度和动态品质上都不满足要求,需要同时改善系统的稳态特性和瞬态响应,即需要同时提高系统的增益和带宽时,通常采用滞后-超前校正。滞后-超前校正网络的超前部分用于增大相位裕度,滞后部分由于在增益交界频率附近将产生衰减而容许在低频段上增加增益,改善系统的稳态特性。滞后-超前校正装置的设计实际上是超前校正和滞后校正的综合。

[例 6-03] 有一电液伺服系统,具有单位负反馈,其开环传递函数 $G_{\mathrm{s}} = \dfrac{K}{s\left(\dfrac{1}{37^2}s^2 + \dfrac{2 \times 0.57}{37}s + 1\right)}$。试设计一校正装置,使其满足:系统的速度误差系数 $K_{\mathrm{v}} \geqslant 375\ \mathrm{s}^{-1}$,相位裕量 $\gamma = 48°$,增益交界频率 $\omega_{\mathrm{c}} = 25\ \mathrm{rad/s}$。

[解] (1) 稳态指标确定开环增益。

根据系统对速度误差系数的要求,有

$$K_{\mathrm{v}} = \lim_{s \to 0} sG_{\mathrm{s}}(s) = \lim_{s \to 0} \frac{sK}{s\left(\dfrac{s^2}{37^2} + \dfrac{2 \times 0.57}{37}s + 1\right)} = 375$$

得 $K = 375$。由此写出未校正系统开环传递函数为

$$G_{\mathrm{s}}(s) = \frac{375}{s\left(\dfrac{s^2}{37^2} + \dfrac{2 \times 0.57}{37}s + 1\right)}$$

(2) 确定校正网络类型。

画出未校正系统的开环 Bode 图如图 6-21 所示。由图知原系统 $\omega_{\mathrm{c}} = 90\ \mathrm{rad/s}$,滞后校正压低高频以达到 $\omega_{\mathrm{c}} = 25\ \mathrm{rad/s}$,但原系统 $\omega_{\mathrm{c}} = 25\ \mathrm{rad/s}$ 处相位裕量 $\gamma = 35°$,需超前 $13°$ 才能达到预定的裕量 $48°$,故需采用滞后-超前校正。

(3) 确定超前部分的校正网络。

考虑到以后所加滞后校正装置对 ω_{c} 处相位的影响,补偿 $5° \sim 12°$ 的超前相位。由于选择的校正装置的 $1/T$ 距 ω_{c} 可能比较近,故取 $12°$,因此需在 ω_{c} 处提供的最大相位超前角 $\varphi_{\mathrm{m}} = 13° + 12° = 25°$,$\omega_{\mathrm{m}} = \omega_{\mathrm{c}}$。

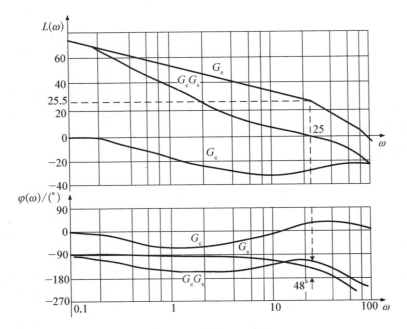

图 6 - 21　系统 Bode 图

由 φ_m 可得

$$\alpha = \frac{1 + \sin \varphi_m}{1 - \sin \varphi_m} = \frac{1 + \sin 25°}{1 - \sin 25°} = 2.5$$

超前校正环节的时间常数

$$T_2 = \frac{\sqrt{\alpha}}{\omega_m} = \frac{\sqrt{2.5}}{25} = 0.063$$

即超前部分的传递函数为

$$G_{c2}(s) = \frac{1}{a}\left(\frac{T_2 s + 1}{\dfrac{T_2}{a} s + 1}\right) = \frac{1}{2.5}\left(\frac{0.063s + 1}{0.025s + 1}\right)$$

为了确保低频仍能保持原状,需要补上超前校正装置引起的增益降低,附加一放大倍数为 $\alpha = 2.5$ 的放大器。

(4) 确定滞后部分的校正网络。

串联了超前校正装置后,在 ω_c 处幅值变化为

$$-20\lg\sqrt{\alpha} = -4 \text{ dB}$$

由图 6 - 21 知, ω_c 处的幅值 $L_s(\omega_c) = 25.5$ dB, 则

$$\Delta L_s(\omega_c) = L_s(\omega_c) - 20\lg\sqrt{\alpha} = 21.5 \text{ dB}$$

为了确保 ω_c 处幅频特性正好过零,串联的滞后校正环节除了要在高频处衰减刚才提升

的 $20\lg K_2 = 20\lg 2.5 = 8\,\mathrm{dB}$ 外,还要向下拉 $\Delta L_s(\omega_c) = 21.5\,\mathrm{dB}$(如果 $\Delta L_s(\omega_c) < 0$,则向上提)。

滞后校正装置的 β 应满足

$$20\lg\beta = \Delta L_s(\omega_c) + 20\lg\alpha = 21.5 + 8 = 29.5\,\mathrm{dB}$$

得

$$\beta = 29.7$$

为了使滞后校正所引起的相位滞后在 ω_c 处足够小,现取时间常数 T_1,使其满足

$$\frac{1}{T_1} < 0.2\omega_c$$

取

$$T_1 = \frac{5}{25} = 0.2$$

滞后部分的传递函数为

$$G_{c1}(s) = \frac{T_1 s + 1}{\beta T_1 s + 1} = \frac{0.2s + 1}{5.85s + 1}$$

(5)确定整体的校正网络。

将网络的滞后部分和超前部分的传递函数组合在一起,可得到滞后-超前校正装置的传递函数为

$$G_c(s) = 2.5 \times \frac{1}{2.5}\left(\frac{0.063s + 1}{0.025s + 1}\right)\left(\frac{0.2s + 1}{5.85s + 1}\right)$$

上述设计出来的滞后-超前校正装置的幅频特性和相频特性曲线示于图 6-21。已校正系统的开环传递函数

$$G(s) = G_s(s)G_c(s) = \frac{375}{s\left(\dfrac{s^2}{37^2} + \dfrac{2 \times 0.57}{37}s + 1\right)} \cdot \left(\frac{0.063s + 1}{0.025s + 1}\right)\left(\frac{0.2s + 1}{5.85s + 1}\right)$$

(6)校验。

由图 6-21 知已校正系统的交界频率 $\omega_c = 25\,\mathrm{rad/s}$,相位裕量 $\gamma = 48°$,速度误差系统 $K_v = 375\,\mathrm{s^{-1}}$,达到设计要求。

上面由具体例题介绍了超前、滞后和滞后-超前校正的步骤,可知:

(1)超前校正是通过相位超前效应获得所需结果;而滞后校正则通过高频衰减特性获得所需结果。

(2)超前校正增大了相位裕量和带宽,缩短瞬态响应时间。超前校正需要附加增益增量,以补偿超前网络本身的衰减,即超前校正比滞后校正需要更大的增益。

(3)滞后校正可以改善稳态精度,但使系统的带宽减小。

如果需要系统具有大带宽或具有快速响应特性,则应当采用超前校正装置。如果存在

噪声信号则带宽不应过大,如果带宽过分减小则校正后的系统响应缓慢,此时应当采用滞后校正。如果既需要快速响应特性,又需要良好稳态精度,则必须采用滞后-超前校正装置。

对于给定的系统,需要灵活地应用这些基本设计原则。在由校正网络确定具体的器件参数时需考虑负载效应。

6.4 频域综合法校正

6.4.1 希望对数幅频特性曲线

希望对数幅频特性 $L_{ds}(\omega)$ 指由设计指标确定的开环对数幅频特性。绘制 $L_{ds}(\omega)$ 曲线一般采用低、中、高三频段的分段方法。如 6.1.2 分析的结果,低频段提供尽可能高的增益和较大的斜率,用最小的误差来跟踪输入;中频端应当限制在 -20 dB/dec 左右并保证足够的带宽,以保证系统的稳定性;高频段尽可能快地衰减,以减小高频噪声对系统的干扰。

1)希望对数幅频特性曲线低频段的绘制

若系统的希望开环传递函数为

$$G_{ds}(s) = \frac{K}{s^{\nu}} G_0(s)$$

式中 $G_0(s)$ 不含开环增益和积分环节。

当 $\omega \to 0$ 时,低频渐近线为

$$L_{ds}(\omega) = 20\lg K - 20\nu\lg \omega$$

当 $\omega = 1$ 时,有

$$L_{ds}(\omega)\mid_{\omega=1} = 20\lg K$$

因此,幅频特性的低频段曲线可用其低频渐近线来近似表示。过点 $(\omega = 1 \text{ rad/s}、L(\omega) = 20\lg K)$ 作斜率为 -20ν dB/dec 的直线,一直延长至第一转向频率 ω_1,即求得低频段。

低频段通常取决于系统稳态精度要求。即根据给定的稳态误差或稳态误差系数,确定出系统的开环增益 K。输入信号为周期函数或复现的信号并非光滑等速、等加速规律的系统,无法用误差或误差系数给出指标,可采用精度点 (ω_i, L_i) 的方法决定低频渐近线。

(1)进行频率 ω_i、振幅 θ_m 的正弦跟踪时,当允许的最大误差为 e_m 时,精度点纵坐标为

$$L_i = 20\lg \frac{\theta_m}{e_m}$$

(2)当系统指标是最大速度 Ω_m、最大加速度 ξ_m 和最大允许误差 e_m 时,可用等效正弦法求出等效跟踪角频率 ω_i 和等效振幅 θ_m:

$$\omega_i = \frac{\xi_m}{\Omega_m} \qquad \theta_m = \frac{\Omega_m^2}{\xi_m}$$

并因此得到精度点纵坐标为

$$L_i = 20\lg \frac{\theta_m}{e_m} = 20\lg \frac{\Omega_m^2}{e_m \xi_m}$$

当精度点（ω_i，L_i）确定后，希望幅频特性 $L_{ds}(\omega)$ 的低频渐近线应通过精度点或在精度点之上，就能满足系统精度指标。

2）希望对数幅频特性曲线中频段的绘制

中频段须由增益交界频率 ω_c 和中频渐近线长度 h 确定。根据时域或频域的性能指标，利用前述的近似关系或经验公式可求得 ω_c，过横坐标 ω_c 点作 $-20\,dB/dec$ 的直线即为中频渐近线。中频渐近线长度 h 指中频段渐近线在横轴方向上的长度，即

$$h = \frac{\omega_3}{\omega_2}$$

式中：ω_2、ω_3 分别为 ω_c 前后的转折频率。

1 型和 2 型系统的相对谐振峰值 M_r 与中频段长度之间有如下近似关系：

$$M_r = \frac{h+1}{h-1} \qquad h = \frac{M_r+1}{M_r-1}$$

两转折频率分别为

$$\omega_2 = \frac{M_r-1}{M_r}\omega_c \qquad \omega_3 = \frac{M_r+1}{M_r}\omega_c$$

且

$$M_r \approx \frac{1}{\sin\gamma} \qquad \gamma \approx \arcsin\frac{1}{M_r}$$

一般的系统可采用经验公式。图 6-22 中取 ω_2 使得 $L(\omega_2) = 9\sim12\,dB$，取 ω_3 使得 $L(\omega_3) = -7\sim-8\,dB$，同时又有 $\lg\frac{\omega_3}{\omega_2} > 0.76$。设计完成前须校验希望特性曲线的相位裕量，如果相位裕量 γ 不满足要求，可适当延长中频段长度直到满足要求。

3）希望对数幅频特性曲线高频段的绘制

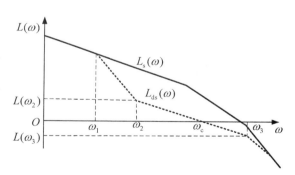

图 6-22 经验法确定中频段长度

由于高频段对系统性能的影响不大，一般如没有特殊要求，只要使高频段随着频率增加而衰减，不出现振荡就可以了。通常为了使校正装置容易实现，就以系统固有特性 $L_s(\omega)$ 的高频部分作为希望特性 $L_{ds}(\omega)$ 的高频渐近线。如果做不到这一点，$L_{ds}(\omega)$ 和 $L_s(\omega)$ 的高频渐近线至少应该具有相同的斜率。

4）希望对数幅频特性曲线频段的连接

以 ω_2、ω_3 为起点，分别将低、中频部分和中、高频部分连接起来。为使 $L_{ds}(\omega)$ 满足给定的品质指标和便于实现校正，应尽量使 $L_{ds}(\omega)$ 的连接线斜率与系统固有对数幅频特性 $L_s(\omega)$ 的斜率相接近，同时希望特性 $L_{ds}(\omega)$ 各连接的渐近线的斜率彼此相差不太大。

[例 6-04] 已知系统开环传递函数 $G_s(s) = \dfrac{200}{s(0.05s+1)(0.01s+1)}$，绘制系统希

望对数幅频特性 $L_{ds}(\omega)$ 满足稳态速度误差系数 $K_v = 200\ \mathrm{s}^{-1}$、超调量 $\sigma \leqslant 30\%$、调整时间 $t_s \leqslant 0.5\ \mathrm{s}$。

[解]　根据 $G_s(s)$ 绘制出固有特性 $L_s(\omega)$ 如图 6-23 所示。

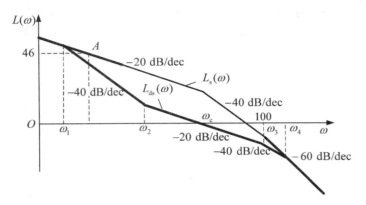

图 6-23　希望对数幅频特性 $L_{ds}(\omega)$ 的绘制

（1）低频段的绘制。

已知系统为 1 型系统，即 $\nu = 1$，$K = K_v = 200\ \mathrm{s}^{-1}$，故低频段渐近线是斜率为 $-20\ \mathrm{dB/dec}$ 且过 A 点（$\omega = 1\ \mathrm{rad/s}$、$20\lg K = 46\ \mathrm{dB}$）的直线，如图 6-23 所示。

（2）中频段的绘制。

由经验公式 $\sigma = 0.16 + 0.4(M_r - 1) = 0.3$，解出 $M_r = 1.35$。

由近似公式求得相位裕量 $\gamma \approx \arcsin \dfrac{1}{M_r} = 47.8°$，取 $\gamma = 50°$。

由 $h \geqslant \dfrac{1 + \sin\gamma}{1 - \sin\gamma} = \dfrac{1 + \sin 50°}{1 - \sin 50°} = 7.6$，计算出中频段的宽度要求 $h \geqslant 7.6$。

由经验公式 $t_s = \dfrac{\pi}{\omega_c}\left[2 + 1.5(M_r - 1) + 2.5(M_r - 1)^2\right] = 0.5$，求出希望系统的增益交界频率 $\omega_c = 17.8\ \mathrm{rad/s}$。

过 $\omega = \omega_c = 17.8\ \mathrm{rad/s}$ 作斜率为 $-20\ \mathrm{dB/dec}$ 的直线，中频段上、下转折频率由 $\omega_2 \leqslant \omega_c \dfrac{M_r - 1}{M_r}$ 和 $\omega_3 \geqslant \omega_c \dfrac{M_r + 1}{M_r}$ 确定。求得 $\omega_2 < 4.6\ \mathrm{rad/s}$，取 $\omega_2 = 4.2\ \mathrm{rad/s}$。求得 $\omega_3 > 31\ \mathrm{rad/s}$，为了使校正装置尽量简单，取希望特性中频段 ω_3 等于固有特性转向频率 $\omega = 100\ \mathrm{rad/s}$，即 $\omega_3 = 100\ \mathrm{rad/s}$。中频段宽度 $h = \dfrac{\omega_3}{\omega_2} = \dfrac{100}{4.2} = 23.8$，满足 $h \geqslant 7.6$ 的要求。经相位裕量检验，上述 ω_2、ω_3 可保证 $\gamma = 50°$ 的要求。

（3）高频段的绘制。

由于系统固有特性 $L_s(\omega)$ 的高频段斜率为 $-60\ \mathrm{dB/dec}$，表明未校正系统具有良好的抑制高频干扰的能力，故取 $L_s(\omega)$ 的高频部分作为希望特性 $L_{ds}(\omega)$ 的高频段。

（4）频段连接。

找出中频段与过 $\omega_2 = 4.2\ \mathrm{rad/s}$ 垂线的交点，并通过该交点作斜率等于 $-40\ \mathrm{dB/dec}$ 的直线，将中低频连接起来，得直线与低频渐近线交点的频率为 $\omega_1 = 0.4\ \mathrm{rad/s}$。

过 ω_3 作斜率为 $-40\ \mathrm{dB/dec}$ 的直线，与高频段相交，得交点对应的频率 $\omega_4 = 174\ \mathrm{rad/s}$，

此后 $L_s(\omega)$ 与 $L_{ds}(\omega)$ 高频段完全重合。

（5）验算性能特性指标。

根据初步绘制的希望特性 $L_{ds}(\omega)$，求得对应的系统开环传递函数

$$G_{ds}(s) = \frac{200\left(\dfrac{s}{\omega_2} + 1\right)}{s\left(\dfrac{s}{\omega_1} + 1\right)\left(\dfrac{s}{\omega_3} + 1\right)\left(\dfrac{s}{\omega_4} + 1\right)} = \frac{200(0.24s + 1)}{s(2.5s + 1)(0.01s + 1)(0.00574s + 1)}$$

计算 $L_{ds}(\omega)$ 在 $\omega_c = 17.8 \text{ rad/s}$ 处的相位裕量、中频段宽度分别为

$$\gamma = 180 + \varphi(\omega_c) = 53° \qquad h = 23.8$$

满足给定特性指标的要求。

6.4.2　串联校正的综合确定法

如图 6-24 所示含有串联校正装置的系统，其中 $G_s(s)$ 是系统固有部分的传递函数，$G_c(s)$ 是要确定的串联校正装置的传递函数。

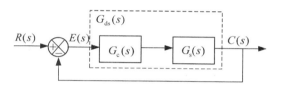

图 6-24　串联校正的系统

系统希望开环传递函数为

$$G_{ds}(s) = G_s(s)G_c(s)$$

以对数频率特性表示，则有

$$L_{ds}(\omega) = L_s(\omega) + L_c(\omega)$$

由上式可知，当已知系统固有特性 $L_s(\omega)$，并根据给定的品质指标绘出了系统希望对数频率特性 $L_{ds}(\omega)$ 以后，则很容易求得串联校正的特性曲线 $L_c(\omega)$，即

$$L_c(\omega) = L_{ds}(\omega) - L_s(\omega)$$

［**例 6-05**］　系统固有部分的开环传递函数和品质指标要求与例 6-04 相同，求串联校正装置 $G_c(s)$。

［**解**］　系统固有频率特性 $L_s(\omega)$ 及系统希望对数幅频特性 $L_{ds}(\omega)$ 已由例 6-04 求得，如图 6-25 所示，由曲线 $L_{ds}(\omega)$ 减去 $L_s(\omega)$ 求得串联校正装置的对数幅频特性曲线 $L_c(\omega)$，由图中的 $L_c(\omega)$ 知串联校正装置在 $\omega_1 = 0.4 \text{ rad/s}$、$\omega_4 = 174 \text{ rad/s}$ 处斜率变化 -20 dB/dec，引入惯性环节；在 $\omega_2 = 4.2 \text{ rad/s}$、$\omega_3 = 20 \text{ rad/s}$ 处斜率变化 $+20 \text{ dB/dec}$，引入一阶微分环节。因此

$$G_c(s) = \frac{\left(\dfrac{s}{\omega_2} + 1\right)\left(\dfrac{s}{\omega_3} + 1\right)}{\left(\dfrac{s}{\omega_1} + 1\right)\left(\dfrac{s}{\omega_4} + 1\right)} = \frac{(0.24s + 1)(0.05s + 1)}{(2.5s + 1)(0.00574s + 1)}$$

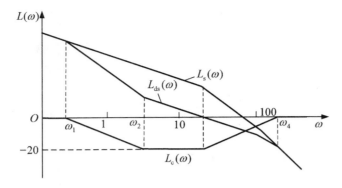

图 6 - 25　串联校正装置的综合

6.4.3　反馈校正的综合确定法

如图 6 - 26 所示的具有单位反馈的闭环系统，$H_c(s)$ 是反馈校正装置，$G_2(s)$ 是被反馈环节包围的部分，$G_1(s)$、$G_3(s)$ 是未被反馈环节包围的部分。

由图 6 - 26 可得系统的希望开环传递函数为

$$G_{ds}(s) = \frac{G_1(s)G_2(s)G_3(s)}{1+G_2(s)H_c(s)} = \frac{G_s(s)}{1+G_2(s)H_c(s)}$$

式中 $G_s(s) = G_1(s)G_2(s)G_3(s)$。

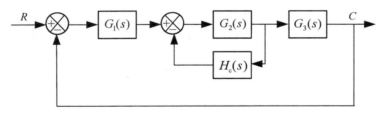

图 6 - 26　具有反馈校正装置的系统

以对数幅频特性表示，则

$$L_{ds}(\omega) = L_s(\omega) - 20\lg|1+G_2(j\omega)H_c(j\omega)|$$

即

$$20\lg|1+G_2(j\omega)H_c(j\omega)| = L_s(\omega) - L_{ds}(\omega) \tag{6-5}$$

式中：$L_s(\omega) = 20\lg|G_s(j\omega)|$ 为系统固有特性；$L_{ds}(\omega) = 20\lg|G_{ds}(j\omega)|$ 为系统希望特性。

如果 $G_2(j\omega)H_c(j\omega) \gg 1$，则近似有

$$20\lg|1+G_2(j\omega)H_c(j\omega)| \approx 20\lg|G_2(j\omega)H_c(j\omega)|$$

则式(6 - 5)可写成

$$L_2(\omega) + 20\lg|H_c(j\omega)| = L_s(\omega) - L_{ds}(\omega)$$

式中：$L_2(\omega) = 20\lg|G_2(j\omega)|$。于是有

$$20\lg\mid H_{\mathrm{c}}(\mathrm{j}\omega)\mid = L_{\mathrm{s}}(\omega) - L_{\mathrm{ds}}(\omega) - L_2(\omega) \tag{6-6}$$

由系统固有特性可得到 $L_{\mathrm{s}}(\omega)$ 和 $L_2(\omega)$ 特性曲线,当根据系统品质指标绘出希望特性 $L_{\mathrm{ds}}(\omega)$ 以后,利用式(6-6)可求出反馈校正装置的对数幅频特性。

[**例 6-06**] 某高炮电气-液压跟踪系统为一个二阶无差系统,其原理方块图如图 6-27 所示。试设计反馈校正装置,并使系统满足下列品质指标:

(1) 最大跟踪速度 $\Omega_{\mathrm{m}} = 18°/\mathrm{s}$ 及最大跟踪加速度 $\xi_{\mathrm{m}} = 3°/\mathrm{s}^2$ 时,最大误差 $e_{\mathrm{m}} < 0.42°$;

(2) 单位阶跃信号作用下响应时间 $t_{\mathrm{s}} \leqslant 1.2\ \mathrm{s}$,超调量 $\sigma \leqslant 30\%$。

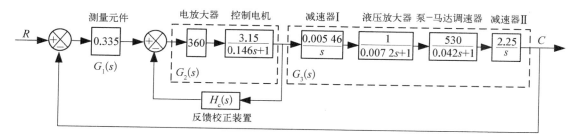

图 6-27 火炮跟踪系统

[**解**] 该系统为 2 型系统,结构不稳定,需校正。

(1) 绘制系统固有对数频率特性 $L_{\mathrm{s}}(\omega)$。

系统未校正前的开环传递函数

$$G_{\mathrm{s}}(s) = G_1(s)G_2(s)G_3(s) = \frac{25\,100}{s^2(1+0.146s)(1+0.007\,2s)(1+0.042s)}$$

转折频率为 $\omega_{\mathrm{s1}} = \dfrac{1}{0.146} = 6.85\ \mathrm{rad/s}$,$\omega_{\mathrm{s2}} = \dfrac{1}{0.042} = 23.8\ \mathrm{rad/s}$,$\omega_{\mathrm{s3}} = \dfrac{1}{0.007\,2} =$ 139 rad/s。绘制系统固有对数频率特性曲线 $L_{\mathrm{s}}(\omega)$ 如图 6-28 所示。

(2) 根据给定的品质指标绘制希望特性 $L_{\mathrm{ds}}(\omega)$。

由经验公式 $\sigma = 0.16 + 0.4(M_{\mathrm{r}} - 1) = 0.3$,解出 $M_{\mathrm{r}} = 1.35$,并有 $\gamma \approx \arcsin\dfrac{1}{M_{\mathrm{r}}} =$ 47.8°。中频段长度 $h \geqslant \dfrac{1+\sin\gamma}{1-\sin\gamma} = \dfrac{1+\sin 47.8°}{1-\sin 47.8°} = 6.8$。

由经验公式 $t_{\mathrm{s}} = \dfrac{\pi}{\omega_{\mathrm{c}}}[2+1.5(M_{\mathrm{r}}-1)+2.5(M_{\mathrm{r}}-1)^2] = 1.2$ 求得增益交界频率 $\omega_{\mathrm{c}} =$ 7.4 rad/s。考虑到一定裕量,取 $\omega_{\mathrm{c}} = 7.8\ \mathrm{rad/s}$,过 $\omega = \omega_{\mathrm{c}} = 7.8\ \mathrm{rad/s}$ 作 $-20\ \mathrm{dB/dec}$ 直线 为希望特性的中频段。根据 $\omega_2 = \dfrac{M_{\mathrm{r}}-1}{M_{\mathrm{r}}}\omega_{\mathrm{c}}$,$\omega_3 = \dfrac{M_{\mathrm{r}}+1}{M_{\mathrm{r}}}\omega_{\mathrm{c}}$,选 $\omega_2 = 2.4\ \mathrm{rad/s}$,$\omega_3 = \omega_{\mathrm{s2}} = 23.8\ \mathrm{rad/s}$。其中 ω_3 是 $L_{\mathrm{s}}(\omega)$ 的一个转折频率,可简化校正装置,且中频段实际宽度 $h = \dfrac{\omega_3}{\omega_2} = \dfrac{23.8}{2.4} = 9.9 > 6.8$。

希望特性的低频段 $L_{\mathrm{ds}}(\omega_{\mathrm{i}}) \geqslant L(\omega_{\mathrm{i}})$,精度点坐标

$$\omega_{\mathrm{i}} = \frac{\xi_{\mathrm{m}}}{\Omega_{\mathrm{m}}} = \frac{3}{18} = 0.167\ \mathrm{rad/s} \qquad L(\omega_{\mathrm{i}}) = 2\lg\frac{\Omega_{\mathrm{m}}^2}{\xi_{\mathrm{m}}e_{\mathrm{m}}} = 20\lg\frac{18^2}{3\times 0.42} = 48.5\ \mathrm{dB}$$

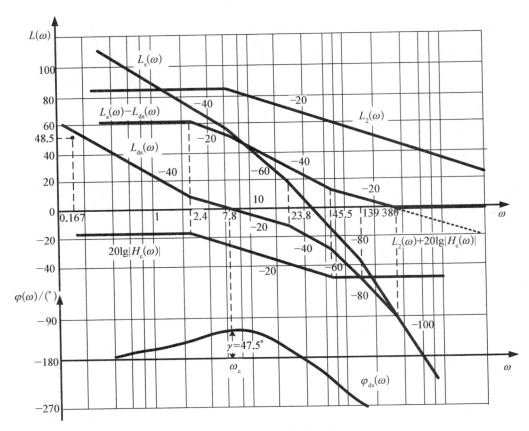

图 6-28 反馈校正装置的综合

过 $\omega_2 = 2.4\ \text{rad/s}$ 的垂线与中频段的交点,作 $-40\ \text{dB/dec}$ 与中频段连接,得到的 $L_{\text{ds}}(0.167) = 52.5 > 48.5$,即低频段可满足系统要求。

在 $\omega_3 = 23.8\ \text{rad/s}$ 处,向后画 $-40\ \text{dB/dec}$ 线。用一条前后段斜率分别为 $-60\ \text{dB/dec}$ 和 $-80\ \text{dB/dec}$ 折线,折点保持在 $\omega_5 = \omega_{s3} = 139\ \text{rad/s}$ 上下移动(使得原系统的 ω_{s3} 得以保留),折线前段和后段分别与 $-40\ \text{dB/dec}$ 线和 $L_{\text{s}}(\omega)$ 相交,得到两个转折频率 $\omega_4 = 45.5\ \text{rad/s}$ 和 $\omega_6 = 380\ \text{rad/s}$。如图 6-28 所示,$L_{\text{ds}}(\omega)$ 在 $\omega_3 = 23.8\ \text{rad/s}$ 处,以 $-40\ \text{dB/dec}$ 线划至 $\omega_4 = 45.5\ \text{rad/s}$ 处,再以 $-60\ \text{dB/dec}$ 线划至 $\omega_5 = 139\ \text{rad/s}$ 处,然后以 $-80\ \text{dB/dec}$ 线与 $L_{\text{s}}(\omega)$ 相交于 $\omega_6 = 380\ \text{rad/s}$,$\omega_6$ 以后 $L_{\text{ds}}(\omega)$ 与 $L_{\text{s}}(\omega)$ 重合。

经验算,希望特性 $L_{\text{ds}}(\omega)$ 在 $\omega_c = 7.8\ \text{rad/s}$ 处的相位裕量 $\gamma = 47.5°$,满足给定要求。

(3) 求取 $L_2(\omega) + 20\lg|H_{\text{c}}(\text{j}\omega)|$,并检查被包围的小闭环的稳定性。

$$20\lg|1 + G_2(\text{j}\omega)H_{\text{c}}(\text{j}\omega)| = L_{\text{s}}(\omega) - L_{\text{ds}}(\omega)$$

在中、低频段,由于 $20\lg|1 + G_2(\text{j}\omega)H_{\text{c}}(\text{j}\omega)| \gg 1$,故

$$L_{\text{s}}(\omega) - L_{\text{ds}}(\omega) = 20\lg|1 + G_2(\text{j}\omega)H_{\text{c}}(\text{j}\omega)| \approx 20\lg|G_2(\text{j}\omega)H_{\text{c}}(\text{j}\omega)|$$
$$= L_2(\omega) + 20\lg|H_{\text{c}}(\text{j}\omega)|$$

在高频 $\omega_6 = 380\ \text{rad/s}$ 处,特性曲线 $20\lg|1 + G_2(\text{j}\omega)H_{\text{c}}(\text{j}\omega)|$ 由 $-20\ \text{dB/dec}$ 转折至横轴,因而高频段可认为

$$20\lg \mid 1+G_2(\mathrm{j}\omega)H_\mathrm{c}(\mathrm{j}\omega) \mid = 20\lg \left| \frac{1+\mathrm{j}\dfrac{\omega}{380}}{\mathrm{j}\dfrac{\omega}{380}} \right| = 20\lg \left| 1+\frac{1}{\mathrm{j}\dfrac{\omega}{380}} \right|$$

故有 $20\lg \mid G_2(\mathrm{j}\omega)H_\mathrm{c}(\mathrm{j}\omega) \mid = 20\lg \left| \dfrac{1}{\mathrm{j}\dfrac{\omega}{380}} \right|$，则 $L_2(\omega)+20\lg \mid H_\mathrm{c}(\mathrm{j}\omega) \mid$ 相当于一个积分

环节。此时只要将图中的斜率为 $-20\ \mathrm{dB/dec}$ 的线段在转折频率 $\omega_6 = 380\ \mathrm{rad/s}$ 处不转折，而向高频处延长即可，如图中的虚线所示。

$L_2(\omega)+20\lg \mid H_\mathrm{c}(\mathrm{j}\omega) \mid$ 曲线如图 6-28 所示，其交界频率 $\omega_6 = 380\ \mathrm{rad/s}$，可求得该处的小闭环的相位裕量 $\gamma = 81°$。

（4）求取反馈校正装置的传递函数 $H_\mathrm{c}(\mathrm{j}\omega)$。

由 $L_2(\omega)+20\lg \mid H_\mathrm{c}(\mathrm{j}\omega) \mid$ 特性曲线减去 $L_2(\omega)$ 曲线，即为反馈校正装置特性曲线 $20\lg \mid H_\mathrm{c}(\mathrm{j}\omega) \mid$。如图 6-28 所示，该特性曲线在 $\omega_2 = 24\ \mathrm{rad/s}$ 和 $\omega_4 = 45.5\ \mathrm{rad/s}$ 分别引入惯性环节和一阶微分环节，低频时 $20\lg K = -19$，得 $K = 0.111$。

反馈校正装置的传递函数为

$$H_\mathrm{c}(s) = \frac{K\left(\dfrac{s}{\omega_4}+1\right)}{\dfrac{s}{\omega_2}+1} = \frac{0.111(0.022s+1)}{0.416s+1}$$

小　结

（1）频域校正中将系统的瞬态响应和频率特性指标近似归结为系统开环频率特性的要求，频域校正实质上成为对开环 Bode 图进行整形。要求在低频区尽可能有高的增益，使误差减小；在中频区特性曲线的斜率应限制在 $-20\ \mathrm{dB/dec}$，以保证系统的稳定性；在高频区特性曲线应尽可能快地衰减，以减小高频噪声对系统的干扰。

（2）超前校正和滞后校正可分别近似看作是比例微分控制和比例积分控制。

（3）超前校正可提供相位超前角，适当增大交界频率，改善系统的动态性能。滞后校正则具有相位滞后特性，可用于提高系统稳态精度；在牺牲带宽的条件下，也可用滞后校正改善系统的稳定性。上述校正还可以组合在一起，构成滞后超前网络。

习　题

6.1　某单位反馈伺服机构，开环传递函数为 $G(s)H(s) = \dfrac{0.8}{s(1+0.5s)(1+0.33s)}$。假设系统瞬态响应满意，试设计一校正装置使得 $K_\mathrm{v} = 4$。

6.2　题 6.1 中系统中串入超前校正装置 $G_\mathrm{c}(s) = \dfrac{0.1(0.5s+1)}{0.05s+1}$。试调节系统增益使相位裕量不变，并比较校正前、后系统的增益交界频率和速度误差系数。

6.3 单位反馈伺服系统，开环传递函数为 $G(s)H(s) = \dfrac{0.7}{s(1+0.5s)(1+0.15s)}$。

(1) 画出开环 Bode 图，并确定该系统的增益裕量和相位裕量以及速度误差系数；

(2) 确定闭环频率响应的谐振峰值 M_r 和谐振频率 ω_r；

(3) 设计滞后校正装置，使其增益裕量为 15 dB，相位裕量为 45°。

6.4 设单位反馈系统的开环传递函数为 $G(s) = \dfrac{100}{s^2}$，试设计一校正装置使得系统超调量 $\sigma \leqslant 20\%$、调整时间 $t_s \leqslant 4\ \text{s}$（2% 允许误差）。

6.5 系统的开环传递函数为 $G(s) = \dfrac{0.25}{s^2(1+0.25s)}$。试串入超前补偿网络，使其在频率 $\omega = 1\ \text{rad/s}$ 时近似提供 45° 相位裕量。

6.6 未校正系统的开环传递函数为

$$G(s) = \frac{K}{s(1+0.1s)(1+0.02s)(1+0.01s)(1+0.005s)}。$$

试绘制希望对数频率特性并选择串联校正装置，使其满足下列指标：

(1) 速度误差系数 $K_v = 200\ \text{s}^{-1}$；

(2) 单位阶跃函数作用下超调量不超过 30%；

(3) 系统的调整时间 $t_s \leqslant 0.8\ \text{s}$。

6.7 已知某单位反馈系统的开环传递函数为 $G(s) = \dfrac{10}{s(s+4)}$。设计一串联校正装置 $G_c(s) = K_c\dfrac{Ts+1}{\alpha Ts+1}$，使得新的增益交界频率 $\omega_c = 15\ \text{rad/s}$，且校正装置的最大相角作用于新的 ω_c 处，相位裕量 $\gamma \geqslant 50°$，并在信号 $r(t) = 5t$，$t \geqslant 0$ 输入下稳态误差小于 0.2。

6.8 最小相位系统固有部分的开环对数幅频特性见图 P6-9 中的实线，采用串联校正后的开环对数幅频特性见图中虚线。求所加入的串联校正装置的传递函数。

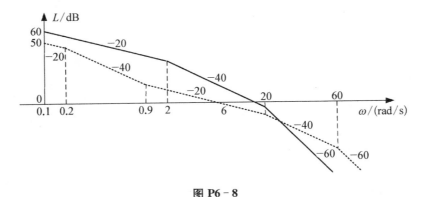

图 P6-8

6.9 已知单位负反馈系统的对象传递函数为 $G_p(s) = \dfrac{2\,000}{s(s+2)(s+20)}$，其串联校正后的开环对数幅频特性渐近线图形如图 P6-9 所示。

(1) 写出串联校正装置的传递函数，并指出是哪一类校正；

（2）画出校正装置的开环对数幅频特性渐近线，标明转折频率、渐近线斜率及高频段渐近线纵坐标的分贝值；

（3）计算校正后系统的相位裕量。

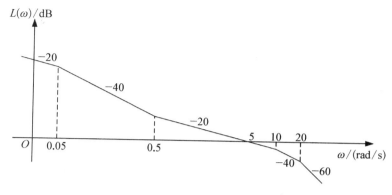

图 P6－9

6.10　最小相位系统固有部分的开环对数幅频特性如图 P6－10 中的实线所示，采用串联校正后的开环对数幅频特性如图中虚线所示。求所加入的串联校正装置的传递函数，并给出校正后的相位裕量。

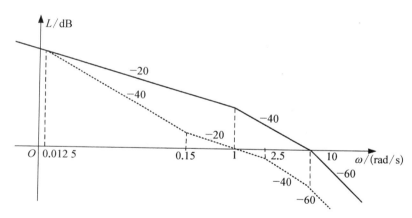

图 P6－10

第7章 根轨迹法

7.1 根轨迹定义及特性

7.1.1 根轨迹概念

系统的稳定性和瞬态响应特性由闭环极点(即闭环特征方程根)决定,因此分析系统时需要确定闭环极点在 s 平面上的分布,设计系统时则按性能要求将系统闭环极点置于合适位置上。当系统某一参数在规定范围内变化时,系统闭环特征方程根在 s 平面上的位置也随之变化移动,一个根形成一条轨迹,即根轨迹。根轨迹将系统作为一个在 s 复平面的图形化处理,用根轨迹来研究系统的方法就叫作根轨迹法。

如单位反馈系统,其开环传递函数为

$$G(s) = \frac{K}{s(s+1)}$$

系统闭环传递函数为

$$\Phi(s) = \frac{C(s)}{R(s)} = \frac{K}{s^2 + s + K}$$

闭环特性方程 $D(s) = s^2 + s + K = 0$ 的根(闭环极点)为

$$s_{1,2} = -\frac{1}{2} \pm \frac{1}{2}\sqrt{1-4K}$$

当增益 K 从 0 变为 ∞ 时,系统特征方程根的变化轨迹,即根轨迹。

(1) 当 $K = 0$ 时, $s_1 = 0$, $s_2 = -1$, 即为两个开环极点位置;

(2) 当 $0 < K < \frac{1}{4}$ 时, s_1 和 s_2 为两个负实根,随着 K 值增加, s_1 和 s_2 相对靠近移动;

(3) 当 $K = \frac{1}{4}$ 时, $s_1 = s_2 = -\frac{1}{2}$;

(4) $\frac{1}{4} < K < \infty$ 时, s_1 和 s_2 离开负实轴,分别沿 $s = -\frac{1}{2}$ 直线向上和向下移动,这时闭环系统有一对共轭复根。

将上述 s_1 和 s_2 随 K 值增加的变化作根轨迹如图 7-1 所示。箭头表示参变量 K 值从 0 变化到 ∞ 时的闭环极点变化趋势。如图中粗线所示,极点 s_1 沿 (0, j0)、b、M 变化,极点 s_2 沿 (−1, j0)、b、N 变化。

系统开环增益 K 一旦确定,则系统闭环极点在 s 平面上的位置也随之确定。例如当

$K=1$ 时，s_1 和 s_2 的位置为 c_1 和 c_2。

根据根轨迹图可得到系统的相关动静态性能信息。如图 $7-1$ 中当 K 值确定之后，根据此时闭环极点的位置可求出系统的阶跃响应指标，而此时的 K 值即为系统稳态速度误差系数。

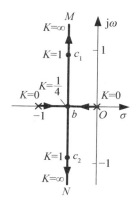

(1) 当 $0 < K < \dfrac{1}{4}$ 时，系统过阻尼，阶跃响应为非周期过程；

(2) 当 $K = \dfrac{1}{4}$ 时，系统临界阻尼，阶跃响应为非周期过程；

(3) 当 $K > \dfrac{1}{4}$ 时，系统欠阻尼，阶跃响应为阻尼振荡过程。

由图 $7-1$ 的根轨迹还可知此系统始终稳定，因为不论 K 值如何变化，闭环极点不可能出现在 s 平面右半部。

图 7-1　系统根轨迹图

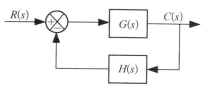

图 7-2　闭环系统

任意取系统某一参数变化形成根轨迹称为广义根轨迹。但通常情况下根轨迹指取开环增益 K 在 $0 \sim \infty$ 范围内进行变化所形成的根轨迹。

由图 $7-2$ 所示系统的闭环特征方程 $1 + G(s)H(s) = 0$ 有

$$G(s)H(s) = -1 \tag{7-1}$$

显然，满足上面方程式的 s 必为根轨迹上的点，故上式称为根轨迹方程。

设开环传递函数有 m 个零点和 n 个极点，$n \geqslant m$，式(7-1)可改写为

$$G(s)H(s) = K' \frac{\prod\limits_{i=1}^{m}(s - z_i)}{\prod\limits_{i=1}^{n}(s - p_i)} = -1 \tag{7-2}$$

式中：K' 为开环根轨迹增益；z_i 为开环零点；p_i 为开环极点。

[例 7-01]　系统开环传递函数 $G(s)H(s) = \dfrac{K}{s[(s+1)^2 + 16]}$，试绘制系统根轨迹图并寻找 $\zeta = 0.5$ 时的开环增益和 ω_n。

[解]　MATLAB 中程序为

num=[1];	//开环传递函数模型（$K=1$）。
den=[1 8 32 0];	
rlocus(num,den);	//绘制闭环系统的根轨迹。
sgrid(0.5,[]);	//绘制等 $\zeta = 0.5$ 线。
[k,p]=rlocfind(num,den)	//显示光标以便人机交互选择闭环极点，得到开环增益 K 及闭环极点 p。

MATLAB 运行上述程序，如图 $7-3$ 所示，同时显现等 $\zeta = 0.5$ 线，人工选取根轨迹与等 ζ 线的交点得到对应的开环增益和 ω_n，得到

selected_point= 　　　−1.9479+3.4938i	//人机交互在开环 s 平面中选取一点
k= 　　　65.6910	//所选点对应的开环增益
p= 　　　−4.1030 　　　−1.9485+3.4948i 　　　−1.9485−3.4948i	//所选点对应的闭环极点

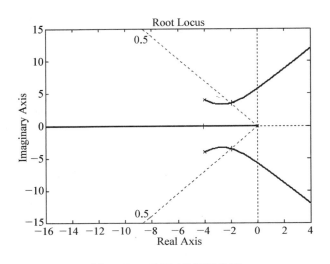

图 7-3　MATLAB 运行结果

另一个功能强大的 Matlab 工具是 RLTOOL。RLTOOL 是 Matlab 中一个交互式的设计工具，提供图形化的用户界面用于进行根轨迹的分析和设计。

[**例 7-02**]　系统开环传递函数 $G(s)=\dfrac{K(s+1)}{s^2}$，试绘制系统根轨迹图，给出增加一个开环极点 $p=-2$，并分析当新增开环极点趋向 $p=-20$ 过程中根轨迹的变化。

[**解**]　MATLAB 中先建立 $G(s)=\dfrac{K(s+1)}{s^2}$ 根轨迹，程序如下。

num=[1 1];
den=[1 0 0];
sys=tf(num,den);
rltool(sys)
	//开环传递函数模型
	
	//调用 rltool 启动交互界面

MATLAB 运行上述程序，得到图 7-4(a)。在界面中选择添加极点"×"，并在 $p=-2$ 点击，得到图 7-4(b)，然后拖动此新极点，由 7-4(b)、(c)、(d)、(e)、(f)可发现新增开环极点由 $p=-2$ 向 $p=-20$ 发展过程中根轨迹形状发生变化。

[例 7-02]中新增开环极点位置不同则根轨迹形状不同。图 7-5 是一些系统的开环零极点分布及其根轨迹的形状。有相同开环零极点个数的系统，如果零极点分布位置不

同(有时是很小的差异),也会使根轨迹形状有很大的不同,如图7-5中第二行所示的几个四阶系统。

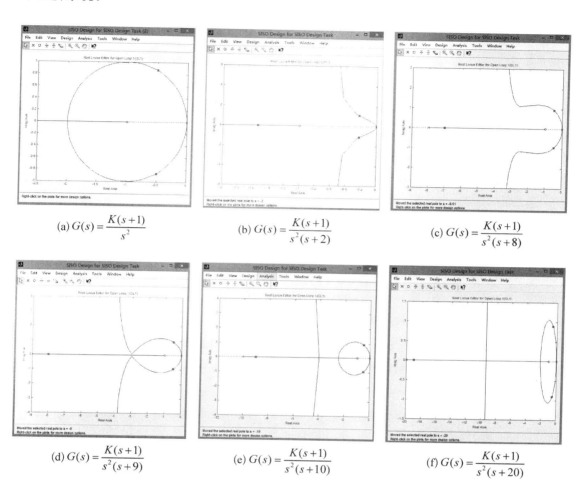

(a) $G(s) = \dfrac{K(s+1)}{s^2}$　　(b) $G(s) = \dfrac{K(s+1)}{s^2(s+2)}$　　(c) $G(s) = \dfrac{K(s+1)}{s^2(s+8)}$

(d) $G(s) = \dfrac{K(s+1)}{s^2(s+9)}$　　(e) $G(s) = \dfrac{K(s+1)}{s^2(s+10)}$　　(f) $G(s) = \dfrac{K(s+1)}{s^2(s+20)}$

图 7-4　系统根轨迹

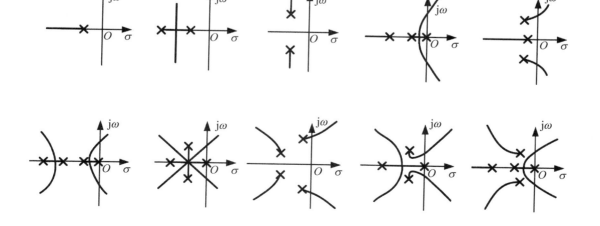

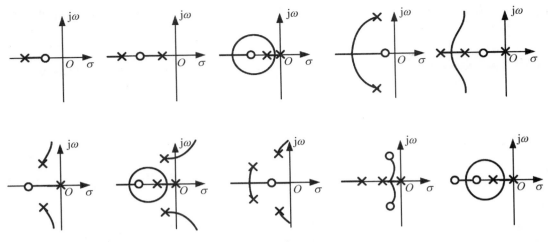

图 7 - 5　系统根轨迹示例

7.1.2　根轨迹特性

式(7-2)是关于 s 的复数方程,可将其分解为幅值条件和幅角条件。

幅角条件为

$$\sum_{i=1}^{m}\angle(s-z_i)-\sum_{i=1}^{n}\angle(s-p_i)=\pm(2k+1)\pi \qquad (7-3)$$

式(7-3)表明幅角条件只与开环零点、极点有关。

幅值条件为

$$K'\frac{\prod\limits_{i=1}^{m}\mid s-z_i\mid}{\prod\limits_{i=1}^{n}\mid s-p_i\mid}=1 \qquad (7-4)$$

式(7-4)表明幅值条件不但与开环零点、极点有关,还与开环根轨迹增益有关。

幅角条件是充要条件,若 s 平面上的某一点 s 是根轨迹上的点,则式(7-3)就成立。反之,若找到一点 s 使式(7-3)成立,则该点必为根轨迹上的点。

幅值条件是必要条件,即若 s 平面上的某点 s 是根轨迹上的点,则式(7-4)成立,并能求得对应的 K' 值。反之,s 平面上的任一点 s 满足幅值条件,该点却不一定是根轨迹上的点。

例如单位反馈系统的开环传递函数 $G(s)=\dfrac{K}{s}$,开环极点 $p_1=0$。负实轴上任意一点 s_1 均有 $-\angle(s_1-p_1)=-180°$,满足幅角条件,因此负实轴是根轨迹。而负实轴上的任意点均不能满足幅角条件,因此负实轴外的均不是根轨迹。

又如图 7-1 所示系统,其幅值条件为

$$\frac{K}{\mid s\mid\cdot\mid s+1\mid}=1$$

设在 s 平面上取一点 $s=-2$,此时取 $K=2$,则式(7-4)成立,但 $s=-2$ 并不是根轨迹上的一点。由前面分析可知,当 $K = 2$ 时, $s_{1,2} = -\dfrac{1}{2} \pm \mathrm{j}\dfrac{\sqrt{7}}{2}$ 才是根轨迹上的点。

在实际应用中,通常用幅角条件来绘制根轨迹,用幅值条件来确定已知根轨迹上某一点的 K' 值。随着相关软件的发展,已不再手工绘制根轨迹,但在手工绘制根轨迹中所采用的一些根轨迹的特性还是有利于进行基于根轨迹的系统分析并进行系统校正。

1) 根轨迹的起点和终点

由幅值条件可得

$$K' = \frac{\prod\limits_{i=1}^{n} \mid s - p_i \mid}{\prod\limits_{i=1}^{m} \mid s - z_i \mid}$$

如 $K' = 0$,则 s 必须趋近于某个开环极点 p_i,即**根轨迹起始于开环极点**。

如 $K' = \infty$,则 s 必须趋近于某个开环零点 z_i,即**根轨迹终止于开环零点**。

2) 根轨迹分支数

n 阶系统的根轨迹有 n 个起始点,因此系统根轨迹有 n 个分支。

对于实际物理系统,开环极点一般多于开环零点,即 $n > m$,这时,根轨迹分支有 m 条终止于开环零点(有限值零点),另有 $(n - m)$ 条根轨迹分支终止于 $(n - m)$ 个无限远零点。

3) 根轨迹的连续性和对称性

由于闭环特征方程的根在开环零极点已定的情况下,各根分别是 K 的连续函数;又由于特征方程的根为实根或共轭复数根,所以**根轨迹连续并对称于实轴**。

4) 实轴上的根轨迹

系统在实轴上任意取试验点 s_1,此时

$$\angle G(s_1)H(s_1) = \sum_{i=1}^{m} \angle(s_1 - z_i) - \sum_{i=1}^{n} \angle(s_1 - p_i)$$

其中:

(1) 每对共轭复数极点所提供的幅角之和为 $360°$;

(2) s_1 左边所有位于实轴上的极点或零点所提供的幅角均为 $0°$;

(3) s_1 右边所有位于实轴上的极点或零点所提供的幅角均为 $180°$。

为满足幅角条件,s_1 右边的实数开环零点、极点个数之和应为奇数。因此**实轴上某一区段右边的实数开环零点、极点个数之和为奇数,则该区段实轴是根轨迹**。

如图 7-6 所示的一闭环系统的开环零极点分布,实轴区段 $[p_1, z_1]$、$[p_2, p_3]$ 中的任意点右边位于实轴上的零极点总数为奇数,因此 $[p_1, z_1]$、$[p_2, p_3]$ 是根轨迹。

5) 根轨迹的渐近线

当系统 $n > m$ 时,有 $(n - m)$ 条根轨迹分支终止于无限零点,这些根轨迹沿着渐近线趋于无限远

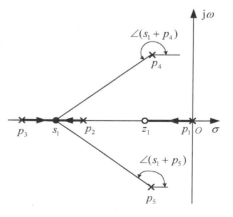

图 7-6 实轴上的根轨迹

203

处。由于根轨迹的对称性,这些渐近线也对称于实轴(包括与实轴重合)。

由方程系数与根的关系知

$$G(s)H(s) = K' \frac{\prod\limits_{i=1}^{m}(s-z_i)}{\prod\limits_{i=1}^{n}(s-p_i)} = K' \frac{s^m + (-\sum\limits_{i=1}^{m}z_i)s^{m-1} + \cdots + (-1)^m\prod\limits_{i=1}^{m}z_i}{s^n + (-\sum\limits_{i=1}^{n}p_i)s^{n-1} + \cdots + (-1)^n\prod\limits_{i=1}^{n}p_i} = -1$$

则

$$\frac{s^n + (-\sum\limits_{i=1}^{n}p_i)s^{n-1} + \cdots + (-1)^n\prod\limits_{i=1}^{n}p_i}{s^m + (-\sum\limits_{i=1}^{m}z_i)s^{m-1} + \cdots + (-1)^m\prod\limits_{i=1}^{m}z_i} = -K'$$

相除可得

$$s^{n-m} + (-\sum\limits_{i=1}^{n}p_i + \sum\limits_{i=1}^{m}z_i)s^{n-m-1} + \cdots = -K'$$

$K' \to \infty$ 时,$s \to \infty$,此时可只考虑前两项并可写成模和相角的形式:

$$s^{n-m} + (-\sum\limits_{i=1}^{n}p_i + \sum\limits_{i=1}^{m}z_i)s^{n-m-1} = K'e^{j(2k+1)\pi}$$

两边开 $(n-m)$ 次方得

$$s\left[1 + \frac{-\sum\limits_{i=1}^{n}p_i + \sum\limits_{i=1}^{m}z_i}{s}\right]^{\frac{1}{n-m}} = K'^{\frac{1}{n-m}} \cdot e^{\frac{j(2k+1)\pi}{n-m}}$$

用牛顿二项式定理展开上式,由于 s 趋于 ∞,可忽略分母中 s 二次幂及以上各项,得

$$s\left[1 + \frac{1}{n-m}\frac{-\sum\limits_{i=1}^{n}p_i + \sum\limits_{i=1}^{m}z_i}{s}\right] = K'^{\frac{1}{n-m}} \cdot e^{\frac{j(2k+1)\pi}{n-m}}$$

或

$$s = \frac{\sum\limits_{i=1}^{n}p_i - \sum\limits_{i=1}^{n}z_i}{n-m} + K'^{\frac{1}{n-m}} \cdot e^{\frac{j(2k+1)\pi}{n-m}} = \sigma_a + K'^{\frac{1}{n-m}} \cdot e^{\phi_a} \tag{7-5}$$

式(7-5)在 s 平面上是一组 $(n-m)$ 条与实轴交点为 σ_a、倾角为 ϕ_a 的射线。由其中可得

渐近线与实轴的倾角

$$\phi_a = \frac{\pm(2k+1)180°}{n-m} \quad (k = 0, 1, 2, \cdots) \tag{7-6}$$

渐近线与实轴交点的坐标值

$$\sigma_a = \frac{\sum\limits_{i=1}^{n}p_i - \sum\limits_{i=1}^{m}z_i}{n-m} \tag{7-7}$$

图 7-7 是几种常见根轨迹的渐近线。当 $n-m=1$ 时,根轨迹有一条渐近线,$k=0$,$\phi_a=\pm180°$,即渐近线与负实轴重合。当 $n-m=4$ 时,根轨迹有四条渐近线。令 $k=0,1$,得 $\phi_a=\pm45°$ 和 $\phi_a=\pm135°$。

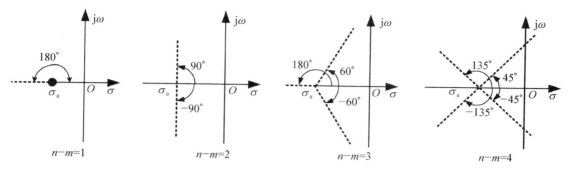

图 7-7 几种常见根轨迹的渐近线

6) 根轨迹的分离点

根轨迹在 s 平面某一点相遇后又立即分开,这一点称为分离点(或会合点)。由此定义知分离点是 K' 为某一数值时的重根点。常见的分离点出现在实轴、共轭复数对中线上。例如,图 7-1 所示的二阶系统根轨迹,b 点处 $K'=K=\dfrac{1}{4}$,系统出现重根 $s_{1,2}=-\dfrac{1}{2}$,b 点即为根轨迹分离点。有三种方法求解分离点坐标值。

(1) 分式方程求解分离点坐标值 σ_b。

图 7-2 中,开环传递函数为

$$G(s)H(s)=K'\frac{\displaystyle\prod_{i=1}^{m}(s-z_i)}{\displaystyle\prod_{i=1}^{n}(s-p_i)}$$

系统闭环特征方程为

$$D(s)=\prod_{i=1}^{n}(s-p_i)+K'\prod_{i=1}^{m}(s-z_i)=0$$

如根轨迹在 s 平面上相遇并有重根 s_1,由代数重根条件得

$$D(s_1)=\prod_{i=1}^{n}(s_1-p_i)+K'\prod_{i=1}^{m}(s_1-z_i)=0$$

$$\frac{\mathrm{d}}{\mathrm{d}s_1}D(s_1)=\frac{\mathrm{d}}{\mathrm{d}s_1}\Big[\prod_{i=1}^{n}(s_1-p_i)+K'\prod_{i=1}^{m}(s_1-z_i)\Big]=0$$

上两式可写成

$$\prod_{i=1}^{n}(s_1-p_i)=-K'\prod_{i=1}^{m}(s_1-z_i)$$

$$\frac{\mathrm{d}}{\mathrm{d}s_1}\Big[\prod_{i=1}^{n}(s_1-p_i)\Big]=-K'\frac{\mathrm{d}}{\mathrm{d}s_1}\Big[\prod_{i=1}^{m}(s_1-z_i)\Big]$$

此两式相除得

$$\frac{\dfrac{\mathrm{d}}{\mathrm{d}s_1}\Big[\prod\limits_{i=1}^{n}(s_1-p_i)\Big]}{\prod\limits_{i=1}^{n}(s_1-p_i)} = \frac{\dfrac{\mathrm{d}}{\mathrm{d}s_1}\Big[\prod\limits_{i=1}^{m}(s_1-z_i)\Big]}{\prod\limits_{i=1}^{m}(s_1-z_i)}$$

则有

$$\frac{\mathrm{d}}{\mathrm{d}s_1}\ln\Big[\prod_{i=1}^{n}(s_1-p_i)\Big] = \frac{\mathrm{d}}{\mathrm{d}s_1}\ln\Big[\prod_{i=1}^{m}(s_1-z_i)\Big]$$

或

$$\sum_{i=1}^{n}\frac{\mathrm{d}}{\mathrm{d}s_1}\ln(s_1-p_i) = \sum_{i=1}^{m}\frac{\mathrm{d}}{\mathrm{d}s_1}\ln(s_1-z_i)$$

即得

$$\sum_{i=1}^{m}\frac{1}{s_1-z_i} = \sum_{i=1}^{n}\frac{1}{s_1-p_i}$$

由上式解出 s_1，分离点为 σ_b，则**分离点方程**为

$$\sum_{i=1}^{m}\frac{1}{\sigma_b-z_i} = \sum_{i=1}^{n}\frac{1}{\sigma_b-p_i} \tag{7-8}$$

[**例 7-03**] 已知某一系统的开环零极点分布如图 7-8 所示。试画出其根轨迹。

[**解**] 由图知存在三个极点,根轨迹有三条分支,分别起始于图上的开环极点 0、-2、-3,终止于图上的开环有限零点 -1 和两个无限零点。根轨迹对称于实轴,实轴上 0 到 -1 和 -2 到 -3 两个区域段为根轨迹。

$n-m=2$，根轨迹有两条渐近线,渐近线与实轴的倾角

$$\phi_a = \frac{\pm(2k+1)180°}{n-m} = \frac{\pm 180°}{2} = \pm 90° \quad (k=0)$$

渐近线与实轴的交点坐标

$$\sigma_a = \frac{\sum\limits_{i=1}^{n}p_i - \sum\limits_{i=1}^{m}z_i}{n-m} = \frac{0+(-2)+(-3)-(-1)}{2} = -2$$

作得渐近线如图 7-8 中虚线所示。

在实轴 $[-3,-2]$ 有根轨迹分离点,并有

$$\frac{1}{\sigma_b+1} = \frac{1}{\sigma_b-0} + \frac{1}{\sigma_b+2} + \frac{1}{\sigma_b+3}$$

求解可得 $\sigma_{b1}=-2.47$ 和 $\sigma_{b2,3}=-0.77\pm0.79\mathrm{j}$,代入幅角条件知只有 $\sigma_{b1}=-2.47$ 满足,即只有一个分离点 $\sigma_b=-2.47$。由此绘出的系统根轨迹如图 7-8 中的粗实线所示。

（2）极值法求解分离点坐标值 σ_b。

图 7-9 为实轴上根轨迹的分离点示意图。由分离点定义在 σ_b 点处闭环特征方程有重根。假定 s 点沿实轴自 p_2 点移向 p_1。增益 K' 从零开始逐渐增大，到达 σ_b 点时为最大，然后 K' 值逐渐减小，到 p_1 点时 K' 为零。这表明，根轨迹分离点处所对应的增益 K' 具有极值。由式（7-2）可推得

$$\frac{\mathrm{d}K'}{\mathrm{d}s} = \frac{\mathrm{d}}{\mathrm{d}s}\left\{-\frac{\prod\limits_{i=1}^{n}(s-p_i)}{\prod\limits_{i=1}^{m}(s-z_i)}\right\} = 0$$

满足上式并使式（7-2）K' 值为正实数的 s 值，即为分离点的坐标。

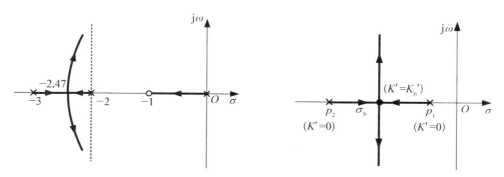

图 7-8　系统根轨迹　　　　　　　图 7-9　实轴上根轨迹分离点

［例 7-04］　　绘制系统根轨迹，已知系统的开环传递函数为 $G(s)H(s) = \dfrac{K'}{s(s+4)(s^2+4s+20)}$。

［解］　系统开环极点为 $p_1 = 0$、$p_2 = -4$、$p_{3,4} = -2 \pm \mathrm{j}4$。根轨迹对称于实轴，有四条根轨迹分支，分别起始于极点 0、-4 和 $-2 \pm \mathrm{j}4$，终止于无限远零点。实轴上 $[-4, 0]$ 为根轨迹。根轨迹有四条渐近线，渐近线与实轴的倾角为

$$\phi_a = \frac{\pm(2k+1)180°}{n-m} = \pm 45°, \pm 135° \quad (k=0,1)$$

渐近线与实轴交点的坐标为

$$\sigma_a = \frac{\sum\limits_{i=1}^{n}p_i - \sum\limits_{i=1}^{m}z_i}{n-m} = \frac{0+(-4)+(-2)+(-2)}{4} = -2$$

作得渐近线如图 7-10 中虚线所示。

系统的特征方程为

$$1 + G(s)H(s) = 1 + \frac{K'}{s(s+4)(s^2+4s+20)} = 0$$

所以

$$K' = -s(s+4)(s^2+4s+20) = -(s^4+8s^3+36s^2+80s)$$

则

$$\frac{\mathrm{d}K'}{\mathrm{d}s} = -(4s^3+24s^2+72s+80) = 0$$

解代数方程得 $s=-2$，$s=-2\pm\mathrm{j}2.45$。此三个解代入幅角条件均满足。因此实轴上的根轨迹分离点为 $\sigma_{b1}=-2$，复平面上两个共轭分离点为 $\sigma_{b2,3}=-2\pm\mathrm{j}2.45$。作根轨迹如图 7-10 所示。

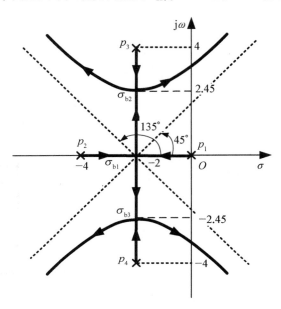

图 7-10 系统根轨迹

（3）重根法求解分离点坐标值 σ_b。

设系统根轨迹的分离点 σ_b，则有

$$D(s) = (s-\sigma_b)^r D_1(s)，r>1$$

对上式求导可得

$$\frac{\mathrm{d}D(s)}{\mathrm{d}s} = (s-\sigma_b)^{r-1}\left[rD_1(s)+(s-\sigma_b)\frac{\mathrm{d}D_1(s)}{\mathrm{d}s}\right]$$

因 $r>1$，将 $s=\sigma_b$ 代入上式有

$$\left.\frac{\mathrm{d}D(s)}{\mathrm{d}s}\right|_{s=\sigma_b} = 0$$

设可将系统闭环特征多项式写成

$$D(s) = A(s)+K'B(s) = 0$$

对其求导，并将 $s=\sigma_b$ 代入有

$$\left.\frac{\mathrm{d}D(s)}{\mathrm{d}s}\right|_{s=\sigma_b} = \left[\frac{\mathrm{d}A(s)}{\mathrm{d}s}+K'\frac{\mathrm{d}B(s)}{\mathrm{d}s}\right]_{s=\sigma_b} = 0$$

因为 $K' = -\dfrac{A(s)}{B(s)}$，故上式成为

$$\left[B(s)\,\frac{\mathrm{d}A(s)}{\mathrm{d}s} - A(s)\,\frac{\mathrm{d}B(s)}{\mathrm{d}s} \right]\Bigg|_{s=\sigma_\mathrm{b}} = 0$$

因此当 K' 可以写成多项式分式时，可以对 $B(s)\,\dfrac{\mathrm{d}A(s)}{\mathrm{d}s} - A(s)\,\dfrac{\mathrm{d}B(s)}{\mathrm{d}s} = 0$ 求根，其中使得 K' 为正实数的根即为分离点 σ_b。

表 7-1 中三个系统采用重根法求取分离点，其中第一个系统所求取得的根中有两个无法使 K' 为正实数故舍去。第二个系统中得到一个 2 重根的 σ_b，表明此 σ_b 处 $r = 3$，三条根轨迹重合。三个系统不同的只是一个开环极点由 -4 变化成为 -9 和 -12，但根轨迹形状相差很大。

7）根轨迹的起始角和终止角

如图 7-11 所示，从开环复数极点出发的一支根轨迹，在该极点处根轨迹的切线与实轴之间的夹角叫作起始角 ϕ_p；而进入开环复数零点处根轨迹的切线与实轴之间的夹角叫作终止角 ϕ_z。

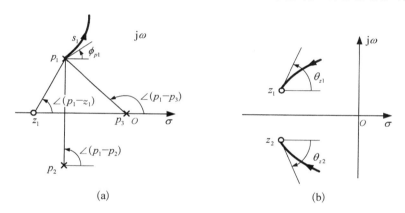

图 7-11　根轨迹的起始角和终止角

以图 7-11(a)所示开环零、极点分布为例，在根轨迹上，靠近起点 p_1 处取一点 s_1，有幅角方程

$$\angle(s_1 - z_1) - \angle(s_1 - p_1) - \angle(s_1 - p_2) - \angle(s_1 - p_3) = \pm(2k+1)\pi$$

s_1 无限靠近 p_1 时，各开环零、极点至 s_1 的矢量变成至 p_1 的矢量，按定义此时 $\angle(s_1 - p_1)$ 即为起始角

$$\angle\phi_{p1} = \pm(2k+1)\pi + \angle(p_1 - z_1) - \angle(p_1 - p_2) - \angle(p_1 - p_3)$$

推广可得根轨迹起始角的一般计算式为

$$\angle\phi_{p_j} = \pm(2k+1)\pi + \sum_{i=1}^{m}\angle(p_j - z_i) - \sum_{\substack{i=1\\i\neq j}}^{n}\angle(p_j - p_i)\quad(k = 0,1,\cdots)\quad(7\text{-}9)$$

其中 k 的取值应使起始角取值在 $[0°,360°]$ 之间。

同理，根轨迹终止角一般计算式可推得为

表 7 - 1 开环极点变化引起根轨迹形状的变化

序号	$G(s)H(s)$	$K' = -\dfrac{A(s)}{B(s)}$	$B(s)\dfrac{\mathrm{d}A(s)}{\mathrm{d}s} - A(s)\dfrac{\mathrm{d}B(s)}{\mathrm{d}s} = 0$	分离点 σ_b	根 轨 迹 图
1	$\dfrac{K(s+1)}{s^2(s+4)}$	$K' = -\dfrac{s^3+4s^2}{s+1}$	$2s^3 + 7s^2 + 8s = 0$	$\sigma_{b1} = 0$ $s_{2,3} = -1.75 \pm 0.968\mathrm{i}$（舍去）	
2	$\dfrac{K(s+1)}{s^2(s+9)}$	$K' = -\dfrac{s^3+9s^2}{s+1}$	$2s^3 + 12s^2 + 18s = 0$	$\sigma_{b1} = 0$ $\sigma_{b2,3} = -3$	
3	$\dfrac{K(s+1)}{s^2(s+12)}$	$K' = -\dfrac{s^3+12s^2}{s+1}$	$2s^3 + 15s^2 + 24s = 0$	$\sigma_{b1} = 0$ $\sigma_{b2} = -2.3$ $\sigma_{b3} = -5.2$	

$$\angle \phi_{z_j} = \pm(2k+1)\pi + \sum_{i=1}^{n}\angle(z_j-p_i) - \sum_{\substack{i=1\\i\neq j}}^{m}\angle(z_j-z_i) \tag{7-10}$$

[例 7 - 05] 绘制系统根轨迹,已知系统的开环传递函数为

$$G(s)H(s) = \frac{K'(s+1.5)(s+2+j)(s+2-j)}{s(s+2.5)(s+0.5+j1.5)(s+0.5-j1.5)}$$

[解] 系统根轨迹有四条分支,分别起始于开环极点 $p_1=0$、$p_2=-2.5$ 和 $p_{3,4}=-0.5\pm j1.5$,终止点分别为开环零点 $z_1=-1.5$,$z_{2,3}=-2\pm j$ 和无穷远点 $-\infty$。实轴上 $(-\infty,-2.5]$ 和 $[-1.5,0]$ 是根轨迹。

如图 7-12(a)所示,可计算 p_3 的起始角

$$\begin{aligned}
\angle \phi_{p_3} &= \pm(2k+1)\pi + \angle(p_3-z_1) + \angle(p_3-z_2) + \\
&\quad \angle(p_3-z_3) - \angle(p_3-p_1) - \angle(p_3-p_2) - \angle(p_3-p_4)\\
&= \pm(2k+1)\pi + 56.3° + 18.4° + 59° - 108.4° - 36.9° - 90°
\end{aligned}$$

取 $k=0$,得 $\angle\phi_{p3}=78.4°$。

p_3 和 p_4 为共轭复数,根轨迹对称,故 $\angle\phi_{p4}=-78.4°$。

如图 7-12(b)所示,z_2 的终止角

$$\begin{aligned}
\angle \phi_{z2} &= \pm(2k+1)\pi + \angle(z_2-p_1) + \angle(z_2-p_2) + \\
&\quad \angle(z_2-p_3) + \angle(z_2-p_4) - \angle(z_2-z_1) - \angle(z_2-z_3)\\
&= \pm(2k+1)\pi + 153° + 199° + 121° + 63.5° - 117° - 90°
\end{aligned}$$

取 $k=1$,得 $\angle\phi_{z2}=149.6°$,则 $\angle\phi_{z3}=-149.6°$。

系统根轨迹如图 7-12(c)所示。

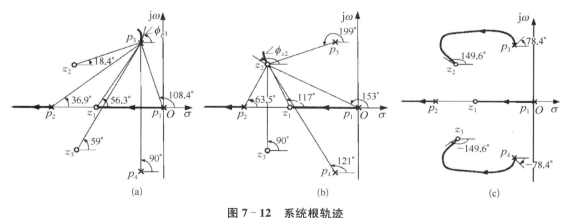

图 7 - 12 系统根轨迹

(a) $\angle\phi_{p_3}$ 的求取; (b) $\angle\phi_{z_2}$ 的求取; (c) 根轨迹

8) 根轨迹与虚轴的交点

根轨迹中靠近虚轴和原点部分与系统动态特性相对应,因此需要确定根轨迹与虚轴交点。

根轨迹与虚轴相交时闭环特征方程有纯虚根,系统处于稳定边界。可应用劳斯-赫尔维茨判据,先求出系统处于稳定边界的临界 K' 值,再由 K' 值求出相应的 ω 值,即为根轨迹与

虚轴的交点。

也可以直接将 $s=\mathrm{j}\omega$ 代入闭环特征方程

$$1+G(\mathrm{j}\omega)H(\mathrm{j}\omega)=0$$

由这个复数方程可得

$$\mathrm{Re}[1+G(\mathrm{j}\omega)H(\mathrm{j}\omega)]=0 \qquad \mathrm{Im}[1+G(\mathrm{j}\omega)H(\mathrm{j}\omega)]=0$$

由此两个代数方程可得根轨迹与虚轴的交点 ω 值和相应的临界 K' 值。

[**例 7 - 06**] 一系统的开环传递函数为 $G(s)H(s)=\dfrac{K'}{s(s+1)(s+2)}$，求根轨迹与虚轴的交点。

[**解**] 该系统的闭环特征方程为

$$s(s+1)(s+2)+K'=s^3+3s^2+2s+K'=0$$

(1) 由稳定边界方法求解时可列劳斯阵列

$$
\begin{array}{c|cc}
s^3 & 1 & 2 \\
s^2 & 3 & K' \\
s^1 & (6-K')/3 & \\
s^0 & K' &
\end{array}
$$

令 $(6-K')/3=0$，可得系统稳定的临界 $K'=6$。由阵列中 s^2 行元素构成辅助方程

$$3s^2+6=0$$

解得 $s=\pm\mathrm{j}\sqrt{2}$，即为根轨迹与虚轴的交点。

(2) 将 $s=\mathrm{j}\omega$ 直接代入闭环特征方程求解时，有

$$(\mathrm{j}\omega)^3+3(\mathrm{j}\omega)^2+2(\mathrm{j}\omega)+K'=(K'-3\omega^2)+j(2\omega-\omega^3)=0。$$

实部和虚部的实数方程分别为

$$K'-3\omega^2=0$$

$$2\omega-\omega^3=0$$

解方程得

$$\omega=\pm\sqrt{2} \qquad K'=6$$

即根轨迹与虚轴的交点为 $\pm\mathrm{j}\sqrt{2}$。

9) 闭环特征方程根之和与根之积

由式(7-2)知，系统闭环特征方程可以表示成以下形式：

$$\prod_{i=1}^{n}(s-p_i)+K'\prod_{i=1}^{m}(s-z_i)=\prod_{i=1}^{n}(s-s_i)=s^n+a_1s^{n-1}+a_2s^{n-2}+\cdots+a_{n-1}s+a_n$$

式中：z_i，p_i 分别为开环零极点；s_i 为闭环极点。则闭环极点与特征方程的系数有如下关系：

$$\sum_{i=1}^{n} s_i = -a_1 \tag{7-11}$$

$$\prod_{i=1}^{n} s_i = (-1)^n a_n \tag{7-12}$$

由式(7-11)可得,随着 K' 增大,一些根轨迹分支向左移动,则一定会有另外一些根轨迹分支向右移动,以维持总和不变。

[例7-07]　绘制系统根轨迹,已知系统的开环传递函数为 $G(s)H(s) = \dfrac{3K(s+2)}{s(s+3)(s^2+2s+2)}$。

[解]　令根轨迹增益 $K'=3K$。根轨迹对称于实轴,有四条根轨迹分支,分别起始于开环极点 $0,-3,-1\pm j$,终止于零点 -2 和另外三个无限远零点。实轴上区段 $[-2,0]$ 和 $(-\infty,-3]$ 为根轨迹。

三条轨迹渐近线 $(n-m=3)$,与实轴的倾角为

$$\phi_a = \frac{\pm(2k+1)180°}{3}$$

取 $k=0,1$,得渐近线与实轴倾角为 $+60°$、$-60°$ 和 $+180°$。

渐近线与实轴交点坐标为

$$\sigma_a = \frac{(0-3-1+j-1-j)-(-2)}{4-1} = -1$$

系统特征方程

$$s^4 + 5s^3 + 8s^2 + (6+K')s + 2K' = 0$$

列劳斯阵列

$$
\begin{array}{c|ccc}
s^4 & 1 & 8 & 2K' \\
s^3 & 5 & 6+K' & \\
s^2 & 8-\dfrac{6+K'}{5} & 2K' & \\
s^1 & 6+K'-\dfrac{50K'}{34-K'} & & \\
s^0 & 2K' & &
\end{array}
$$

令劳斯阵列中 s^1 行第一列元素为零,即 $6+K'-\dfrac{50K'}{34-K'}=0$,解得 $K'=7.02$, $K=2.34$。

由 s^2 项系统构成辅助方程

$$\left[8-\frac{1}{5}(6+K')\right]s^2 + 2K' = 0$$

用 K' 值代入上式,解得根轨迹与虚轴的交点 $s=\pm j1.614$。

两条根轨迹分支起始于共轭复数极点 $-1\pm j$,其起始角为

$$\phi_p = \pm(2k+1)180° + 45° - (135° + 90° + 26.6°) = \mp 26.6°$$

从闭环特征方程可知,各闭环极点之和为-5。故当实轴上根轨迹分支向左趋向于无限零点时,两个从复数极点出发的根轨迹分支趋向于右边无限零点。

$K' = 7.02$时,根轨迹与虚轴两个交点$s = \pm j1.614$,此时在实轴上两支根轨迹上相应点s_1和s_2可由式(7-11)和式(7-12)求得:

$$\begin{cases} s_1 + s_2 + j1.614 - j1.614 = -5 \\ (+j1.614)(-j1.614) \cdot s_1 \cdot s_2 = -14.04 \end{cases}$$

得$s_1 = -1.58$和$s_2 = -3.42$,如图7-13中黑点所示。

根据上述信息,可绘出系统根轨迹如图7-13所示。

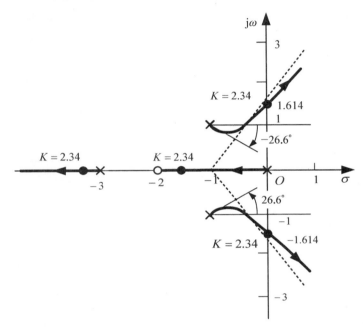

图 7-13　系统根轨迹

7.2　根轨迹分析

7.2.1　根轨迹与希望闭环极点

系统的时域性能指标常用超调量M_p、调整时间t_s和稳态误差(或稳态误差系数)给出。二阶系统可直接转换成阻尼比ζ和无阻尼自然频率ω_n。而高阶系统则用主导极点近似方法,同样可将性能指标转换成ζ和ω_n。

系统性能指标可以表示成s平面中的希望闭环极点(或希望闭环主导极点)。图7-14(a)和(b)分别是二阶系统的等M_p线(即等ζ线)和等t_s线。ζ与M_p线的关系可由计算或查曲线得到,等ζ线与负实轴夹角为$\arccos\zeta$。等t_s线按$t_s = \dfrac{4}{\zeta\omega_n}$($\Delta = \pm 2\%$)计算。图7-14

(c)为 $M_\mathrm{p} = 16\%$（即 $\zeta = 0.5$）且 $t_\mathrm{s} = 2\,\mathrm{s}$ 时的极点位置情况。图中等 M_p 线和等 t_s 线左边阴影线区域内的闭环极点都能满足 $M_\mathrm{p} \leqslant 16\%$、$t_\mathrm{s} \leqslant 2\,\mathrm{s}$。稳态误差指标可采用开环增益的稳态误差系数，系统开环增益为

$$K = K' \frac{\displaystyle\prod_{i=1}^{m} |z_i|}{\displaystyle\prod_{i=1}^{n} |p_i|}$$

因此，闭环主导极点位于图 7-14(c)中希望区域内，且满足上式的系统就符合动静态指标的要求。

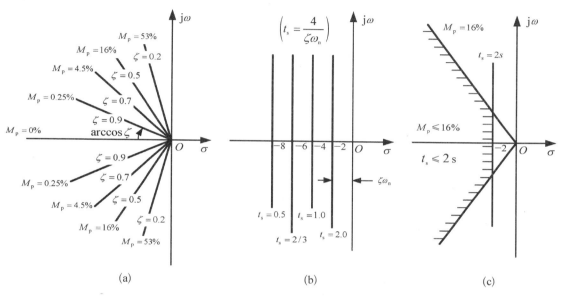

图 7-14 二阶系统等 M_p 线、等 t_s 线和希望极点区

[例 7-08]　根轨迹法求取图 7-15(a) 所示系统中的 K 和 K_h，已知 $0 < K_\mathrm{h} < 1$，使系统满足 $\zeta = 0.5$、调整时间 $t_\mathrm{s} \leqslant 2\,\mathrm{s}$、稳态速度误差系数 $K_\mathrm{v} = 60\,\mathrm{s}^{-1}$。

[解]　系统的开环传递函数为

$$G(s)H(s) = \frac{KK_\mathrm{h}}{2} \frac{s + \dfrac{1}{K_\mathrm{h}}}{s(s+0.5)} = K' \frac{s + \dfrac{1}{K_\mathrm{h}}}{s(s+0.5)}$$

式中：$K' = \dfrac{KK_\mathrm{h}}{2}$。

$$K_\mathrm{v} = \lim_{s \to 0} sG(s)H(s) = K$$

由稳态速度误差系数 $K_\mathrm{v} = 60\,\mathrm{s}^{-1}$ 得 $K = 60$。

由 $\zeta = 0.5$、$t_\mathrm{s} = \dfrac{4}{\zeta\omega_\mathrm{n}} \leqslant 2\,\mathrm{s}$，$\Delta = \pm 2\%$ 得

$$\omega_\mathrm{n} = 4\,\mathrm{rad/s}$$

因此得到要求的闭环极点

$$s_d = -\zeta\omega_n \pm \omega_n\sqrt{\zeta^2-1} = -2 \pm 2\sqrt{3}j$$

系统的根轨迹如图 7-15(b)所示。将闭环极点代入幅值条件 $K'\dfrac{\left|s+\dfrac{1}{K_h}\right|}{|s|\cdot|s+0.5|} = 1$,得

$$K' = \frac{|s_d|\cdot|s_d+0.5|}{\left|s_d+\dfrac{1}{K_h}\right|} = \frac{4\times 3.8}{\sqrt{\left(-2+\dfrac{1}{K_h}\right)^2 + (-2\sqrt{3})^2}}$$

已知 $K' = \dfrac{KK_h}{2}$、$K = 60$,则由上式可得 $K_h = 0.125$。

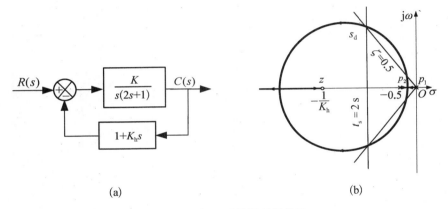

(a)   (b)

图 7-15　闭环系统及其根轨迹

MATLAB 应用中可采用 sgrid(z,ω)绘制等 ζ 线和等 ω_n 线。其中 z 如是矢量则表示一组等 ζ 线,ω 如是矢量,表示一组等 ω_n 线。可采用 rlocfind(num,den)人机交互得到根轨迹上某一点。

[例 7-09]　已知系统的开环传递函数 $G(s)H(s) = \dfrac{K}{s(s+1)(s+2)}$,求取 $\zeta = 0.5$ 的闭环主导极点。

[解]　MATLAB 编程先作原系统的根轨迹并同时显现等 $\zeta = 0.5$ 线和等 $\omega_n = 7$ 线。

num=[1];	//开环传递函数模型(K 为 1)
den=[1 3 1 0];	
rlocus(num,den);	//绘制闭环系统的根轨迹。
sgrid(0.5,[]);	//绘制等 $\zeta = 0.5$ 线,等 $\omega_n = 7$ 线
[k,p]=rlocfind(num,den)	//人机交互得到闭环主导极点

运行上述 MATLAB 程序,结果如图 7-16 所示,并点击根轨迹与等 $\zeta = 0.5$ 线的交点,得到 $\zeta = 0.5$ 时的根轨迹增益和闭环极点。三个闭环极点中两个共轭复极点离虚轴的距离比实轴上的极点 -2.3356 近得多,主导性明显。

k=
　　1.0468
p=
　−2.3356
　−0.3322+0.5812i
　−0.3322−0.5812i
	// 根轨迹增益
	
	//闭环极点

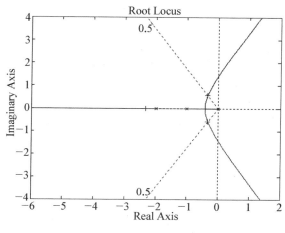

图 7‑16　系统根轨迹

7.2.2　开环零点和极点对根轨迹的影响

在系统开环传递函数 $G(s)H(s)$ 中,增加开环零点 z_c,相当于加入一阶微分环节 $(s-z_c)$;增加开环极点 p_c,相当于增加一个惯性环节 $\dfrac{1}{s-p_c}$。显然开环零点和开环极点的加入使得系统的 n、m、$\sum\limits_{i=1}^{m}z_i$ 和 $\sum\limits_{i=1}^{n}p_i$ 均发生变化。

1) 增加开环极点

增加开环极点 p_c,相当于增加一个惯性环节 $\dfrac{1}{s-p_c}$,n 增大。

(1) $\phi_a=\pm(2k+1)180°/(n-m)$,即渐近线与实轴的倾角随着 n 增大而减小;

(2) $\sigma_a=\left(\sum p_i-\sum z_i\right)/(n-m)$,即渐近线与实轴交点随着极点 p_c 增大(p_c 点在实轴上向右移)而右移,更靠近原点。

图 7‑17(a)、(b)分别是系统 $G(s)H(s)=\dfrac{K'}{s(s+1)}$ 增加极点 $p_c=-2$ 前后的根轨迹,图(c)为右移极点使 $p_c=-0.5$ 时的根轨迹。

因此在开环传递函数上增加极点,可以使根轨迹向右方弯曲,因而降低了系统的相对稳定性,而且这种向右弯曲的趋势随新增开环极点移近原点而加剧。

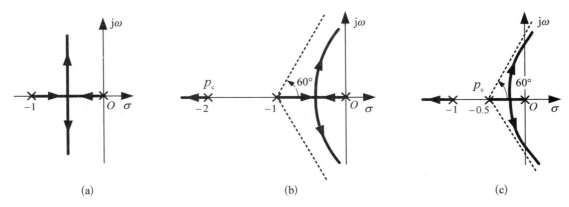

图 7 - 17　开环极点对根轨迹的影响

2）增加开环零点

在开环传递函数上增加零点 z_c，m 增大，使渐近线与实轴倾角增大。同时随着 z_c 增大，渐近线与实轴的交点左移。图 7 - 18 中给出了开环传递函数为 $G(s)H(s) = \dfrac{K'}{s(s^2 + 2s + 2)}$ 的系统增加零点和移动零点的情况。可知增加开环零点使根轨迹向左方弯曲，提高了系统的相对稳定性，而且这种向左弯曲的趋势随着新增开环零点右移而加剧。

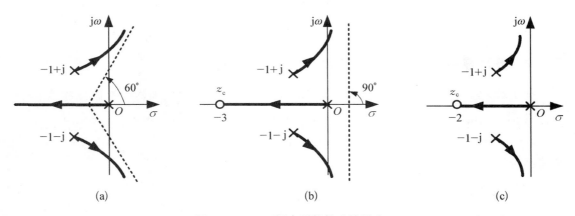

图 7 - 18　开环零点对根轨迹的影响

3）增加一对开环零极点

同理在开环传递函数上增加一个零点 z_c 和一个极点 p_c，即加入校正装置环节 $G_c(s) = \dfrac{(s - z_c)}{(s - p_c)}$。当 z_c 和 p_c 比值不同时，环节的校正作用不同。

（1）$|z_c| < |p_c|$。

图 7 - 19（a）中，新增开环零点相对更靠近虚轴而起主导作用。这对零极点对应的矢量幅角 $\angle(s - z_c) > \angle(s - p_c)$（即 $\phi_c > \theta_c$），对原 $\angle G(s)H(s)$ 附加提供一个超前角 $+(\phi_c - \theta_c)$，相当于附加零点的作用，使根轨迹向左弯曲，改善了系统动态性能，可视为超前校正。

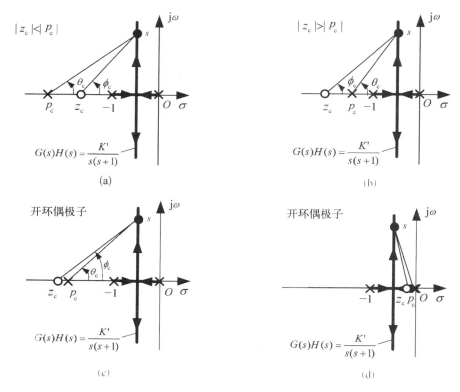

图 7 - 19   增加一对开环零极点对根轨迹的影响

（2）$|z_c| > |p_c|$。

如图 7 - 19(b)所示，新增开环极点相对更靠近虚轴而起主导作用。这对零极点对应的矢量幅角 $\angle(s - z_c) < \angle(s - p_c)$（即 $\phi_c < \theta_c$），对原 $\angle G(s)H(s)$ 附加提供一个滞后角 $-(\phi_c - \theta_c)$，相当于附加极点的作用，使根轨迹向右弯曲。

（3）开环偶极子。

开环偶极子指实轴上相距很近的一对开环零极点。距原点的距离不同的偶极子的作用不同。

当新增的开环偶极子距离原点较远，偶极子对近虚轴区域的根轨迹形状和开环增益几乎没有影响。如图 7 - 19(c)中的 p_c 和 z_c，p_c 和 z_c 到较远的 s 点的矢量基本相等，它们在幅值条件和幅角条件中的作用相互抵消，基本上不影响系统静动态性能。

当新增的开环偶极子位于原点附近，如图 7 - 19(d)中的 p_c 和 z_c。p_c 和 z_c 到主导极点的矢量也基本相等，在幅角条件和幅值条件中的作用也基本抵消，因而不影响主导极点附近的根轨迹及根轨迹增益 K'。但零极点自身比值 z_c/p_c 可以较大，系统开环增益变化

$$K = K' \frac{\prod\limits_{i=1}^{m} |z_i|}{\prod\limits_{i=1}^{n} |p_i|} \cdot \frac{|z_c|}{|p_c|}$$

从而改变稳态误差。例如 $p_c = -0.01$、$z_c = -0.1$ 时，$z_c/p_c = 10$，则可提高系统开环增益 10 倍。这种位于原点附近且极点更靠近原点的偶极子常用来滞后校正。

7.2.3 参数变化对闭环极点的影响

以根轨迹增益 K' 为参变量的根轨迹可方便地研究开环增益对系统性能的影响。但有时需要研究系统中其他参数变化对系统性能的影响，可以类似地用所需要研究的参数作为根轨迹参变量绘制广义根轨迹。如果系统中有两个变化参数，可以逐一固定其中一个变化参数，按另一个变化参数作根轨迹，得到根轨迹簇。

[**例 7 - 10**] 设系统开环传递函数为 $G(s)H(s) = \dfrac{K}{s(s+\alpha)}$，试绘制以 α 为参变量的根轨迹以及同时变化 K 时的根轨迹。

[**解**] 系统闭环特征方程为

$$1 + G(s)H(s) = 1 + \frac{K}{s(s+\alpha)} = 0$$

则有

$$s^2 + \alpha s + K = 0$$

写成以 α 为参变量的根轨迹方程

$$\frac{\alpha s}{s^2 + K} = -1$$

若对 K 设置不同值，可得到系统不同根轨迹图，即根轨迹簇。

令 $K = 4$ 有

$$\frac{\alpha s}{s^2 + 4} = -1$$

极点是一对共轭虚根，根据上式作以增益 α 为参变量的根轨迹，如图 7 - 20(a)所示。

然后，逐一设定 K 值，按照根轨迹作图基本规则作以 α 为参变量的根轨迹，可得到系统根轨迹如图 7 - 20(b)所示。

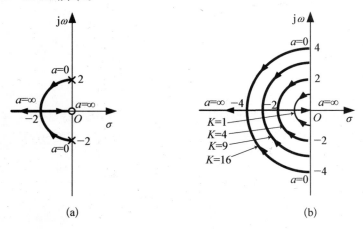

图 7 - 20 根轨迹簇

(a) $K = 4 (0 \leqslant \alpha \leqslant \infty)$； (b) 根轨迹簇

7.3 根轨迹串联校正

根轨迹校正常常采用串联校正形式,并采用分析法。在确定校正装置前先根据性能指标,确定闭环主导极点 s_d,绘制未校正系统根轨迹图。确定仅调整增益能否使根轨迹通过希望主导极点 s_d,如果不能则分析应该采用何种校正装置并设计计算。

7.3.1 超前校正

当未校正系统的主导极点离虚轴很近时,系统阻尼较小,稳定程度差。可加入由一对零点相对靠近虚轴的零极点对组成的超前校正装置,使系统根轨迹向左移动。

[例 7 - 11] 设单位反馈系统的开环传递函数为 $G(s) = \dfrac{4}{s(s+2)}$,试设计串联校正装置,使得最大超调量 $M_p = 16\%$,调整时间 $t_s = 2$ s。

[解] (1)求希望主导极点。

二阶系统 $M_p = 16\%$ 可得阻尼比 $\zeta = 0.5$。

若以 $\Delta = \pm 2\%$ 计,由 $t_s = \dfrac{4}{\zeta \omega_n} = 2$ s 解得 $\omega_n = 4$ rad/s,所以希望主导极点为

$$s_d = -\zeta \omega_n \pm j\omega_n \sqrt{1-\zeta^2} = -2 \pm j2\sqrt{3}$$

(2)作未校正系统的根轨迹并标记希望主导极点,判别校正方式。

如图 7 - 21(a)所示,仅依靠调整增益不能使根轨迹通过希望主导极点 s_d,拟采用超前校正装置使系统根轨迹向左“弯曲”。

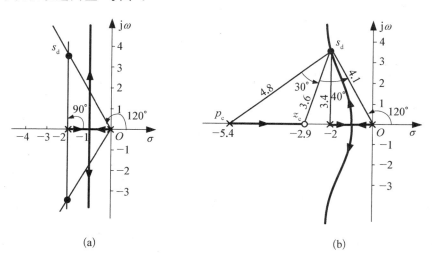

图 7 - 21　系统根轨迹

(a)校正前;　(b)校正后

(3)为使 s_d 位于根轨迹上,需满足幅角条件,应增加幅角量

$$\phi = \pm(2k+1)180° - \angle\left(\frac{4}{s(s+2)}\right)\bigg|_{s=s_d} = -180° - (-120° - 90°) = 30°$$

此值即为超前校正装置应提供的超前角 $\phi = \angle(s_d - z_c) - \angle(s_d - p_c)$。

（4）求取超前校正装置的零点 z_c 和极点 p_c。

有多种试探方法取得零点 z_c 和极点 p_c。此处介绍一种校正后系统开环增益衰减较小的图解法。如 7-22(a)所示，过已知的希望极点 s_d 作水平线 $s_d A$；作 $\angle O s_d A$ 的角平分线 $s_d B$；在 $s_d B$ 两侧各作夹角为 $\dfrac{\phi}{2}$ 的两条直线，分别交负实轴于 z_c 和 p_c，即为校正装置的零点和极点。上述图中的几何关系可简化。如图 7-22(b)所示，过希望极点 s_d 作直线 $s_d z_c$，使 $\angle O s_d z_c = \dfrac{(\theta - \phi)}{2}$，与负实轴的交点为校正装置的零点 z_c；再过希望极点 s_d 作直线 $s_d p_c$，使 $\angle z_c s_d p_c = \phi$，与负实轴的交点为校正装置的极点 p_c。

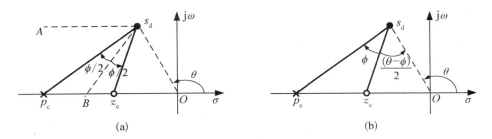

图 7-22　图解法确定超前校正装置的零、极点

如图 7-21(b)中方法图解得 $z_c = -2.9$、$p_c = -5.4$。超前校正装置的传递函数为

$$G'_c(s) = \frac{s + 2.9}{s + 5.4} = 0.537 \cdot \frac{0.345s + 1}{0.185s + 1}$$

由于 $G'_c(s)$ 接入系统，使系统开环增益降低 0.537 倍，须附加增益补偿。

（5）求取已校正系统的开环传递函数

$$G(s)G_c(s) = \frac{4}{s(s+2)} \cdot K_c \frac{s+2.9}{s+5.4} = \frac{K'(s+2.9)}{s(s+2)(s+5.4)}$$

式中：$K' = 4K_c$ 为已校正系统的根轨迹增益；K_c 为附加增益。作已校正系统的根轨迹如图 7-21(b)所示。

按希望主导极点 s_d 的幅值条件求附加增益 K_c，应有

$$\frac{K' \mid s_d + 2.9 \mid}{\mid s_d \mid \cdot \mid s_d + 2 \mid \cdot \mid s_d + 5.4 \mid} = 1$$

从根轨迹图上量得各矢量幅值，得

$$K' = \frac{4.1 \times 3.4 \times 4.8}{3.6} = 18.6$$

因此附加增益

$$K_c = K'/4 = 18.6/4 = 4.65$$

（6）校验。

校验包括考察主导极点 s_d 处的增益是否满足稳态精度指标，考察主导极点是否符合系统闭环主导极点条件。如果已校正系统不能满足性能指标，则应调整校正装置的零极点位置，重复上述步骤，直到满足指标为止。

本例中系统稳态速度误差系数

$$K_v = \lim_{s \to 0} sG(s)G_c(s) = \lim_{s \to 0} s \frac{18.6(s+2.9)}{s(s+2)(s+5.4)} = 5 \text{ s}^{-1}$$

满足要求。如果不满足且两者相差小，可调整 p_c 和 z_c 位置再重新计算；如果不满足且两者相差较大，则需要加滞后校正。

已校正的系统的两个闭环极点为 $s_d = -2 \pm j2\sqrt{3}$，第三个闭环极点 s_3 可根据轨迹作图规则求得。已校正系统的闭环特征式

$$1 + G(s)H(s) = 1 + \frac{18.6(s+2.9)}{s(s+2)(s+5.4)} = \frac{s^3 + 7.4s^2 + 10.8s + 18.6(s+2.9)}{s(s+2)(s+5.4)}$$

由式（7-11）得

$$\sum_{i=1}^{3} s_i = (-2+j2\sqrt{3}) + (-2-j2\sqrt{3}) + s_3 = -7.4$$

故有 $s_3 = -3.4$，此闭环极点与新增开环零点 $z_c = -2.9$ 很接近。因为单位反馈系统的开环前向通道的零点就是闭环零点，故闭环极点 s_3 对系统瞬态响应影响相当小，s_3 不影响主导极点 s_d 的地位。

由此例知，根轨迹法超前校正利用超前校正装置提供的相位超前角 ϕ 使得校正后系统根轨迹通过希望闭环主导极点，频率法超前校正利用超前校正装置的超前角 ϕ_m 来补偿相位裕量的不足。两种校正方法实质是一样的。

[例 7-12] 设系统的开环传递函数为 $G(s)H(s) = \dfrac{1}{s(s+1)}$，试设计串联校正装置，满足 $\zeta \geqslant 0.5$、$\omega_n \geqslant 7$ rad/s。

[解] MATLAB 编程先作原系统的根轨迹并同时显现等 $\zeta = 0.5$ 线和等 $\omega_n = 7$ 线。

num1=[1];	//开环传递函数模型（K 为 1）。
den1=[1 1 0];	
sys1=tf(num1,den1);	
rlocus(sys1);	//绘制闭环系统的根轨迹。
sgrid(0.5,7);	//绘制等 $\zeta = 0.5$ 线，等 $\omega_n = 7$ 线。

运行上述 MATLAB 程序，结果如图 7-23(a)所示，由图知校正前无法满足题意要求。

尝试加入一对零极点 $G_c(s) = \dfrac{K(s+2)}{(s+13)}$ 作超前校正，程序如下。

num1=[1];	//开环传递函数模型（K 为 1）。
den1=[1 1 0];	

```
sys1=tf(num1,den1);
numc=[1 2];
denc=[1 13];
sysc=tf(numc,denc);
sys2=sysc * sys1;          //绘制闭环系统的根轨迹。
rlocus(sys2);              //绘制等 ζ = 0.5 线,等 ωₙ = 7 线。
sgrid(0.5,7);
```

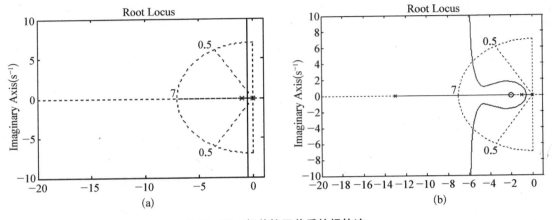

图 7-23 超前校正前后的根轨迹

(a) 校正前; (b) 校正后

运行上述 MATLAB 程序,结果如图 7-23(b)所示,由图知存在满足题意指标的闭环根,此时可选用较小的开环增益,以保证静态性能。

7.3.2 滞后校正

当系统的动态性能满足要求,而稳态性能达不到预定指标时,通常可采用滞后校正。滞后校正装置的传递函数为

$$G_c(s) = \frac{Ts+1}{\alpha Ts+1} = \frac{1}{\alpha} \frac{s + \dfrac{1}{T}}{s + \dfrac{1}{\alpha T}} \qquad \left(\alpha = \frac{z_c}{p_c} > 1\right)$$

式中的零极点是一对靠近原点的开环偶极子,对 $G(s)H(s)$ 的幅角影响很小,极点相对离原点更近能提高开环增益 α 倍,而基本上不影响系统动态性能。

[例 7-13] 已知一单位反馈系统的开环传递函数为 $\dfrac{1.06}{s(s+1)(s+2)}$,系统动态性能满足要求,现在需要将稳态速度误差系统 K_v 增大至 $5\,\mathrm{s}^{-1}$,试设计滞后校正装置。

[解] (1) 绘制未校正系统的根轨迹。

未校正系统的根轨迹如图 7-24(a)所示。

(2) 根据瞬态响应指标,找出根轨迹上的希望闭环主导极点 s_d。

当 $K'=1.06$ 时,可求得未校正系统主导极点 $s_d = -0.33 \pm j0.58$。由此得系统 $\zeta =$

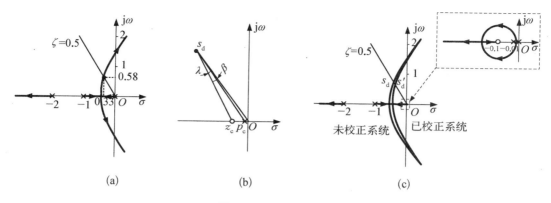

图 7 - 24　系统根轨迹

0.5，$\omega_n = 0.67$ rad/s。

（3）由闭环主导极点所对应的开环增益或稳态误差系数，决定采用校正装置的形式。

未校正系统稳态误差系数

$$K_v = \lim_{s \to 0} s \frac{1.06}{s(s+1)(s+2)} = 0.53 \text{ s}^{-1}$$

根据题意要求的稳态误差系数 $K_v = 5$ s^{-1}，两者相差近 10 倍。因动态性能达标，可采用滞后校正。

（4）求取需要增加的开环增益 α。

$$\alpha = K_v'/K_v = 10$$

（5）确定滞后校正装置的零极点，既提高开环增益 α 倍，又不使原来的根轨迹发生明显的变化。

采用作图方法得到零极点。如图 7 - 24(b) 所示，连接希望主导极点 s_d 和原点 O 作等 ζ 线。以 s_d 为顶点，在等 ζ 线左侧作小角度 $\beta(\beta \leqslant 10°)$ 射线交实轴，交点即为滞后校正装置的零点 z_c。在 z_c 右侧找到一点 p_c 使 $|z_c|/|p_c| = \alpha$，则 p_c 即为滞后校正装置的极点。图中夹角 λ 为滞后校正装置的一对零极点对 s_d 点产生的附加滞后角，$\lambda \leqslant 5°$ 以避免希望主导极点附近的根轨迹变化较大而改变系统的动态性能。

图 7 - 24(b) 中 $\beta = 8$ 并得到滞后校正装置的零点 $z_c = -0.1$，z_c 点右侧按 $|z_c|/|p_c| = \alpha = 10$ 可得 $p_c = -0.01$。

（6）求取附加增益 K_c。

滞后校正装置的传递函数

$$G_c'(s) = \frac{1}{\alpha} \frac{s+z_c}{s+p_c} = \frac{1}{10} \frac{s+0.1}{s+0.01}$$

因滞后校正装置造成的衰减，增加附加增益 K_c，此时

$$G_c(s) = K_c G_c'(s)$$

绘制已校正系统的根轨迹如图 7 - 24(c) 所示，其开环传递函数

$$G(s)G_c(s) = \frac{K_c}{10} \cdot \frac{s+0.1}{s+0.01} \cdot \frac{1.06}{s(s+1)(s+2)} = \frac{K'(s+0.1)}{s(s+0.01)(s+1)(s+2)}$$

式中：$K' = 1.06K_c/10$。

作直线 $\zeta = 0.5$，得与根轨迹的交点为闭环主导极点 s'_d，由图知

$$s'_d = -0.28 \pm j0.51$$

即此时 $\omega_n = 0.28/\zeta = 0.6 \text{ rad/s}$。

对于主导极点 s'_d，由幅值条件

$$K' = \frac{|s'_d| \cdot |s'_d + 0.01| \cdot |s'_d + 1| \cdot |s'_d + 2|}{|s'_d + 0.1|} = 0.98$$

得到附加增益

$$K_c = \frac{10}{1.06}K' = \frac{10}{1.06}0.98 = 9.25$$

最后确定已校正系统的开环传递函数

$$G(s)G_c(s) = \frac{0.98(s+0.1)}{s(s+0.01)(s+1)(s+2)} = \frac{4.9(10s+1)}{s(100s+1)(s+1)(0.5s+1)}$$

（7）校验。

已校正系统的稳态速度误差系数 K'_v 为

$$K'_v = \lim_{s \to 0} sG(s)G_c(s) = 4.9 \text{ s}^{-1}$$

经过上述滞后校正，使系统稳态速度系数基本达到 5 s^{-1} 的设计要求。校正后系统的动态性能比校正前略低，无阻尼自然频率 ω_n 由 0.67 s^{-1} 变为 0.56 s^{-1}。这是由于 z_c、p_c 对 s_d 点所提供的滞后角 $\lambda = \angle z_c s_d p_c \approx 7°$ 偏大而产生的影响。如果上述结果可以接受则校正工作结束。反之，认为结果不理想，那么只要减小 β 角，将所取零点 z_c 的位置向右移动（例如取 $z_c = 0.05$）再进行计算。

已校正系统的另外两个闭环极点解得 $s_3 = -2.31$ 和 $s_4 = -0.137$。其中 s_4 靠近闭环零点 -0.1，对瞬态响应影响较小，s_3 较主导极点 s'_d 离虚轴远得多，因此 s_3 和 s_4 不影响 s'_d 的主导地位。

由上可见，根轨迹法滞后校正利用靠近原点的一对开环偶极子来提高系统的开环增益，基本上不影响主导极点及其附近根轨迹。频率法滞后校正装置的零极点选在低于系统增益交界频率较远处，基本上不影响增益交界频率附近的频率特性形状，却能提高开环增益。两种校正方法实质一样。

7.3.3　滞后-超前校正

若系统的稳态性能和动态性能都达不到指标要求时，通常采用滞后-超前校正装置

$$G_c(s) = \frac{s + \dfrac{1}{T_1}}{s + \dfrac{\alpha}{T_1}} \cdot \frac{s + \dfrac{1}{T_2}}{s + \dfrac{1}{\alpha T_2}} \cdot K_c$$

式中：K_c 为系统应提高的附加增益，$\alpha > 1$。

[例 7 - 14] 设单位反馈系统的开环传递函数 $G(s) = \dfrac{4}{s(s+0.5)}$，试设计适当的校正装置使闭环主导极点 $\zeta = 0.5$、$\omega_n = 5$ rad/s，稳态速度误差系数 $K_v = 50$ s^{-1}。

[解] (1) 系统现有性能与希望性能的分析，确定校正方式。

求得未校正系统闭环极点 $s_{1,2} = -0.25 \pm j1.98$、$\zeta = 0.125$、$\omega_n = 2$ rad/s、$K_v = 8$ s^{-1}。未校正系统的动静态性能指标都不满足要求且相差较大，选用滞后超前校正，校正后系统的开环传递函数为

$$G(s)G_c(s) = \frac{s + 1/T_1}{s + \alpha/T_1} \cdot \frac{s + 1/T_2}{s + 1/\alpha T_2} \cdot K_c \cdot \frac{4}{s(s+0.5)}$$

(2) 根据性能指标，确定希望闭环主导极点 s_d 的位置。

根据给定的性能指标，求得希望闭环主导极点为 $s_d = -2.5 \pm j4.33$。

(3) 为了使闭环主导极点位于希望的位置上，计算出相位超前部分所对应的超前角 ϕ。

如校正后系统的根轨迹通过 s_d 点，滞后-超前网络的相位超前部分应产生的相位超前角 ϕ 为

$$\phi = (2k+1)180° - \angle\left(\frac{4}{s_d(s_d + 0.5)}\right) = -180° - (-235°) = 55°$$

(4) 根据给定的误差系数要求，计算附加增益 K_c。

已知要求校正后系统的稳态速度误差系数 $K_v = 50$ s^{-1}，故有

$$K_v = \lim_{s \to 0} sG(s)G_c(s) = 8K_c = 50$$

由此求得附加增益 $K_c = 6.25$，校正后的系统开环传递函数为

$$G(s)G_c(s) = \frac{s + 1/T_1}{s + \alpha/T_1} \cdot \frac{s + 1/T_2}{s + 1/\alpha T_2} \cdot \frac{25}{s(s+0.5)}$$

(5) 确定校正装置超前部分参数 T_1 和 α。

考虑到校正装置滞后部分是靠近原点的一对偶极子，因而有 $\dfrac{\left| s_d + \dfrac{1}{T_2} \right|}{\left| s_d + \dfrac{1}{\alpha T_2} \right|} \approx 1$。这样，希望主导极点 s_d 处的幅值条件为

$$|G(s_d)G_c(s_d)| = \left| \frac{s_d + 1/T_1}{s_d + \alpha/T_1} \cdot \frac{25}{s_d(s_d + 0.5)} \right| = \left| \frac{s_d + 1/T_1}{s_d + \alpha/T_1} \cdot \frac{5}{4.77} \right| = 1$$

即

$$\left| \frac{s_d + 1/T_1}{s_d + \alpha/T_1} \right| = \frac{4.77}{5}$$

而由幅角条件得

$$\angle \frac{(s_d + 1/T_1)}{(s_d + \alpha/T_1)} = 55°$$

由幅值条件和幅角条件可用图解法确定校正装置超前部分的参数 $\frac{K}{s+4}$ 和 α。图解法如图 7-25(a)所示。以 s_d 为顶点任意作顶角 $\phi = 55°$，并取该角两边 s_dA' 和 s_dB' 使之满足比例 $\frac{s_dA'}{s_dB'} = \frac{4.77}{5}$，连接 $A'B'$，以 s_d 为顶点旋转 $\triangle s_dA'B'$ 直至 $A'B'$ 平行于实轴，延长 s_dA' 和 s_dB' 分别交负实轴于点 A 和 B，即为所求超前部分的零点 $-1/T_1$ 和 $-\alpha/T_1$。图中测得 $\overline{AO} = 0.5$、$\overline{BO} = 5$，所以

$$-1/T_1 = -0.5 \qquad -\alpha/T_1 = -5$$

即

$$T_1 = 2 \qquad \alpha = 10$$

超前部分的传递函数为 $\frac{s+0.5}{s+5}$。

(6) 确定校正装置滞后部分的零极点。

滞后部分零极点为一对近原点的偶极子，按以下条件选择 T_2：

$$\left| \frac{s_d + \frac{1}{T_2}}{s_d + \frac{1}{aT_2}} \right| \approx 1 \qquad 0 < \angle \frac{\left(s_d + \frac{1}{T_2}\right)}{\left(s_d + \frac{1}{\alpha T_2}\right)} < 3°$$

为了便于在实际工程中的实现，αT_2 不能太大。

取 $T_2 = 10$ 则滞后部分的零点为 $-\frac{1}{T_2} = -0.1$，极点为 $-\frac{1}{\alpha T_2} = -0.01$。

滞后超前校正装置的传递函数便可确定为

$$G_c(s) = \frac{s+0.5}{s+5} \cdot \frac{s+0.1}{s+0.01} \cdot 6.25$$

校正后系统的开环传递函数

$$G(s)G_c(s) = \frac{25(s+0.1)}{s(s+5)(s+0.01)}$$

(7) 校验。

校正后系统的根轨迹如图 7-25(b)所示。由于 $G(s)G_c(s)$ 中零点 -0.1 和极点 -0.01 是近原点偶极子，基本不影响根轨迹形状，它们对希望闭环主导极点 s_d 提供的滞后角近似为 $1°$，幅值比近似为 1。由于滞后-超前校正装置对希望极点 $s_d = -2.5 \pm j4.33$ 的位置影响很小，因此校正后系统能够满足全部性能指标要求。校正后系统的第三极点 $s_3 = -0.102$ 与闭环零点 -0.1 很接近，所以该极点对系统瞬态影响也相当小。

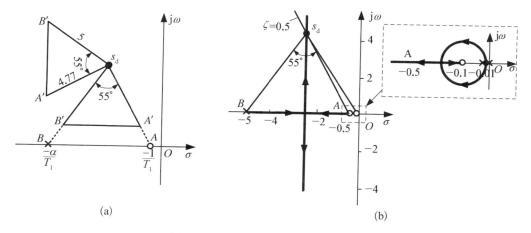

图 7‑25 已校正系统根轨迹的确定

小 结

（1）系统性能由闭环极点在 s 平面的分布决定。根轨迹研究当系统某一参数（主要是开环增益）在规定范围内变化时，闭环极点在 s 平面上随之变化的轨迹。

（2）若已知系统开环传递函数的极点和零点，由闭环特征方程可得到幅角条件和幅值条件。通常，可用幅角条件来检验或寻找根轨迹上的点，用幅值条件来确定根轨迹上某一点的开环增益值。

（3）由幅角条件和幅值条件可推出绘制根轨迹特性，并可应用这些特性绘制根轨迹的大致形状，分析校正装置的作用。

（4）基于根轨迹法的校正实际上是一种试探方法。通过重新配置零、极点，使闭环系统根轨迹满足性能指标的要求。

（5）根轨迹法的超前校正、滞后校正、滞后‑超前校正本质上与频率法一样。

习 题

7.1 已知系统的开环传递函数，试作出其根轨迹图。

(1) $G(s)H(s) = \dfrac{K}{s\left[(s+4)^2+16\right]}$ 　(2) $G(s)H(s) = \dfrac{K}{s\left[(s+4)^2+1\right]}$

(3) $G(s)H(s) = \dfrac{K}{s\left[(s+3)^2+3\right]}$ 　(4) $G(s)H(s) = \dfrac{K}{(s^2+2s+2)(s^2+2s+5)}$

(5) $G(s)H(s) = \dfrac{K}{s(s+4)(s^2+4s+20)}$

(6) $G(s)H(s) = \dfrac{K}{s(s+3)(s^2+2s+2)}$

(7) $G(s)H(s) = \dfrac{K(\tau s+1)}{s(T_1 s+1)(T_2 s+1)}, \ T_1 < \tau < T_2$

(8) $G(s)H(s) = \dfrac{K(\tau_1 s + 1)(\tau_2 s + 1)}{s^3}, \ \tau_1 < \tau_2$

7.2 绘出如图 P7-2 所示零初始系统的根轨迹。

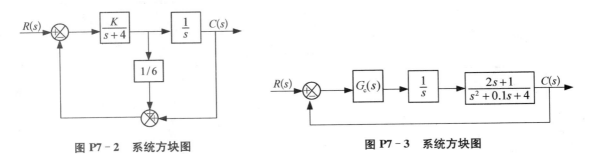

图 P7-2 系统方块图　　　　　　图 P7-3 系统方块图

7.3 图 P7-3 是一个位置-速度控制系统的方块图。试设计校正装置使系统的共轭复数主导极点为 $s = -2 \pm j2$。

7.4 设有一个单位反馈系统,已知其前向通道传递函数为 $G(s) = \dfrac{K}{s(s+1)(s+2)(s+3)}$,试确定 K 值使系统闭环主导极点具有阻尼比 0.5。

7.5 设单位反馈系统的前向通道传递函数为 $G(s) = \dfrac{10}{s(s+2)(s+8)}$。试设计一校正装置,使静态速度误差系数 $K_v = 80 \ \text{s}^{-1}$,并使主导极点位于 $s = -2 \pm j\sqrt{3}$。

7.6 具有单位反馈的 2 型系统的开环传递函数为 $G(s) = \dfrac{K}{s^2}$。试设计一校正网络,使系统满足 $\sigma \leqslant 20\%$、$t_s \leqslant 4 \ \text{s}$(2% 允许误差)。

7.7 未校正系统的开环传递函数为 $G(s)H(s) = \dfrac{8 \times 10^7}{s(s+10)(s+50)(s+100)(s+200)}$。试设计一校正装置使系统满足 $\sigma \leqslant 20\%$、$t_s \leqslant 0.4 \ \text{s}$、$K_v = 250 \ \text{s}^{-1}$。

7.8 一具有单位反馈的 1 型系统的开环传递函数为 $G(s) = \dfrac{K}{s(s+1)(s+4)}$。

(1) 设计一滞后校正网络,使系统满足 $\zeta = 0.5$、$t_s = 10 \ \text{s}$(2% 允许误差)、$K_v = 5 \ \text{s}^{-1}$;

(2) 设计一滞后超前校正网络,使系统满足 $\zeta = 0.5$、$\omega_n = 0.2 \ \text{rad/s}$、$K_v \geqslant 5 \ \text{s}^{-1}$。

7.9 单位反馈系统的开环传递函数为 $G(s) = \dfrac{K}{(s+2)^3}$,画出其根轨迹并求:

(1) 系统的持续振荡频率;

(2) 对应阻尼比为 0.5 时的位置误差系统,以及仅考虑主导极点的影响时的峰值超调量、峰值时间和调整时间。

7.10 设单位负反馈系统的开环传递函数为 $G(s) = \dfrac{K}{s(s+3)(s+7)}$,试绘制系统的根轨迹并确定使系统阶跃响应具有欠阻尼特性的 K 的取值范围。

第8章 状态空间法

8.1 状态空间表达

8.1.1 状态空间表达的基本概念

经典控制理论方法中的频率法和根轨迹法都以传递函数的形式来描述系统。但传递函数模型一般只适用于线性定常系统,是单输入单输出的输入输出模型,无法揭示系统内部信息,同时又忽略了初始条件的影响。与微分方程、传递函数、系统方块图等一样,状态空间表达也是系统模型的一种数学表达。状态空间法在输入与输出之间引申出了反映系统内部状况的状态,通过研究输入对系统状态的作用、系统状态对输出的影响来研究整个系统的特性。

1) 状态变量

状态变量指用一组变量表达系统过去、现在、将来的状况,以状态变量为分量组成的向量称为状态向量。

一个系统的状态变量个数是唯一的,即指足以完全表征系统运动的最小个数或完整确定地描述系统时域行为的最小个数。一个 n 阶系统选择 n 个独立的状态变量,若给定 $t = t_0$ 状态变量初值以及 $t \geqslant t_0$ 时输入的时间函数,则系统在 $t \geqslant t_0$ 的任何瞬时系统行为完全确定。

同一系统的状态变量的选择并不唯一。例如对图 8-1 所示的 RCL 电路可以选择 i、u_c 为状态变量,也可以选择 $q(q(t) = \int i \mathrm{d}t)$、$i$ 作为状态变量。

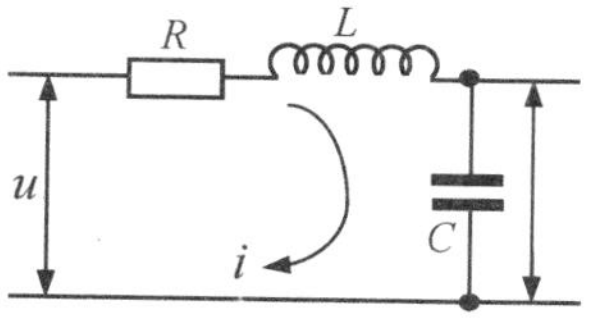

如果选择 i、u_c 为状态变量,得电路的基本微分方程为

图 8-1 RCL 电路

$$\begin{cases} C\dot{u}_c = i \\ L\dot{i} + Ri + u_c = u \end{cases}$$

写成矩阵向量方程有

$$\begin{bmatrix} \dot{u}_c \\ \dot{i} \end{bmatrix} = \begin{bmatrix} 0 & \dfrac{1}{C} \\ -\dfrac{1}{L} & -\dfrac{R}{L} \end{bmatrix} \begin{bmatrix} u_c \\ i \end{bmatrix} + \begin{bmatrix} 0 \\ \dfrac{1}{L} \end{bmatrix} u$$

如果选择 q、i 作为状态变量则分别有微分方程和矩阵向量方程

$$\begin{cases} \dot{q} = i \\ \dot{i} = -\dfrac{1}{LC}q - \dfrac{R}{L}i + \dfrac{1}{L}u \end{cases}$$

$$\begin{bmatrix} \dot{q} \\ \dot{i} \end{bmatrix} = \begin{bmatrix} 0 & 1 \\ -\dfrac{1}{LC} & -\dfrac{R}{L} \end{bmatrix} \begin{bmatrix} q \\ i \end{bmatrix} + \begin{bmatrix} 0 \\ \dfrac{1}{L} \end{bmatrix} u$$

同一系统可选用不同的状态变量建立从不同角度进行动态描述的数学模型。状态空间法中状态变量可以自由选择，并不限定于物理上可测量的或可观察的量。但通常尽量选择系统中各点的流量、压力、位移、速度、电流、电压等这些容易测量的量以及它们的导数作为状态变量。

2）状态空间及状态空间表达式

如 $x_1(t)$，$x_2(t)$，…，$x_n(t)$ 是系统的一组状态变量，则状态向量为

$$\boldsymbol{x}(t) = \begin{bmatrix} x_1(t) \\ x_2(t) \\ \vdots \\ x_n(t) \end{bmatrix} \qquad 或 \qquad \boldsymbol{x} = \begin{bmatrix} x_1 \\ x_2 \\ \vdots \\ x_n \end{bmatrix}$$

从而 n 维（正交）空间即为状态空间。任意状态可用状态空间的一个点来表示。

状态空间表达式用于对系统动态的完整描述，故又称动态方程，包括状态方程和输出方程两部分。线性定常系统的状态空间表达式的一般形式为

$$\dot{\boldsymbol{x}}(t) = \boldsymbol{A}\boldsymbol{x}(t) + \boldsymbol{B}\boldsymbol{u}(t) \tag{8-1}$$

$$\boldsymbol{y}(t) = \boldsymbol{C}\boldsymbol{x}(t) + \boldsymbol{D}\boldsymbol{u}(t) \tag{8-2}$$

式中：$\boldsymbol{x}(t)$ 为状态向量，$n \times 1$ 列向量，表示 n 个状态变量；$\boldsymbol{u}(t)$ 为输入向量，$r \times 1$ 列向量，表示 r 个输入量；$\boldsymbol{y}(t)$ 为输出向量，$m \times 1$ 列向量，表示 m 个输出量；$\boldsymbol{A}$ 为系统矩阵，$n \times n$ 矩阵；$\boldsymbol{B}$ 为输入系数矩阵，$n \times r$ 矩阵；$\boldsymbol{C}$ 为输出系数矩阵，$m \times n$ 矩阵；$\boldsymbol{D}$ 为直接转移矩阵，$m \times r$ 矩阵，但通常 $\boldsymbol{D} = 0$。

式（8-1）是状态方程，描述系统的状态向量 $\boldsymbol{x}(t)$ 与系统输入向量 $\boldsymbol{u}(t)$ 之间的一阶微分方程组，即输入引起状态变化。

式（8-2）是输出方程，在指定系统输出向量 $\boldsymbol{y}(t)$ 的情况下，输出向量 $\boldsymbol{y}(t)$ 与状态向量 $\boldsymbol{x}(t)$、系统输入向量 $\boldsymbol{u}(t)$ 之间的变换关系。

由上述定义知状态空间描述揭示了"输入引起状态变化、状态决定输出"。输入引起的状态变化是一个动态过程，采用向量微分方程即状态方程；状态决定输出是一个变换过程，采用代数变换方程，即输出方程。

由式（8-1）和式（8-2）的状态空间表达式，可画出系统状态方块图如图 8-2 所示。

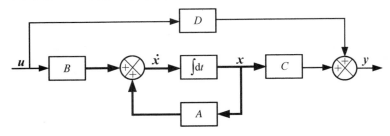

图 8-2　状态空间表达的系统状态方块图

[例8-01] 绘制如图8-3(a)所示机械系统的状态空间描述和其状态图。

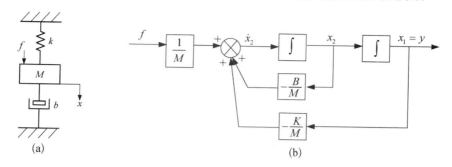

图8-3 机械系统及其状态方块图

[解] 可建立此二阶系统的动力学方程

$$M\frac{\mathrm{d}^2 x}{\mathrm{d}t^2} + B\frac{\mathrm{d}x}{\mathrm{d}t} + Kx = f$$

选择两个状态变量

$$x_1(t) = x(t),\ x_2(t) = \dot{x}(t)$$

运动方程

$$\begin{cases} \dot{x}_1 = x_2 \\ \dot{x}_2 = -\dfrac{K}{M}x_1 - \dfrac{B}{M}x_2 + \dfrac{1}{M}f \end{cases}$$

$$y = x_1。$$

写成向量矩阵形式有

$$\begin{bmatrix} \dot{x}_1 \\ \dot{x}_2 \end{bmatrix} = \begin{bmatrix} 0 & 1 \\ -\dfrac{K}{M} & -\dfrac{B}{M} \end{bmatrix} \begin{bmatrix} x_1 \\ x_2 \end{bmatrix} + \begin{bmatrix} 0 \\ \dfrac{1}{M} \end{bmatrix} f$$

$$y = \begin{bmatrix} 1 & 0 \end{bmatrix} \begin{bmatrix} x_1 \\ x_2 \end{bmatrix}。$$

由状态方程和输出方程绘制的状态方块图如图8-3(b)所示。

8.1.2 系统状态空间表达式的获取及模型转换

1) 从机理出发建立状态空间表达式

对于结构和参数已知的系统,可由原各动态环节的工作机理列写物理方程和相应的微分方程,再定义独立状态变量写成状态变量间的一阶微分方程组。

[例8-02] 以作用力 $f(t)$ 为输入,y_1、y_2 为输出建立如图8-4(a)所示系统的状态空间表达式。

[解] (1)选择状态变量。

图8-4(a)所示的双弹簧-质量-阻尼机械系统中,弹簧 K_1、K_2 和质量 M_1、M_2 是储能

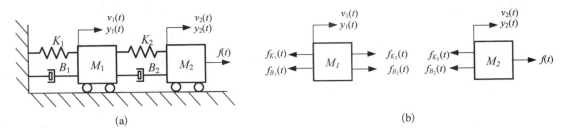

图 8-4　机械系统

元件，系统为四阶系统有四个状态变量，选择质量块 M_1、M_2 的位移 y_1、y_2，速度 v_1、v_2 作为独立状态变量，即

$$x_1 = y_1 \qquad x_2 = y_2 \qquad x_3 = v_1 = \frac{\mathrm{d}y_1}{\mathrm{d}t} \qquad x_4 = v_2 = \frac{\mathrm{d}y_2}{\mathrm{d}t}$$

（2）列写系统各动态环节的物理方程和相应的微分方程。

根据图 8-4(b)分离体受力分析，对 M_1 和 M_2 分别有

$$M_1 \frac{\mathrm{d}v_1}{\mathrm{d}t} = K_2(y_2 - y_1) + B_2\left(\frac{\mathrm{d}y_2}{\mathrm{d}t} - \frac{\mathrm{d}y_1}{\mathrm{d}t}\right) - K_1 y_1 - B\frac{\mathrm{d}y_1}{\mathrm{d}t}$$

$$M_2 \frac{\mathrm{d}v_2}{\mathrm{d}t} = f - K_2(y_2 - y_1) - B_2\left(\frac{\mathrm{d}y_2}{\mathrm{d}t} - \frac{\mathrm{d}y_1}{\mathrm{d}t}\right)$$

（3）用一阶微分方程组取代所有的微分方程。

$$\begin{cases} \dot{x}_1 = x_3 \\ \dot{x}_2 = x_4 \\ \dot{x}_3 = -\dfrac{1}{M_1}(K_1 + K_2)x_1 + \dfrac{K_2}{M_1}x_2 - \dfrac{1}{M_1}(B_1 + B_2)x_3 + \dfrac{B_2}{M_1}x_4 \\ \dot{x}_4 = \dfrac{K_2}{M_2}x_1 - \dfrac{K_2}{M_2}x_2 + \dfrac{B_2}{M_2}x_3 - \dfrac{B_2}{M_2}x_4 + \dfrac{1}{M_2}f \end{cases}$$

（4）动态方程写成状态变量向量矩阵的形式，即状态方程。

$$\begin{bmatrix} \dot{x}_1 \\ \dot{x}_2 \\ \dot{x}_3 \\ \dot{x}_4 \end{bmatrix} = \begin{bmatrix} 0 & 0 & 1 & 0 \\ 0 & 0 & 0 & 1 \\ -\dfrac{1}{M}(K_1 + K_2) & \dfrac{K_2}{M_1} & -\dfrac{1}{M_1}(B_1 + B_2) & \dfrac{B_2}{M_1} \\ \dfrac{K_2}{M_2} & -\dfrac{K_2}{M_2} & \dfrac{B_2}{M_2} & -\dfrac{B_2}{M_2} \end{bmatrix} \begin{bmatrix} x_1 \\ x_2 \\ x_3 \\ x_4 \end{bmatrix} + \begin{bmatrix} 0 \\ 0 \\ 0 \\ \dfrac{1}{M_2} \end{bmatrix} f$$

输出量按状态变量的线性组合，写成向量代数方程的形式，即得输出方程

$$\begin{bmatrix} y_1 \\ y_2 \end{bmatrix} = \begin{bmatrix} 1 & 0 & 0 & 0 \\ 0 & 1 & 0 & 0 \end{bmatrix} \begin{bmatrix} x_1 \\ x_2 \\ x_3 \\ x_4 \end{bmatrix}$$

2) 由模型转化得到状态空间状态表达式

同一系统的两种不同形式的数学模型(如输入输出模型和状态空间模型)之间存在着内在联系,并且可以相互转换。

在经典控制理论中,动态系统的时域模型表征为输出和输入间的一个单变量高阶微分方程

$$y^{(n)} + a_1 y^{(n-1)} + \cdots + a_{n-1}\dot{y} + a_n y = b_0 u^{(n)} + b_1 u^{(n-1)} + \cdots + b_{n-1}\dot{u} + b_n u \quad (8-3a)$$

或者对应的传递函数

$$\frac{Y(s)}{U(s)} = \frac{b_0 s^n + b_1 s^{n-1} + \cdots + b_{n-1}s + b_n}{s^n + a_1 s^{n-1} + \cdots + a_{n-1}s + a_n} \quad (8-3b)$$

适当选择系统的状态变量,可以由 $a_i(i=1,\cdots,n)$、$b_j(j=0,1,\cdots,n)$ 得到相应的系数矩阵 $\boldsymbol{A}$、$\boldsymbol{B}$、$\boldsymbol{C}$、$\boldsymbol{D}$ 及对应的状态空间表达式

$$\begin{cases} \dot{\boldsymbol{x}} = \boldsymbol{A}\boldsymbol{x} + \boldsymbol{B}u \\ y = \boldsymbol{C}\boldsymbol{x} + Du \end{cases}$$

不同的状态变量的选用,可以得到无限种不同的动态方程。从后续的系统设计及校正工作提供方便的角度,经常转换成能控标准形、能观标准形或对角线标准形。

(1) 能控标准形、能观标准形。

与式(8-3)对应的能控标准形的状态空间表达如下

$$\dot{\boldsymbol{x}} = \begin{bmatrix} 0 & 1 & 0 & \cdots & 0 \\ 0 & 0 & 1 & \cdots & 0 \\ \vdots & \vdots & \vdots & \vdots & \vdots \\ 0 & 0 & 0 & \cdots & 1 \\ -a_n & -a_{n-1} & -a_{n-2} & \cdots & -a_1 \end{bmatrix} \boldsymbol{x} + \begin{bmatrix} 0 \\ 0 \\ \vdots \\ 0 \\ 1 \end{bmatrix} u \quad (8-4a)$$

$$y = \begin{bmatrix} b_n - a_n b_0 & b_{n-1} - a_{n-1}b_0 & \cdots & b_2 - a_2 b_0 & b_1 - a_1 b_0 \end{bmatrix} \boldsymbol{x} + b_0 u \quad (8-4b)$$

与式(8-3)对应的能观标准形的状态空间表达如下

$$\dot{\boldsymbol{x}} = \begin{bmatrix} 0 & 0 & \cdots & 0 & -a_n \\ 1 & 0 & \cdots & 0 & -a_{n-1} \\ \vdots & \vdots & \ddots & \vdots & \vdots \\ 0 & 0 & \cdots & 0 & -a_2 \\ 0 & 0 & \cdots & 1 & -a_1 \end{bmatrix} \boldsymbol{x} + \begin{bmatrix} b_n - a_n b_0 \\ b_{n-1} - a_{n-1}b_0 \\ \vdots \\ b_2 - a_2 b_0 \\ b_1 - a_1 b_0 \end{bmatrix} u \quad (8-5a)$$

$$y = \begin{bmatrix} 0 & 0 & \cdots & 0 & 1 \end{bmatrix} \boldsymbol{x} + b_0 u \quad (8-5b)$$

由式(8-4)、式(8-5)知,同一个系统传递函数的能控标准形和能观标准形实现中,系数矩阵之间有如下关系:

$$\boldsymbol{A}_{能控} = \boldsymbol{A}_{能观}^{\mathrm{T}}, \boldsymbol{B}_{能控} = \boldsymbol{C}_{能观}^{\mathrm{T}}, \boldsymbol{C}_{能控} = \boldsymbol{B}_{能观}^{\mathrm{T}}$$

(2) 对角线标准形。

考虑一般性,如果传递函数的分母多项式(即传递函数的特征多项式)具有互不相同的

极点时,则传递函数 $G(s)$ 的一般形式可以写成部分分式展开式

$$G(s) = \frac{Y(s)}{U(s)} = \frac{b_0 s^n + b_1 s^{n-1} + \cdots + b_{n-1}s + b_n}{s^n + a_1 s^{n-1} + \cdots + a_{n-1}s + a_n} = b_0 + \sum_{i=1}^{n} \frac{c_i}{s + \lambda_i}$$

式中:λ_i 为特征方程的根;c_i 为 λ_i 对应的留数。

对应可以有对角线标准形实现

$$\dot{\boldsymbol{x}} = \begin{bmatrix} -\lambda_1 & & & \\ & -\lambda_2 & & \\ & & \ddots & \\ & & & -\lambda_n \end{bmatrix} \boldsymbol{x} + \begin{bmatrix} 1 \\ 1 \\ \vdots \\ 1 \end{bmatrix} u \qquad (8-6\text{a})$$

$$y = \begin{bmatrix} c_1 & c_2 & \cdots & c_n \end{bmatrix} \boldsymbol{x} + b_0 u \qquad (8-6\text{b})$$

式(8-6)中系数矩阵 $\boldsymbol{A}$ 为对角线矩阵,对角线上的元素为传递函数特征方程的根。

当传递函数特征方程有重根时,$\boldsymbol{A}$ 阵成为约当(Jodan)矩阵。例如传递函数

$$G(s) = b_0 + \frac{c_{11}}{(s + \lambda_1)^3} + \frac{c_{12}}{(s + \lambda_1)^2} + \frac{c_{13}}{s + \lambda_1} + \frac{c_2}{s + \lambda_2} + \frac{c_3}{s + \lambda_3}$$

如果选取如下的 x_{11}、x_{12}、x_{13}、x_2 和 x_3 作为状态变量,即

$$\begin{cases} \dot{x}_{11} = -\lambda_1 x_{11} + x_{12} \\ \dot{x}_{12} = -\lambda_1 x_{12} + x_{13} \\ \dot{x}_{13} = -\lambda_1 x_{13} + u \\ \dot{x}_2 = -\lambda_2 x_2 + u \\ \dot{x}_3 = -\lambda_3 x_3 + u \end{cases}$$

此系统的动态方程为

$$\begin{bmatrix} \dot{x}_{11} \\ \dot{x}_{12} \\ \dot{x}_{13} \\ \dot{x}_2 \\ \dot{x}_3 \end{bmatrix} = \begin{bmatrix} -\lambda_1 & 1 & 0 & 0 & 0 \\ 0 & -\lambda_1 & 1 & 0 & 0 \\ 0 & 0 & -\lambda_1 & 0 & 0 \\ 0 & 0 & 0 & -\lambda_2 & 0 \\ 0 & 0 & 0 & 0 & -\lambda_3 \end{bmatrix} \begin{bmatrix} x_{11} \\ x_{12} \\ x_{13} \\ x_2 \\ x_3 \end{bmatrix} + \begin{bmatrix} 0 \\ 0 \\ 1 \\ 1 \\ 1 \end{bmatrix} u$$

$$y = \begin{bmatrix} c_{11} & c_{12} & c_{13} & c_2 & c_3 \end{bmatrix} \begin{bmatrix} x_{11} \\ x_{12} \\ x_{13} \\ x_2 \\ x_3 \end{bmatrix} + b_0 u$$

对角线标准形实现和约当标准形实现又称为特征值标准形实现。

[例 8-03] 求取 $G(s) = \dfrac{Y(s)}{U(s)} = \dfrac{s^2 + 8s + 15}{s^3 + 7s^2 + 14s + 8}$ 的能控标准形、能测标准形和对角线标准形实现。

[**解**] （1）由题知 $n=3$、$a_1=7$、$a_2=14$、$a_3=8$、$b_0=0$、$b_1=1$、$b_2=8$、$b_3=15$
能控标准形实现

$$\dot{\boldsymbol{x}}=\begin{bmatrix} 0 & 1 & 0 \\ 0 & 0 & 1 \\ -a_3 & -a_2 & -a_1 \end{bmatrix}\boldsymbol{x}+\begin{bmatrix} 0 \\ 0 \\ 1 \end{bmatrix}u=\begin{bmatrix} 0 & 1 & 0 \\ 0 & 0 & 1 \\ -8 & -14 & -7 \end{bmatrix}\boldsymbol{x}+\begin{bmatrix} 0 \\ 0 \\ 1 \end{bmatrix}u$$

$$y=\begin{bmatrix} b_3-a_3b_0 & b_2-a_2b_0 & b_1-a_1b_0 \end{bmatrix}\boldsymbol{x}+b_0u=\begin{bmatrix} 15 & 8 & 1 \end{bmatrix}\boldsymbol{x}$$

能测标准形实现

$$\dot{\boldsymbol{x}}=\begin{bmatrix} 0 & 0 & -a_3 \\ 1 & 0 & -a_2 \\ 0 & 1 & -a_1 \end{bmatrix}\boldsymbol{x}+\begin{bmatrix} b_3-a_3b_0 \\ b_2-a_2b_0 \\ b_1-a_1b_0 \end{bmatrix}u=\begin{bmatrix} 0 & 0 & -8 \\ 1 & 0 & -14 \\ 0 & 1 & -7 \end{bmatrix}\boldsymbol{x}+\begin{bmatrix} 15 \\ 8 \\ 1 \end{bmatrix}u$$

$$y=\begin{bmatrix} 0 & 0 & 1 \end{bmatrix}\boldsymbol{x}$$

（2）对角线标准形实现

$$G(s)=\frac{Y(s)}{U(s)}=\frac{s^2+8s+15}{s^3+7s^2+14s+8}=\frac{s^2+8s+15}{(s+1)(s+2)(s+4)}=\frac{8/3}{s+1}-\frac{3/2}{s+2}-\frac{1/6}{s+4}$$

即 $n=3$、$b_0=0$、$\lambda_1=1$、$\lambda_2=2$、$\lambda_3=4$、$c_1=8/3$、$c_2=-3/2$、$c_3=-1/6$。
于是有

$$\dot{\boldsymbol{x}}=\begin{bmatrix} -\lambda_1 & 0 & 0 \\ 0 & -\lambda_2 & 0 \\ 0 & 0 & -\lambda_3 \end{bmatrix}\boldsymbol{x}+\begin{bmatrix} 1 \\ 1 \\ 1 \end{bmatrix}u=\begin{bmatrix} -1 & 0 & 0 \\ 0 & -2 & 0 \\ 0 & 0 & -4 \end{bmatrix}\boldsymbol{x}+\begin{bmatrix} 1 \\ 1 \\ 1 \end{bmatrix}u$$

$$y=\begin{bmatrix} c_1 & c_2 & c_3 \end{bmatrix}\boldsymbol{x}+b_0u=\begin{bmatrix} \dfrac{8}{3} & -\dfrac{3}{2} & -\dfrac{1}{6} \end{bmatrix}\boldsymbol{x}$$

在 MATLAB 提供将传递函数转换成为状态空间的 tf2ss( )，对应的还有将传递函数模型转换零极点模型的 tf2zp( )。

[**例 8 - 04**] 求系统 $G(s)=\dfrac{s^2-0.5s+2}{s^2+0.4s+1}$ 对应的零极点模型和状态空间模型。

[**解**] MATLAB 中程序为

num=[1 −0.5 2];
den=[1 0.4 1];
[z,p,k]=tf2zp(num,den)
[A,B,C,D]=tf2ss(num,den)
	//开环传递函数模型
	
	//转换成零极点模型
	//转换成状态空间模型

运行上述程序，有如下的运行结果。

z= 　0.2500+1.3919i 　0.2500−1.3919i	//两个零点

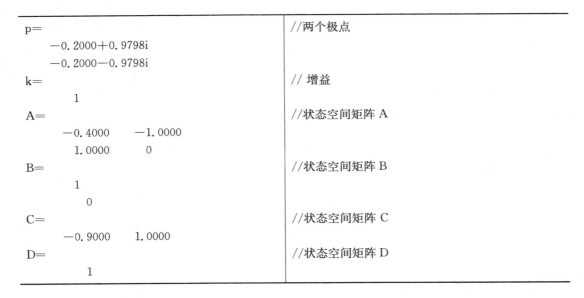

p= −0.2000＋0.9798i −0.2000−0.9798i	//两个极点
k= 1	// 增益
A= −0.4000 −1.0000 1.0000 0	//状态空间矩阵 A
B= 1 0	//状态空间矩阵 B
C= −0.9000 1.0000	//状态空间矩阵 C
D= 1	//状态空间矩阵 D

即对应的零极点模型为

$$G(s) = \frac{s^2 - 0.5s + 2}{s^2 + 0.4s + 1} = \frac{(s - 0.25 - 1.391\ 9i)(s - 0.25 + 1.391\ 9i)}{(s + 2 - 0.979\ 8i)(s + 2 + 0.979\ 8i)},$$

对应的状态空间模型则是

$$\dot{\boldsymbol{x}} = \begin{bmatrix} -0.4 & -1 \\ 1 & 0 \end{bmatrix} \boldsymbol{x} + \begin{bmatrix} 1 \\ 0 \end{bmatrix} u$$

$$y = \begin{bmatrix} -0.9 & 1 \end{bmatrix} \boldsymbol{x} + u$$

3）模型状态方程转换为传递函数模型

与从传递函数得到系统的状态空间表达相对应的是可以由状态空间表达得到传递函数模型。当指定传递函数的输入变量、输出变量后，得到的传递函数是唯一的。

设系统传递函数为

$$\frac{Y(s)}{U(s)} = G(s)$$

其状态空间表达式如下：

$$\dot{\boldsymbol{x}} = \boldsymbol{Ax} + \boldsymbol{Bu} \tag{8-7a}$$

$$y = \boldsymbol{Cx} + Du \tag{8-7b}$$

式中：$\boldsymbol{x}$ 为 n 维状态向量，u 为输入量，y 为输出量，进行拉普拉斯变换有

$$s\boldsymbol{X}(s) - \boldsymbol{x}(0) = \boldsymbol{AX}(s) + \boldsymbol{BU}(s)$$

$$Y(s) = \boldsymbol{CX}(s) + DU(s)$$

由传递函数定义中的零初始条件，即 $\boldsymbol{x}(0) = 0$，可得到

$$\boldsymbol{X}(s) = (s\boldsymbol{I} - \boldsymbol{A})^{-1} \boldsymbol{BU}(s)$$

$$Y(s) = \left[\boldsymbol{C}(s\boldsymbol{I} - \boldsymbol{A})^{-1}\boldsymbol{B} + D\right]U(s)$$

于是

$$G(s) = \frac{Y(s)}{U(s)} = \boldsymbol{C}(s\boldsymbol{I} - \boldsymbol{A})^{-1}\boldsymbol{B} + D$$

如果 $D = 0$，则

$$G(s) = \frac{Y(s)}{U(s)} = \boldsymbol{C}(s\boldsymbol{I} - \boldsymbol{A})^{-1}\boldsymbol{B} = \boldsymbol{C}\frac{adj(s\boldsymbol{I} - \boldsymbol{A})}{|s\boldsymbol{I} - \boldsymbol{A}|}\boldsymbol{B} \qquad (8-8)$$

式中：$adj(s\boldsymbol{I} - \boldsymbol{A})$ 为特征矩阵 $(s\boldsymbol{I} - \boldsymbol{A})$ 的伴随矩阵；$|s\boldsymbol{I} - \boldsymbol{A}|$ 为系数矩阵 $\boldsymbol{A}$ 的特征多项式，$|s\boldsymbol{I} - \boldsymbol{A}| = 0$ 即为系统的特征方程。将式(8-8)对比于经典控制理论中的

$$G(s) = \frac{Y(s)}{U(s)} = \frac{b_0 s^n + b_1 s^{n-1} + \cdots + b_{n-1} s + b_n}{s^n + a_1 s^{n-1} + \cdots a_{n-1} s + a_n}$$

可得，

(1) 传递函数分母多项式等同于系统矩阵 $\boldsymbol{A}$ 的特征多项式；

(2) 传递函数的极点就是系统(系数矩阵 $\boldsymbol{A}$)的特征值。

［例 8-05］　由［例 8-01］中得到的机械系统的状态空间表达式，求取系统的传递函数。

［解］　由［例 8-01］求得的 $\boldsymbol{A}$、$\boldsymbol{B}$、$\boldsymbol{C}$ 得到

$$G(s) = \boldsymbol{C}(s\boldsymbol{I} - \boldsymbol{A})^{-1}\boldsymbol{B}$$

$$= \begin{bmatrix} 1 & 0 \end{bmatrix} \left\{ \begin{bmatrix} s & 0 \\ 0 & s \end{bmatrix} - \begin{bmatrix} 0 & 1 \\ -\dfrac{K}{M} & -\dfrac{B}{M} \end{bmatrix} \right\}^{-1} \begin{bmatrix} 0 \\ \dfrac{1}{M} \end{bmatrix} = \begin{bmatrix} 1 & 0 \end{bmatrix} \begin{bmatrix} s & -1 \\ \dfrac{K}{M} & s+\dfrac{B}{M} \end{bmatrix}^{-1} \begin{bmatrix} 0 \\ \dfrac{1}{M} \end{bmatrix}$$

$$= \begin{bmatrix} 1 & 0 \end{bmatrix} \frac{1}{s^2 + \dfrac{B}{M}s + \dfrac{K}{M}} \begin{bmatrix} s+\dfrac{B}{M} & 1 \\ -\dfrac{K}{M} & s \end{bmatrix} \begin{bmatrix} 0 \\ \dfrac{1}{M} \end{bmatrix} = \frac{1}{Ms^2 + Bs + K}$$

同样，MATLAB 也提供将状态空间模型转换为传递函数模型的函数 ss2tf( )。

［例 8-06］　某系统有状态空间模型

$$\begin{bmatrix} \dot{x}_1 \\ \dot{x}_2 \end{bmatrix} = \begin{bmatrix} 0 & 1 \\ -25 & -4 \end{bmatrix} \begin{bmatrix} x_1 \\ x_2 \end{bmatrix} + \begin{bmatrix} 1 & 1 \\ 0 & 1 \end{bmatrix} \begin{bmatrix} u_1 \\ u_2 \end{bmatrix}$$

$$\begin{bmatrix} y_1 \\ y_2 \end{bmatrix} = \begin{bmatrix} 1 & 0 \\ 0 & 1 \end{bmatrix} \begin{bmatrix} x_1 \\ x_2 \end{bmatrix} + \begin{bmatrix} 0 & 0 \\ 0 & 0 \end{bmatrix} \begin{bmatrix} u_1 \\ u_2 \end{bmatrix}$$

求系统的传递函数 $\dfrac{Y_1(s)}{U_1(s)}$、$\dfrac{Y_2(s)}{U_1(s)}$、$\dfrac{Y_1(s)}{U_2(s)}$、$\dfrac{Y_2(s)}{U_2(s)}$。

［解］　对应有程序

A＝[0 1;−25 −4];	//状态空间模型
B＝[1 1;0 1];	
C＝[1 0;0 1];	
D＝[0 0;0 0];	
[num1,den1]＝ss2tf(A,B,C,D,1)	//按第1个输入量建传递函数
[num2,den2]＝ss2tf(A,B,C,D,2)	//按第2个输入量建传递函数

运行上述程序,有如下的运行结果。

num1＝	//按第1个输入量建的传递函数
0 1.0000 4.0000	
0 0 −25.0000	
den1＝	
1.0000 4.0000 25.0000	
num2＝	//按第2个输入量建的传递函数
0 1.0000 5.0000	
0 1.0000 −25.0000	
den2＝	
1.0000 4.0000 25.0000	

即可获得

$$\frac{Y_1(s)}{U_1(s)}=\frac{s+4}{s^2+4s+25} \qquad \frac{Y_2(s)}{U_1(s)}=\frac{-25}{s^2+4s+25}$$

$$\frac{Y_1(s)}{U_2(s)}=\frac{s+5}{s^2+4s+25} \qquad \frac{Y_2(s)}{U_2(s)}=\frac{s-25}{s^2+4s+25}$$

8.1.3　状态向量的线性变换与对角化

同一个系统可以有无限个状态向量,即状态向量不唯一。对应的状态空间表达式也不唯一。同一系统的不同状态向量之间可进行线性变换。

1) 状态向量的线性转换

假设系统的状态方程为

$$\dot{x}=Ax+Bu$$

$$y=Cx+Du$$

令状态向量作如下线性变换

$$x=Pz$$

式中:P 为非奇异线性变换阵。

则状态变换后的系统动态方程为

$$\dot{z}=\widetilde{A}z+\widetilde{B}u$$

$$y = \widetilde{C}z + Du$$

式中：$\widetilde{A} = P^{-1}AP$；$\widetilde{B} = P^{-1}B$；$\widetilde{C} = CP$。

因 P 非奇异，乘积的行列式等于行列式的乘积，有

$$|\lambda I - P^{-1}AP| = |\lambda P^{-1}P - P^{-1}AP| = |P^{-1}(\lambda I - A)P|$$

$$= |P^{-1}||(\lambda I - A)||P| = |P^{-1}||P||(\lambda I - A)|$$

$$= |P^{-1}P||(\lambda I - A)| = |(\lambda I - A)|$$

$|\lambda I - A|$ 和 $|\lambda I - P^{-1}AP|$ 分别是状态变换前后的系统动态方程式特征值，系统经过线性变换后其特征值不变。

2）能控标准形的对角线化

对角线标准形是一种常用的状态空间表达形式。对角线化就是将状态空间表达式的一般形转换为对角线标准形。以下仅给出由能控标准形化为对角线标准形。对于普通形的状态空间表达式，如何通过线型变换得到对角线标准形，可参阅其他相关文献。

一个 n 阶系统，设状态方程中系统矩阵 A 为能控标准形，且它具有两两相异的特征值 λ_1，λ_2，$\cdots$，λ_n。取线性变换阵 P 为

$$P = \begin{bmatrix} 1 & 1 & \cdots & 1 \\ \lambda_1 & \lambda_2 & \cdots & \lambda_n \\ \lambda_1^2 & \lambda_2^2 & \cdots & \lambda_n^2 \\ \vdots & \vdots & \ddots & \vdots \\ \lambda_1^{n-1} & \lambda_2^{n-1} & \cdots & \lambda_n^{n-1} \end{bmatrix} \tag{8-9}$$

则变换后的矩阵 $\widetilde{A}$、$\widetilde{B}$、$\widetilde{C}$ 分别为

$$\widetilde{A} = P^{-1}AP = \begin{bmatrix} \lambda_1 & 0 & \cdots & 0 \\ 0 & \lambda_2 & \cdots & 0 \\ \vdots & \vdots & \ddots & \vdots \\ 0 & 0 & \cdots & \lambda_n \end{bmatrix}$$

$$\widetilde{B} = P^{-1}B$$

$$\widetilde{C} = CP$$

[例 8-07]　设系统的状态空间表达式为

$$\dot{x} = \begin{bmatrix} 0 & 1 & 0 \\ 0 & 0 & 1 \\ -6 & -11 & -6 \end{bmatrix} x + \begin{bmatrix} 0 \\ 0 \\ 6 \end{bmatrix} u$$

$$y = \begin{bmatrix} 1 & 0 & 0 \end{bmatrix} x$$

试将此系统对角线化。

[解]　由特征方程 $|\lambda I - A| = 0$ 求出特征值为 $\lambda_1 = -1$、$\lambda_2 = -2$、$\lambda_3 = -3$。题中给出的是能控标准形，则可取线性变换阵为

$$P = \begin{bmatrix} 1 & 1 & 1 \\ -1 & -2 & -3 \\ 1 & 4 & 9 \end{bmatrix}$$

$$P^{-1} = \begin{bmatrix} 3 & 2.5 & 0.5 \\ -3 & -4 & -1 \\ 1 & 1.5 & 0.5 \end{bmatrix}$$

因此有

$$\dot{z} = P^{-1}APz + P^{-1}Bu$$

$$= \begin{bmatrix} 3 & 2.5 & 0.5 \\ -3 & -4 & -1 \\ 1 & 1.5 & 0.5 \end{bmatrix} \begin{bmatrix} 0 & 1 & 0 \\ 0 & 0 & 1 \\ 6 & -11 & -6 \end{bmatrix} \begin{bmatrix} 1 & 1 & 1 \\ -1 & -2 & -3 \\ 1 & 4 & 9 \end{bmatrix} z + \begin{bmatrix} 3 & 2.5 & 0.5 \\ -3 & -4 & -1 \\ 1 & 1.5 & 0.5 \end{bmatrix} \begin{bmatrix} 0 \\ 0 \\ 6 \end{bmatrix} u$$

$$= \begin{bmatrix} -1 & 0 & 0 \\ 0 & -2 & 0 \\ 0 & 0 & -3 \end{bmatrix} z + \begin{bmatrix} 3 \\ -6 \\ 3 \end{bmatrix} u$$

$$y = CPz = \begin{bmatrix} 1 & 0 & 0 \end{bmatrix} \begin{bmatrix} 1 & 1 & 1 \\ -1 & -2 & -3 \\ 1 & 4 & 9 \end{bmatrix} z = \begin{bmatrix} 1 & 1 & 1 \end{bmatrix} z$$

8.1.4 状态方程的求解

状态方程是系统状态变量的一阶微分方程组,通过状态方程的求解可获取系统的时域动态响应。

已知 $x(0)$ 及系统状态方程

$$\dot{x}(t) = Ax(t) + Bu(t)$$

进行拉氏变换有

$$sX(s) - X(0) = AX(s) + BU(s)$$

$$(sI - A)X(s) = X(0) + BU(s)$$

上式左乘 $(sI - A)^{-1}$,则得

$$X(s) = (sI - A)^{-1}x(0) + (sI - A)^{-1}BU(s)$$

拉氏反变换后求得

$$x(t) = L^{-1}\big[(sI - A)^{-1}\big]x(0) + L^{-1}\big[(sI - A)^{-1}BU(s)\big] \qquad (8-10)$$

上式中状态方程的解(即系统的状态响应)包括零输入下初始状态引起的自由运动和控制 $u(t)$ 作用下的强迫运动。

[例 8-08] 已知线性定常系统

$$\dot{x}(t) = \begin{bmatrix} 0 & 1 \\ -2 & -3 \end{bmatrix} x(t) + \begin{bmatrix} 0 \\ 1 \end{bmatrix} u(t) \qquad x(0) = \begin{bmatrix} x_1(0) \\ x_2(0) \end{bmatrix}$$

试求在单位阶跃 $u(t) = 1(t)$ 时，系统的状态响应 $\boldsymbol{x}(t)$。

［解］

$$(s\boldsymbol{I} - \boldsymbol{A})^{-1} = \begin{bmatrix} s & -1 \\ 2 & s+3 \end{bmatrix}^{-1} = \frac{1}{(s+1)(s+2)} \begin{bmatrix} s+3 & 1 \\ -2 & s \end{bmatrix}$$

$$= \begin{bmatrix} \dfrac{2}{s+1} - \dfrac{1}{s+2} & \dfrac{1}{s+1} - \dfrac{1}{s+2} \\ \dfrac{2}{s+2} - \dfrac{2}{s+1} & \dfrac{2}{s+2} - \dfrac{1}{s+1} \end{bmatrix}$$

$$L^{-1}\big[(s\boldsymbol{I} - \boldsymbol{A})^{-1}\big] = \begin{bmatrix} 2e^{-t} - e^{-2t} & e^{-t} - e^{-2t} \\ -2e^{-t} + 2e^{-2t} & -e^{-t} + 2e^{-2t} \end{bmatrix}$$

$$(s\boldsymbol{I} - \boldsymbol{A})^{-1}\boldsymbol{B}U(s) = \begin{bmatrix} \dfrac{2}{s+1} - \dfrac{1}{s+2} & \dfrac{1}{s+1} - \dfrac{1}{s+2} \\ \dfrac{2}{s+2} - \dfrac{2}{s+1} & \dfrac{2}{s+2} - \dfrac{1}{s+1} \end{bmatrix} \begin{bmatrix} 0 \\ 1 \end{bmatrix} \dfrac{1}{s}$$

$$= \begin{bmatrix} \dfrac{\dfrac{1}{2}}{s} - \dfrac{1}{s+1} - \dfrac{\dfrac{1}{2}}{s+2} \\ \dfrac{1}{s+1} - \dfrac{1}{s+2} \end{bmatrix}$$

$$L^{-1}\big[(s\boldsymbol{I} - \boldsymbol{A})^{-1}\boldsymbol{B}U(s)\big] = \begin{bmatrix} \dfrac{1}{2} - e^{-t} + \dfrac{1}{2}e^{-2t} \\ e^{-t} - e^{-2t} \end{bmatrix}$$

由式(8 - 10)可得

$$\boldsymbol{x}(t) = L^{-1}\big[(s\boldsymbol{I} - \boldsymbol{A})^{-1}\big]\boldsymbol{x}(0) + L^{-1}\big[(s\boldsymbol{I} - \boldsymbol{A})^{-1}\boldsymbol{B}U(s)\big]$$

$$= \begin{bmatrix} 2e^{-t} - e^{-2t} & e^{-t} - e^{-2t} \\ -2e^{-t} + 2e^{-2t} & -e^{-t} + 2e^{-2t} \end{bmatrix} \begin{bmatrix} x_1(0) \\ x_2(0) \end{bmatrix} + \begin{bmatrix} \dfrac{1}{2} - e^{-t} + \dfrac{1}{2}e^{-2t} \\ e^{-t} - e^{-2t} \end{bmatrix}$$

8.2 系统的能控性和能观性

8.2.1 能控性和能观性的定义

对于以状态空间表达的线性定常系统

$$\dot{\boldsymbol{x}} = \boldsymbol{A}\boldsymbol{x} + \boldsymbol{B}\boldsymbol{u}$$

$$\boldsymbol{y} = \boldsymbol{C}\boldsymbol{x} + \boldsymbol{D}\boldsymbol{u}$$

有以下能控性和能观性定义。

1) 能控性

如果在规定的有限时间 (t_0, t_f) 内,通过输入控制量 $u(t)$ 能将系统从任意初始状态 $x(t_0)$ 转移到任意期望状态 $x(t_f)$ 上去,则称系统的此状态能控。如果系统的所有状态都能控,则称此系统是状态完全能控,或简称系统能控。

2) 能观性

如果在规定的有限时间 (t_0, t_f) 内,通过输出 $y(t)$ 便能唯一确定在 t_0 时刻的任意初始状态 $x(t_0)$,则称系统的此状态能观。如果系统的所有状态都能观,则称此系统是状态完全能观,或简称系统能观。

能观性定义中由 $y(t)$ 确定初始状态 $x(t_0)$,再由

$$x(t) = L^{-1}\big[(sI - A)^{-1}\big]x(0) + L^{-1}\big[(sI - A)^{-1}BU(s)\big]$$

即可求出任意时刻的状态。

与状态空间法相对比,输入输出模型则着重于输入量对输出量的控制,

$$y^{(n)} + a_1 y^{(n-1)} + \cdots + a_{n-1}\dot{y} + a_n y = b_0 u^{(n)} + b_1 u^{(n-1)} + \cdots + b_{n-1}\dot{u} + b_n u$$

式中 y 既是被控量又是观测量,而被控量 y 与控制量 u 之间存在着明显的依赖关系。所以理论上、实践中都不存在能否控制与能否观测的问题。

8.2.2 能控性判别

1) 基于能控判别阵的判别

一个 n 阶线性定常系统的状态方程为

$$\dot{x} = Ax + Bu$$

其完全能控的充分必要条件是能控判别阵

$$M = \begin{bmatrix} B & AB & A^2B & \cdots & A^{n-1}B \end{bmatrix}$$

为满秩,即

$$\text{rank } M = \text{rank}\begin{bmatrix} B & AB & A^2B & \cdots & A^{n-1}B \end{bmatrix} = n$$

[例 8 - 09] 已知系统的状态方程,试判别系统的能控性。

$$\begin{bmatrix} \dot{x}_1 \\ \dot{x}_2 \\ \dot{x}_3 \end{bmatrix} = \begin{bmatrix} 0 & 1 & 0 \\ 0 & 0 & 1 \\ -6 & -11 & -6 \end{bmatrix}\begin{bmatrix} x_1 \\ x_2 \\ x_3 \end{bmatrix} + \begin{bmatrix} 0 \\ 0 \\ 1 \end{bmatrix}u$$

[解]

$$AB = \begin{bmatrix} 0 & 1 & 0 \\ 0 & 0 & 1 \\ -6 & -11 & -6 \end{bmatrix}\begin{bmatrix} 0 \\ 0 \\ 1 \end{bmatrix} = \begin{bmatrix} 0 \\ 1 \\ -6 \end{bmatrix}$$

$$A^2B = \begin{bmatrix} 0 & 1 & 0 \\ 0 & 0 & 1 \\ -6 & -11 & -6 \end{bmatrix}\begin{bmatrix} 0 \\ 1 \\ -6 \end{bmatrix} = \begin{bmatrix} 1 \\ -6 \\ 25 \end{bmatrix}$$

于是有

$$M = \begin{bmatrix} B & AB & A^2B \end{bmatrix} = \begin{bmatrix} 0 & 0 & 1 \\ 0 & 1 & -6 \\ 1 & -6 & 25 \end{bmatrix}$$

由于 $\det M \neq 0$，也就是 $\mathrm{rank}\, M = n = 3$，系统完全能控。

2）基于对角线标准形的判别

特征值两两相异的对角线标准形，系统完全能控的充要条件是：输入系数矩阵向量 B 不存在元素全为零的行。若存在元素全为零的行，则它所对应特征值下的状态变量不能控。

8.2.3　能观性判别

1）基于能观判别阵的判别

一个 n 阶线性定常系统的状态方程和输出方程分别为

$$\dot{x} = Ax + Bu$$

$$y = Cx$$

其完全能观的充分必要条件是能观判别阵

$$N = \begin{bmatrix} C \\ CA \\ C^2A \\ \cdots \\ C^{n-1}A \end{bmatrix}$$

为满秩，即

$$\mathrm{rank}\, N = \mathrm{rank} \begin{bmatrix} C \\ CA \\ CA^2 \\ \cdots \\ CA^{n-1} \end{bmatrix} = n$$

2）基于对角线标准形的判别

特征值两两相异的对角线标准形其系统完全能观的充要条件是：输出系数矩阵向量 C 不存在元素全为零的列。若存在元素全为零的列，则它所对应特征值下的状态变量不能观。

［例 8-10］　已知系统的动态方程，试判别系统的能观性。

$$\begin{bmatrix} \dot{x}_1 \\ \dot{x}_2 \\ \dot{x}_3 \end{bmatrix} = \begin{bmatrix} 0 & 1 & 0 \\ 0 & 0 & 1 \\ 0 & -2 & -3 \end{bmatrix} \begin{bmatrix} x_1 \\ x_2 \\ x_3 \end{bmatrix} + \begin{bmatrix} 0 \\ 0 \\ 1 \end{bmatrix} u$$

$$y = \begin{bmatrix} 3 & 4 & 1 \end{bmatrix} \begin{bmatrix} x_1 \\ x_2 \\ x_3 \end{bmatrix}$$

[**解**] （1）采用能观判别阵进行判别。

$$CA = \begin{bmatrix} 3 & 4 & 1 \end{bmatrix} \begin{bmatrix} 0 & 1 & 0 \\ 0 & 0 & 1 \\ 0 & -2 & -3 \end{bmatrix} = \begin{bmatrix} 0 & 1 & 1 \end{bmatrix}$$

$$CA^2 = \begin{bmatrix} 3 & 4 & 1 \end{bmatrix} \begin{bmatrix} 0 & 0 & 0 \\ 1 & 0 & -2 \\ 0 & 1 & -3 \end{bmatrix}^2 = \begin{bmatrix} 0 & -2 & -2 \end{bmatrix}$$

$$N = \begin{bmatrix} C \\ CA \\ CA^2 \end{bmatrix} = \begin{bmatrix} 3 & 4 & 1 \\ 0 & 1 & 1 \\ 0 & -2 & -2 \end{bmatrix}$$

因为

$$\begin{vmatrix} 3 & 4 & 1 \\ 0 & 1 & 1 \\ 0 & -2 & -2 \end{vmatrix} = 0, \quad \begin{vmatrix} 3 & 4 \\ 0 & 1 \end{vmatrix} \neq 0$$

rank $N = 2$，矩阵 N 不满秩，有一状态变量不能观，即系统不能观。

（2）化为对角线标准形进行判别。

由特征方程 $|\lambda I - A| = 0$ 求得特征值 $\lambda_1 = 0$、$\lambda_2 = -1$、$\lambda_3 = -2$。原题给的是能控标准形，故采用线性变换阵

$$P = \begin{bmatrix} 1 & 1 & 1 \\ 0 & -1 & -2 \\ 0 & 1 & 4 \end{bmatrix}$$

进行对角形化，线性变换后的系统输出方程为

$$y = CPz = \begin{bmatrix} 3 & 0 & 1 \end{bmatrix} \begin{bmatrix} z_1 \\ z_2 \\ z_3 \end{bmatrix}$$

输出系数矩阵 CP 中存在全为零的列（第二列），因而该系统是不完全能观的。具体说，对应于 $\lambda_2 = -1$ 的状态变量 z_2 不能观。

8.3 状态空间的综合法校正

系统动态性能与极点分布有关，理论上状态反馈可以实现系统极点的任意配置，从而可通过系统极点的配置使系统具有希望的特性。状态空间法中，在一定条件下应用简单的状态比例反馈达到极点分布要求，即使系统状态变量不能全部测得时，也可采用状态观测器估测状态值并构成状态反馈。

8.3.1 线性系统的反馈结构及其特性

在基于输入输出模型的控制中，由输出进行反馈。在状态空间中用除了可采用输出进

行反馈,同时也可用状态变量进行反馈。

设有 n 阶单输入-单输出系统的状态空间描述为

$$\dot{\boldsymbol{x}} = \boldsymbol{Ax} + \boldsymbol{Bu} \tag{8-11a}$$

$$y = \boldsymbol{Cx} \tag{8-11b}$$

针对式(8-11)的系统,输出反馈的系统如图 8-5 所示。

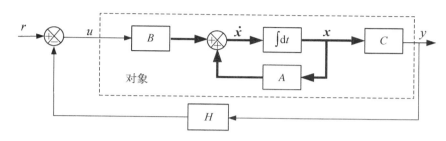

图 8-5 单输入单输出系统输出反馈

$$u = r - Hy$$

可推得输出反馈构成的闭环系统的状态方程为

$$\dot{\boldsymbol{x}} = (\boldsymbol{A} - \boldsymbol{BHC})x + \boldsymbol{B}r$$

其传递函数为

$$\frac{Y(s)}{R(s)} = \boldsymbol{C}(s\boldsymbol{I} - \boldsymbol{A} + \boldsymbol{BHC})^{-1}\boldsymbol{B}$$

具有状态反馈的系统方块图如图 8-6 所示。

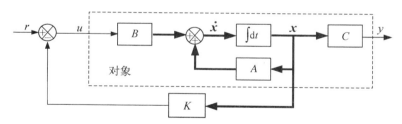

图 8-6 单输入单输出系统状态反馈方块图

可得反馈系统的状态方程为

$$\dot{\boldsymbol{x}} = (\boldsymbol{A} - \boldsymbol{BK})\boldsymbol{x} + \boldsymbol{B}r$$

其闭环系统的传递函数阵为

$$\frac{Y(s)}{R(s)} = \boldsymbol{C}(s\boldsymbol{I} - \boldsymbol{A} + \boldsymbol{BK})^{-1}\boldsymbol{B}$$

无论是状态反馈还是输出反馈,引入反馈并不增加新的状态变量,即闭环系统和开环系统具有相同的阶数。

通过适当调节状态反馈系数 $\boldsymbol{K}$ 或输出反馈系数 H,可以改变闭环系统的特征值,从而使系统获得较好的性能。由于输出的维数通常小于状态的维数,因而状态反馈比输出反馈一般具有更多的反馈通道。理论上状态反馈可以实现极点的任意配置,而输出反馈只能做到极点配置的相对改善。但实际工程中,输出反馈实现起来较为方便。

8.3.2 状态反馈实现的极点配置

针对式(8-11)的系统,**采用状态反馈来实现任意配置闭环系统极点的充要条件是系统完全能控。**

只要原被控系统能控,即使其特征值有正负实部,均可以通过状态反馈使闭环系统极点配置在理想的位置上。即将状态反馈后的系统特征方程与系统希望的特征方程

$$\begin{cases} \lambda I - (A - BK) = 0 \\ (\lambda - \lambda_1)(\lambda - \lambda_2) \cdots (\lambda - \lambda_n) = 0 \end{cases}$$

进行同次幂系数比较,得到一次方程组并以此求得状态反馈增益矩阵 K。

[例 8 - 11] 一系统的状态方程为

$$\begin{bmatrix} \dot{x}_1 \\ \dot{x}_2 \\ \dot{x}_3 \end{bmatrix} = \begin{bmatrix} 0 & 1 & 0 \\ 0 & 0 & 1 \\ -1 & -5 & -6 \end{bmatrix} \begin{bmatrix} x_1 \\ x_2 \\ x_3 \end{bmatrix} + \begin{bmatrix} 0 \\ 0 \\ 1 \end{bmatrix} u$$

欲通过状态反馈使系统的闭环极点为 $s_{1,2} = -2 \pm j4$ 和 $s_3 = -10$,求状态反馈增益矩阵 K。

[解] (1)判别能控性。

$$M = \begin{bmatrix} B & AB & A^2B \end{bmatrix} = \begin{bmatrix} 0 & 0 & 1 \\ 0 & 1 & -6 \\ 1 & -6 & 31 \end{bmatrix}$$

$\text{rank}\, M = 3$,故系统能控,可进行状态反馈的任意极点配置。

(2)求状态反馈后系统的特征方程。

$$|sI - A + BK| = \left| \begin{bmatrix} s & 0 & 0 \\ 0 & s & 0 \\ 0 & 0 & s \end{bmatrix} - \begin{bmatrix} 0 & 1 & 0 \\ 0 & 0 & 1 \\ -1 & -5 & -6 \end{bmatrix} + \begin{bmatrix} 0 \\ 0 \\ 1 \end{bmatrix} \begin{bmatrix} k_1 & k_2 & k_3 \end{bmatrix} \right|$$

$$= s^3 + (6 + k_3)s^2 + (5 + k_2)s + 1 + k_1 = 0$$

(3)求希望极点的特征方程,即状态反馈后要求的系统特征方程。

$$(s + 2 + 4j)(s + 2 - 4j)(s + 10) = s^3 + 14s^2 + 60s + 200 = 0$$

(4)比较(2)、(3)所得到的同一系统的两个特征方程,显然两个特征方程各阶次的系数应该分别相等。比较两式各阶次系数得到一元一次方程组,求得 $k_1 = 199$、$k_2 = 55$、$k_3 = 8$,即 $K = \begin{bmatrix} 199 & 55 & 8 \end{bmatrix}$。

在 MATLAB 中可采用专用的极点配置函数 acker( )求取反馈增益矩阵。

[例 8 - 12] 对图 8 - 7 的车载倒立摆,已知摆杆长度 $l = 0.5\,\text{m}$,摆杆质量忽略不计,小球质量 $m = 0.1\,\text{kg}$,小车质量 $M = 2\,\text{kg}$。试设计一个控制系统使得倒立摆保持倒立状态。

[解] 当 θ 较小时,可得线性化模型

$$Ml\ddot{\theta} = (M+m)g\theta - u$$

$$M\ddot{x} = u - mg\theta$$

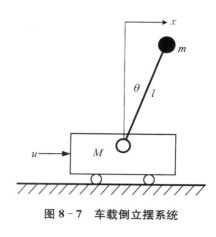

定义状态变量

$$x_1 = \theta \qquad x_2 = \dot{\theta} \qquad x_3 = x \qquad x_4 = \dot{x}$$

可得状态方程

$$\begin{bmatrix} \dot{x}_1 \\ \dot{x}_2 \\ \dot{x}_3 \\ \dot{x}_4 \end{bmatrix} = \begin{bmatrix} 0 & 1 & 0 & 0 \\ \dfrac{M+m}{Ml}g & 0 & 0 & 0 \\ 0 & 0 & 0 & 1 \\ -\dfrac{m}{M}g & 0 & 0 & 0 \end{bmatrix} \begin{bmatrix} x_1 \\ x_2 \\ x_3 \\ x_4 \end{bmatrix} + \begin{bmatrix} 0 \\ -\dfrac{1}{Ml} \\ 0 \\ \dfrac{1}{M} \end{bmatrix} u$$

图 8-7　车载倒立摆系统

代入各参量数值后有

$$\begin{bmatrix} \dot{x}_1 \\ \dot{x}_2 \\ \dot{x}_3 \\ \dot{x}_4 \end{bmatrix} = \begin{bmatrix} 0 & 1 & 0 & 0 \\ 20.60 & 0 & 0 & 0 \\ 0 & 0 & 0 & 1 \\ 0.49 & 0 & 0 & 0 \end{bmatrix} \begin{bmatrix} x_1 \\ x_2 \\ x_3 \\ x_4 \end{bmatrix} + \begin{bmatrix} 0 \\ -1 \\ 0 \\ 0.5 \end{bmatrix} u$$

为了得到一个能有效工作的系统,设系统主导极点的调整时间为 2 s,阻尼大约 0.5,取闭环系统的主导极点为 $p_{1,2} = -2 \pm \mathrm{j}2\sqrt{3}$,另两个非主导极点为 $p_3 = p_4 = -10$。

编制 MATLAB 程序求取状态反馈增益矩阵:

A=[0 1 0 0;20.60 0 0 0 ;0 0 0 1;−0.49 0 0 0];	//状态空间模型
B=[0;−1;0;0.5];	
P=[(−2+2 * sqrt(3) * i)(−2−2 * sqrt(3) * i)	//希望极点
−10 −10];	//调用 acker( )函数直接求取状态反馈增益矩阵
K=acker(A,B,P)	

MATLAB 运行结果为

K=	//状态反馈增益矩阵
−298.1494　　−60.6972　−163.0989　−73.394	

8.3.3　状态观测器设计

用状态反馈进行极点配置,需要反馈所有状态变量。但在许多实际情况中,不是所有状态变量都能通过物理传感器检测得到,往往只有输入和输出可直接检测,此时可采用状态观测器估测各状态值以实现状态反馈。

对于式(8-11)所描述的系统,可以构造一个动态系统,以原系统的输入和输出作为它的输入,而它的状态就作为原系统状态的重构状态 $\tilde{x}$,且 $\tilde{x}$ 渐近于 x,即 $\lim\limits_{t \to \infty}[x(t) - \tilde{x}(t)] = 0$,

则称该重构系统为原系统的一个状态观测器。

可以证明：若线性定常系统完全能观，则状态变量 x 可由输出 y 和输入 u 进行重构。

设重构的动态系统与原系统的结构和参数均相同，即

$$\dot{\tilde{x}} = A\tilde{x} + Bu \qquad\qquad (8-12a)$$

$$y = C\tilde{x} \qquad\qquad (8-12b)$$

由于状态不能直接测量，可利用输出量之间的差值

$$y - \tilde{y} = Cx - C\tilde{x} = C(x - \tilde{x})$$

的测量来代替 $x - \tilde{x}$ 的测量。当 $\lim_{t\to\infty}[x(t) - \tilde{x}(t)] = 0$ 时，有

$$\lim_{t\to\infty}[y(t) - \tilde{y}(t)] = 0$$

利用能检测到的 $y - \tilde{y}$，通过输出误差反馈阵 G 形成校正通道，将其反馈到重构系统中，用以调整观测状态 $\tilde{x}$，其原理框图如图 $8-8$ 所示。

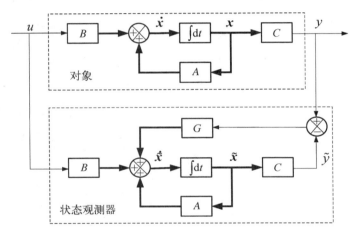

图 8-8　状态观测器

由图 $8-8$ 知重构的状态方程为

$$\dot{\tilde{x}} = A\tilde{x} + Bu + G(y - \tilde{y}) = A\tilde{x} + Bu + GC(x - \tilde{x})$$

经整理后的观测器方程为

$$\dot{\tilde{x}} = (A - GC)\tilde{x} + Bu + Gy \qquad\qquad (8-13)$$

可看出观测器以原系统的输入和输出作为输入。

由式(8-11a)减去式(8-13)可得

$$\dot{x} - \dot{\tilde{x}} = Ax + Bu - [(A - GC)\tilde{x} + Bu + Gy] = (A - GC)(x - \tilde{x})$$

显然要使 $\lim_{t\to\infty}[x(t) - \tilde{x}(t)] = 0$ 成立，则必须 $(A - GC)$ 的特征值(或观测器极点)全部为负实部，即确保观测器稳定。

观测器的快速性和抗干扰性均取决于 $(A - GC)$。因快速性和抗干扰性在一定程度上互为矛盾，故应当恰当选择观测器的极点(即 $A - GC$ 的特征根)，一般可取其为系统固有频率

的五倍左右。

[**例 8 - 13**] 有一线性定常系统

$$\dot{x} = \begin{bmatrix} 0 & 20.6 \\ 1 & 0 \end{bmatrix} x + \begin{bmatrix} 0 \\ 1 \end{bmatrix} u$$

$$y = \begin{bmatrix} 0 & 1 \end{bmatrix} x$$

试设计一个全维状态观测器，取观测器的极点为 $\lambda_1 = -1.8 + j2.4$ 和 $\lambda_2 = -1.8 - j2.4$。

[**解**] （1）判定系统能观性。

能观判别阵

$$N = \begin{bmatrix} C \\ CA \end{bmatrix} = \begin{bmatrix} 0 & 1 \\ 1 & 0 \end{bmatrix}$$

的秩为 2，故系统能观。

（2）设 $G = \begin{bmatrix} g_1 \\ g_2 \end{bmatrix}$，观测器特征方程

$$| sI - A + GC | = \left| \begin{bmatrix} s & 0 \\ 0 & s \end{bmatrix} - \begin{bmatrix} 0 & 20.6 \\ 1 & 0 \end{bmatrix} + \begin{bmatrix} g_1 \\ g_2 \end{bmatrix} \begin{bmatrix} 0 & 1 \end{bmatrix} \right|$$

$$= \left| \begin{matrix} s & -20.6 + g_1 \\ -1 & s + g_2 \end{matrix} \right| = s^2 + g_2 s - 20.6 + g_1 = 0$$

（3）由题中观测器的期望极点得观测器的期望特征方程为

$$(\lambda + 1.8 - 2.4j)(\lambda + 1.8 + 2.4j) = \lambda^2 + 3.6\lambda + 9 = 0$$

（4）比较两特征方程，由同阶次项系数相等得 $g_1 = 29.6$、$g_2 = 3.6$。

得最终的状态观测器为

$$\dot{\tilde{x}} = (A - GC)\tilde{x} + Bu + Gy = \begin{bmatrix} 0 & -9 \\ 1 & -3.6 \end{bmatrix} \begin{bmatrix} \tilde{x}_1 \\ \tilde{x}_2 \end{bmatrix} + \begin{bmatrix} 0 \\ 1 \end{bmatrix} u + \begin{bmatrix} 29.6 \\ 3.6 \end{bmatrix} y$$

8.3.4 基于观测器的状态反馈

如图 8 - 9 所示是基于观测器的状态反馈系统的原理。原系统的状态方程、输出方程、状态观测器方程、基于观测器状态的反馈控制方程分别为

$$\dot{x} = Ax + Bu$$

$$y = Cx$$

$$\dot{\tilde{x}} = (A - GC)\tilde{x} + Bu + Gy$$

$$u = r - K\tilde{x}$$

n 阶原系统及 n 阶观测器使得基于观测器的状态反馈的最终系统的阶数为 $2n$。该系统的状态空间描述经迭代求解可写成

$$\begin{bmatrix} \dot{x} \\ \dot{\tilde{x}} \end{bmatrix} = \begin{bmatrix} A & -BK \\ GC & A - GC - BK \end{bmatrix} \begin{bmatrix} x \\ \tilde{x} \end{bmatrix} + \begin{bmatrix} B \\ B \end{bmatrix} r \qquad (8 - 14a)$$

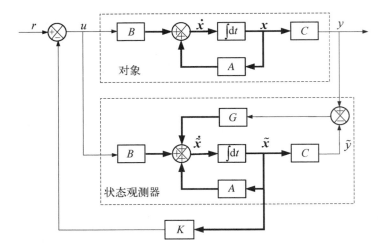

图 8-9 基于观测器的状态反馈

$$y = \begin{bmatrix} C & 0 \end{bmatrix} \begin{bmatrix} x \\ \tilde{x} \end{bmatrix} \tag{8-14b}$$

对其中的系统矩阵 $\begin{bmatrix} A & -BK \\ GC & A-GC-BK \end{bmatrix}$ 进行线性变换：

$$\begin{bmatrix} I & 0 \\ I & -I \end{bmatrix}^{-1} \begin{bmatrix} A & -BK \\ GC & A-GC-BK \end{bmatrix} \begin{bmatrix} I & 0 \\ I & -I \end{bmatrix} = \begin{bmatrix} A-BK & -BK \\ 0 & A-GC \end{bmatrix}$$

线性变换后的系统矩阵表明系统的特征值分别由反馈系统 $\begin{bmatrix} A-BK \end{bmatrix}$ 的特征值和观测器系统 $\begin{bmatrix} A-GC \end{bmatrix}$ 的特征值组成，两部分的特征值（或者说极点）可独立配置，这就是基于观测器的状态反馈设计的分离特性。

[例 8-14] 设系统

$$\dot{x} = \begin{bmatrix} 0 & 1 \\ 0 & 5 \end{bmatrix} x + \begin{bmatrix} 0 \\ 100 \end{bmatrix} u$$

$$y = \begin{bmatrix} 1 & 0 \end{bmatrix} x$$

试设计一基于观测器的状态反馈系统，使闭环系统的极点为 $s_{k1,2} = -7.07 \pm j7.07$，状态观测器的极点为 $s_{g1,2} = -50$。

[解] （1）判别能控及能观性。

$$\text{rank}\begin{bmatrix} B & BA \end{bmatrix} = \text{rank}\begin{bmatrix} 0 & 100 \\ 100 & -500 \end{bmatrix} = 2$$

$$\text{rank}\begin{bmatrix} C \\ CA \end{bmatrix} = \text{rank}\begin{bmatrix} 1 & 0 \\ 0 & 1 \end{bmatrix} = 2$$

系统能控又能观，可以进行基于观测器的状态反馈的系统配置。

（2）系统极点配置。

状态反馈系统的特征方程为

$$| s\boldsymbol{I} - (\boldsymbol{A} - \boldsymbol{BK}) | = \begin{vmatrix} s & -1 \\ 100k_1 & s+5+100k_2 \end{vmatrix} = s^2 + (5+100k_2)s + 100k_1 = 0$$

根据对系统性能的要求,理想极点下的特征方程为

$$(s+0.707-\mathrm{j}7.07)(s+0.707+\mathrm{j}7.07) = s^2 + 2 \times 7.07s + 2 \times (7.07)^2 = 0$$

比较此两特征方程,有 $k_1 = 1$, $k_2 = 0.0914$。即 $\boldsymbol{K} = [1 \quad 0.0914]$。

(3) 状态观测器极点配置。

状态观测器的特征方程为

$$| s\boldsymbol{I} - (\boldsymbol{A} - \boldsymbol{GC}) | = \begin{vmatrix} s+g_1 & -1 \\ g_2 & s+5 \end{vmatrix} = s^2 + (5+g_1)s + (5g_1+g_2) = 0$$

按题意要求希望极点下的观测器特征方程为

$$(s+50)^2 = s^2 + 100s + 2\,500 = 0$$

比较上述特征方程,得 $g_1 = 95$, $g_2 = 2\,025$, 即 $\boldsymbol{G} = \begin{bmatrix} 95 \\ 2\,025 \end{bmatrix}$。

8.3.5　对偶系统及其应用

对于系统

$$\dot{\boldsymbol{x}} = \boldsymbol{A}\boldsymbol{x} + \boldsymbol{B}u \tag{8-15a}$$

$$y = \boldsymbol{C}\boldsymbol{x} \tag{8-15b}$$

进行状态反馈极点配置时,其极点配置式为

$$| s\boldsymbol{I} - (\boldsymbol{A} - \boldsymbol{BK}) | = 0$$

由式(8-15)中 $\boldsymbol{A}$、$\boldsymbol{B}$、$\boldsymbol{C}$ 构建新系统

$$\dot{\hat{\boldsymbol{x}}} = \boldsymbol{A}^{\mathrm{T}}\hat{\boldsymbol{x}} + \boldsymbol{C}^{\mathrm{T}}\hat{u} \tag{8-16a}$$

$$\hat{y} = \boldsymbol{B}^{\mathrm{T}}\hat{\boldsymbol{x}} \tag{8-16b}$$

式(8-16)中系统进行状态反馈极点配置时,其极点配置式为

$$| s\boldsymbol{I} - (\boldsymbol{A}^{\mathrm{T}} - \boldsymbol{C}^{\mathrm{T}}\hat{\boldsymbol{K}}) | = 0$$

因为 $(\boldsymbol{A}^{\mathrm{T}} - \boldsymbol{C}^{\mathrm{T}}\hat{\boldsymbol{K}})$ 和 $(\boldsymbol{A} - \hat{\boldsymbol{K}}^{\mathrm{T}}\boldsymbol{C})$ 的特征值一样,因此有

$$| s\boldsymbol{I} - (\boldsymbol{A}^{\mathrm{T}} - \boldsymbol{C}^{\mathrm{T}}\hat{\boldsymbol{K}}) | = | s\boldsymbol{I} - (\boldsymbol{A} - \hat{\boldsymbol{K}}^{\mathrm{T}}\boldsymbol{C}) | = 0$$

当取 $\boldsymbol{G} = \hat{\boldsymbol{K}}^{\mathrm{T}}$, 则上式后部成为

$$| s\boldsymbol{I} - (\boldsymbol{A} - \boldsymbol{GC}) | = 0$$

此式即式(8-15)系统进行状态观测器反馈增益矩阵求取时的极点配置式。即对式(8-15)系统求取状态观测器反馈增益矩阵时,可以通过对式(8-16)系统进行状态反馈时的极点配置的方法得到。式(8-15)与式(8-16)的两个系统互为对偶系统。

在 MATLAB 中系统极点配置可以采用函数 acker( ),而状态观测器反馈增益矩阵仍采

用 acker( )函数由对偶原理求取。

[**例 8 - 15**]   已知一系统

$$\dot{x} = \begin{bmatrix} 0 & 1 \\ 20.6 & 0 \end{bmatrix} x + \begin{bmatrix} 0 \\ 1 \end{bmatrix} u$$

$$y = \begin{bmatrix} 1 & 0 \end{bmatrix} x$$

试配置闭环极点为 $p_{k1} = -1.8 + j2.4$，$p_{k2} = -1.8 - j2.4$，并建立极点为 $p_{g1} = p_{g2} = -8$ 的状态观测器。

[**解**]   编制 MATLAB 程序求取状态反馈增益矩阵 **K** 和状态观测器反馈增益矩阵 **G**。

A=[0 1; 20.6 0];	//状态空间模型
B=[0;1];	
C=[1,0];	
QC=[B A * B];	//能控性判别
nc=rank(QC)	
QO=[C ' A' * C '];	//能观性判别
no=rank(QO)	
PK=[-1.8+2.4 * i -1.8-2.4 * i];	//希望闭环极点
K=acker(A,B,PK)	//调用 acker( )函数直接求取状态反馈增益矩阵
AA=A';	//对偶原理矩阵转置
BB=C';	
PG=[-8 -8];	//希望观测器极点
GG=acker(AA,BB,PG);	//调用 acker( )函数由对偶原理求取状态观测器反馈增益矩阵
G=GG '	

MATLAB 运行结果如下,可知系统能控又能观,并获得对应的增益矩阵。

nc=	//能控判别式秩值=2,能控
2	
no=	//能观判别式秩值=2,能观
2	
K=	//状态反馈增益矩阵
29.6000 3.6000	
G=	//状态观测器反馈增益矩阵
16.0000 84.6000	

小　结

（1）状态空间法是一种时域的系统分析和设计方法,揭示了输入作用于状态、状态决定输出的一个动态过程。从理论上说,状态空间法适于对线性和非线性、定常和时变、单输入单输出和多输入多输出等系统进行分析与设计。

（2）从微分方程、传递函数等均可推导出系统的状态空间表达式，不同的状态变量的选取可得到同一系统不同的状态空间表达式，比较典型的状态空间表达式形式为能控标准形、能观标准形、对角线标准形，不同的状态空间表达式可以通过状态变量的线性变换来转化。

（3）由状态空间表达式可推导系统唯一的传递函数。

（4）能控和能观是状态空间设计法中的两个重要概念。

（5）状态反馈可以实现系统极点的任意配置。在状态信息无法用物理传感器实际测取时可采用状态观测器对状态信号进行估测。基于观测器的状态反馈把观测器系统和状态反馈系统复合在一起，两个子系统的极点配置独立进行。

习　　题

8.1　在图 P8-1 所示系统中，若选取 x_1、x_2、x_3 为状态变量，试写出状态空间表达式。

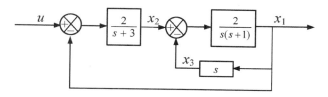

图 P8-1

8.2　设系统传递函数为 $G(s) = \dfrac{s^2 + 4s + 5}{s^3 + 6s^2 + 11s + 6}$，试写出它的对角线标准形表达式。

8.3　对状态矩阵 $\boldsymbol{A} = \begin{bmatrix} 0 & 1 & 0 \\ 0 & 0 & 1 \\ -6 & -11 & -6 \end{bmatrix}$ 进行对角线化线性变换，并给出所用的转换矩阵 $\boldsymbol{P}$。

8.4　已知系统的状态方程和输出方程如下，求系统的传递函数

$$\begin{bmatrix} \dot{x}_1 \\ \dot{x}_2 \\ \dot{x}_3 \end{bmatrix} = \begin{bmatrix} -1 & 0 & 0 \\ 0 & -2 & 0 \\ 0 & 0 & -3 \end{bmatrix} \begin{bmatrix} x_1 \\ x_2 \\ x_3 \end{bmatrix} + \begin{bmatrix} 1 \\ 1 \\ 1 \end{bmatrix} u$$

$$y = \begin{bmatrix} 1 & -1 & 1 \end{bmatrix} \boldsymbol{x}$$

8.5　求解零初始条件下，系统 $\begin{bmatrix} \dot{x}_1 \\ \dot{x}_2 \end{bmatrix} = \begin{bmatrix} 0 & 1 \\ -2 & -3 \end{bmatrix} \begin{bmatrix} x_1 \\ x_2 \end{bmatrix} + \begin{bmatrix} 0 \\ 1 \end{bmatrix} u$ 输入单位阶跃信号的时间响应。

8.6　系统状态方程为 $\begin{bmatrix} \dot{x}_1 \\ \dot{x}_2 \end{bmatrix} = \begin{bmatrix} 0 & 0 \\ -3 & -4 \end{bmatrix} \begin{bmatrix} x_1 \\ x_2 \end{bmatrix} + \begin{bmatrix} 1 \\ 0 \end{bmatrix} \delta(t)$，$\begin{bmatrix} x_1(0) \\ x_2(0) \end{bmatrix} = \begin{bmatrix} 0 \\ 0 \end{bmatrix}$，其中 $\delta(t)$ 为脉冲传递函数，求 $\begin{bmatrix} x_1 \\ x_2 \end{bmatrix}$。

8.7 已知系统状态方程 $\dot{\boldsymbol{x}} = \begin{bmatrix} 0 & 1 & 0 & 0 \\ 3\omega^2 & 0 & 0 & 2\omega \\ 0 & 0 & 0 & 1 \\ 0 & -2\omega & 0 & 0 \end{bmatrix} \boldsymbol{x} + \begin{bmatrix} 0 & 0 \\ 1 & 0 \\ 0 & 0 \\ 0 & 1 \end{bmatrix} \boldsymbol{u}$，试判别系统能控性。

8.8 设有一单输入单输出系统

$$\begin{bmatrix} \dot{x}_1 \\ \dot{x}_2 \end{bmatrix} = \begin{bmatrix} -1 & 0 \\ 0 & -2 \end{bmatrix} \begin{bmatrix} x_1 \\ x_2 \end{bmatrix} + \begin{bmatrix} b_1 \\ 1 \end{bmatrix} u$$

$$y = \begin{bmatrix} 1 & c_2 \end{bmatrix} \begin{bmatrix} x_1 \\ x_2 \end{bmatrix}$$

讨论系统能控和能测的条件。

8.9 已知系统 $\dot{\boldsymbol{x}} = \begin{bmatrix} a & 1 \\ -1 & 0 \end{bmatrix} \boldsymbol{x} + \begin{bmatrix} b \\ -1 \end{bmatrix} u$，为使系统能控，试确定常数 a、b 应满足的关系。

8.10 已知受控系统的状态方程为 $\begin{bmatrix} \dot{x}_1 \\ \dot{x}_2 \end{bmatrix} = \begin{bmatrix} -2 & -3 \\ 4 & -9 \end{bmatrix} \begin{bmatrix} x_1 \\ x_2 \end{bmatrix} + \begin{bmatrix} 3 \\ 1 \end{bmatrix} u$，求状态反馈阵 $\boldsymbol{K}$ 使闭环极点 $s_{1,2} = -1 \pm \mathrm{j}2$。

8.11 设一位置伺服系统，其开环传递函数为 $G(s) = \dfrac{K}{s(s+2)(s+4)}$，求用状态变量反馈构成一个新的闭环系统，并满足 $M_p \leqslant 16.3\%$、$t_r \leqslant 0.4\,\mathrm{s}$、$t_s < 0.8\,\mathrm{s}$，单位阶跃信号作用下 $e_{ss} = 0$。

8.12 设有系统 $\dfrac{Y(s)}{U(s)} = \dfrac{10}{(s+1)(s+2)(s+3)}$，定义状态变量 $x_1 = y$，$x_2 = \dot{x}_1$，$x_3 = \dot{x}_2$。试编写 MATLAB 程序求取状态反馈增益矩阵 $\boldsymbol{K}$，使得闭环系统的极点为 $s_{1,2} = -2 \pm \mathrm{j}2\sqrt{3}$，$s_3 = -10$。

8.13 设有系统 $\begin{bmatrix} \dot{x}_1 \\ \dot{x}_2 \end{bmatrix} = \begin{bmatrix} -1 & 1 \\ 1 & -2 \end{bmatrix} \begin{bmatrix} x_1 \\ x_2 \end{bmatrix}$，$y = \begin{bmatrix} 1 & 0 \end{bmatrix} \begin{bmatrix} x_1 \\ x_2 \end{bmatrix}$。编写 MATLAB 程序求取状态观测器反馈增益矩阵 $\boldsymbol{G}$，使得状态观测器的极点为 $s_1 = s_2 = -5$。

8.14 已知系统 $\dot{\boldsymbol{x}} = \begin{bmatrix} 1 & 2 & 0 \\ 3 & -1 & 1 \\ 0 & 2 & 0 \end{bmatrix} \boldsymbol{x} + \begin{bmatrix} 0 \\ 0 \\ 1 \end{bmatrix} u$，$y = \begin{bmatrix} -1 & 1 & 1 \end{bmatrix} \boldsymbol{x}$。试判断系统的稳定性，并讨论如何通过状态反馈使系统的最终极点为 $s_{1,2} = -1 \pm \mathrm{j}\sqrt{3}$、$s_3 = -10$。

8.15 设系统传递函数为 $G(s) = \dfrac{100}{s(s+5)}$。

(1) 求系统能观标准形的状态空间表达式；

(2) 试用状态反馈对系统进行极点配置，使闭环极点位于 $-5 \pm \mathrm{j}10$ 处；

(3) 试求采用上述状态反馈后的系统的谐振峰值 M_r。

附录 I 拉普拉斯变换

I.1 常用信号的拉普拉斯变换

信号	原函数 $f(t)$	像函数 $F(s)$	信号	原函数 $f(t)$	像函数 $F(s)$
$t=0$ 单位脉冲	$\delta(t)$	1	$t=0$ 单位阶跃	$1(t)$	$\dfrac{1}{s}$
$t=0$ 单位速度（斜坡信号）	t	$\dfrac{1}{s^2}$	$t=0$ 幂函数	$\dfrac{1}{r!}t^r$	$\dfrac{1}{s^{r+1}}$
$t=a$ 单位阶跃	$1(t-a)$	$\dfrac{1}{s}\mathrm{e}^{-as}$			
正弦信号	$\sin \omega t$	$\dfrac{\omega}{s^2+\omega^2}$	余弦信号	$\cos \omega t$	$\dfrac{s}{s^2+\omega^2}$
指数信号（衰减）	e^{-at}	$\dfrac{1}{s+a}$	指数信号（发散）	e^{at}	$\dfrac{1}{s-a}$

I.2 拉普拉斯变换主要运算定理

1) 叠加定理

$$L[f_1(t) \pm f_2(t)] = F_1(s) \pm F_2(s)$$

2) 比例定理

$$L[Kf(t)] = KF(s)$$

3) 微分定理

$$L\left[\frac{\mathrm{d}^n f(t)}{\mathrm{d}t^n}\right] = s^n F(s) - \sum_{k=1}^{n} s^{n-k} f^{k-1}(0^+)$$

当初始条件 $f(0^+) = f'(0^+) = \cdots = 0$ 时,则

$$L\left[\frac{\mathrm{d}^n f(t)}{\mathrm{d}t^n}\right] = s^n F(s)$$

4) 积分定理

$$L\left[\underbrace{\int \cdots \int}_{n} f(t)(\mathrm{d}t^n)\right] = \frac{F(s)}{s^n} + \sum_{k=1}^{n} \frac{f^{-(n-k+1)}(0^+)}{s^k}$$

式中 $f^{-i}(t) = \underbrace{\int \cdots \int}_{i} f(t)(\mathrm{d}t^i)$。

如果满足 $f^{-1}(0^+) = f^{-2}(0^+) = \cdots = 0$，则

$$L\left[\underbrace{\int \cdots \int}_{n} f(t)(\mathrm{d}t^n)\right] = \frac{F(s)}{s^n}$$

5) 位移定理

$$L[\mathrm{e}^{-at}f(t)] = F(s+\alpha)$$

6) 延迟定理

$$L[f(t-\tau)] = \mathrm{e}^{-s\tau}F(s)$$

7) 终值定理

$$\lim_{t\to\infty} f(t) = \lim_{s\to 0} sF(s)$$

附录Ⅱ 校正网络

Ⅱ.1 无源校正网络

		线路图	传递函数	频率特性
1	微分	电路图（C，R，u_r，u_c）	$G(s) = \dfrac{U_c}{U_r} = \dfrac{Ts}{Ts+1}$ $T = RC$	Bode图
2	微分	电路图（C_1，R_1，R_2，u_r，u_c）	$G(s) = \dfrac{U_c}{U_r} = \dfrac{T_1 s}{T_2 s + 1}$ $T_1 = R_2 C_1 \quad T_2 = (R_1 + R_2)C_1$	Bode图
3	微分	电路图（C_1，R_1，R_2，u_r，u_c）	$G(s) = \dfrac{U_c}{U_r} = \dfrac{K(T_1 s + 1)}{T_2 s + 1}$ $K = \dfrac{R_2}{R_1 + R_2} \quad T_1 = R_1 C_1 \quad T_2 = \dfrac{R_1 R_2 C_1}{R_1 + R_2}$	Bode图

频率特性栏（$L(\omega)$ 对数幅频特性）：

行1：转折频率 $\dfrac{1}{T_1}$，斜率 $+20$。

行2：转折频率 $\dfrac{1}{T_2}$，斜率 $+20$，高频段幅值 $20\lg\dfrac{R_2}{R_1 + R_2}$。

行3：转折频率 $\dfrac{1}{T_1}$、$\dfrac{1}{T_2}$，斜率 $+20$，幅值 $20\lg K$。

续 表

序号	类型	线 路 图	传 递 函 数	频 率 特 性
4	微分		$$G(s) = \frac{U_c}{U_r} = \frac{K(T_1 s+1)}{T_2 s+1}$$ $$K = \frac{R_3}{R_1+R_3+R_4} \qquad T_2 = \frac{R_3+R_4+R_1//R_2}{R_1+R_3+R_4}T_1$$ $$T_1 = (R_1+R_2)C_1$$	
5	微分		$$G(s) = \frac{U_c}{U_r} =$$ $$\frac{T_1 T_2 s^2}{T_1 T_2\left(1+\dfrac{R_3}{R_1//R_2}\right)s^2 + \left[T_1\left(1+\dfrac{R_3}{R_1}\right)+T_2\left(1+\dfrac{R_1}{R_2}\right)\right]s+1}$$ $$T_1 = R_1 C_1 \qquad T_2 = R_2 C_2$$	
6	积分		$$G(s) = \frac{U_c}{U_r} = \frac{K}{T_1 s+1}$$ $$K = \frac{C_1}{C_1+C_2} \qquad T_1 = R_1\frac{C_1 C_2}{C_1+C_2}$$	

续　表

	线　路　图	传　递　函　数	频　率　特　性
7　积　分		$G(s) = \dfrac{U_c}{U_r} = \dfrac{T_1 s + 1}{T_2 s + 1} \qquad T_2 = R_1(C_1 + C_2)$ $T_1 = R_1 C_1$	
8　积　分		$G(s) = \dfrac{U_c}{U_r} = \dfrac{T_1 s + 1}{T_2 s + 1} \qquad T_2 = (R_1 + R_2)C_1$ $T_1 = R_1 C_1$	
9　微分—积分		$G(s) = \dfrac{U_c}{U_r} = \dfrac{(T_1 s + 1)(T_2 s + 1)}{K_0 T_1 T_2 s^2 + (K_1 T_1 + K_2 T_2)s + K_\infty}$ $K_0 = \dfrac{R_3 + R_2//R_4}{R_2//R_4} \qquad K_1 = 1 + \dfrac{R_3}{R_4} \qquad K_\infty = \dfrac{R_4}{R_1 + R_3 + R_4}$ $K_2 = 1 + \dfrac{(R_1 + R_3)(R_2 + R_4)}{R_2 R_4} \qquad T_2 = R_2 C_2 \qquad T_1 < T_2$ $T_1 = R_1 C_1$	

续 表

线 路 图	传 递 函 数	频 率 特 性

微分—积分 10

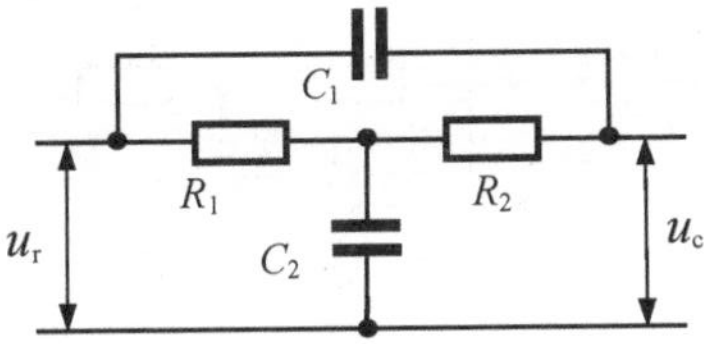

$$G(s) = \frac{U_c}{U_r} = \frac{T_1 T_2 s^2 + T_2 s + 1}{T_1 T_2 s^2 + \left[\left(1+\dfrac{R_1}{R_2}\right)T_1 + T_2\right]s + 1}$$

$$T_1 = \frac{R_1 R_2}{R_1+R_2}C_2 \qquad T_2 = (R_1+R_2)C_1 \qquad T_1 < T_2$$

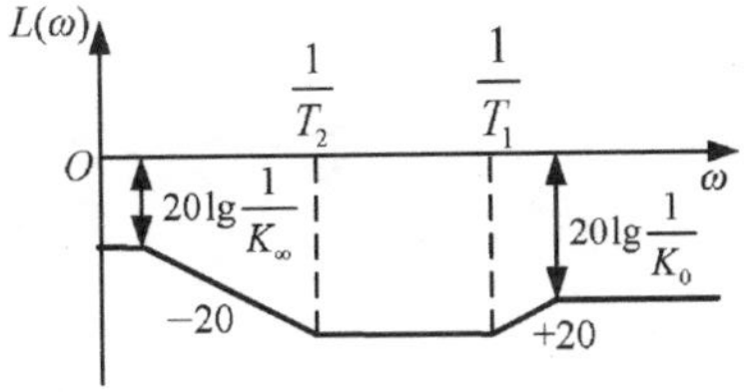

II.2 有源校正网络

线 路 图	传 递 函 数	频 率 特 性

积分 1

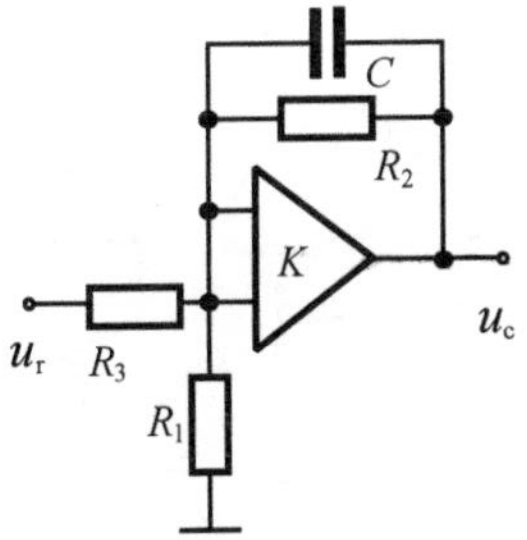

$$G(s) = \frac{U_c}{U_r} = \frac{K_c(T_2 s+1)}{T_1 s+1} \qquad T_1 = R_2 C \qquad T_2 = (R_1//R_2)C$$

$$K_c = \frac{R_1+R_2}{R_1}$$

$$R_2 \to \infty \text{时}, G(s) = \frac{U_c}{U_r} \approx \frac{R_1 C s+1}{R_1 C s} \qquad \left(K\frac{R_1}{R_1+R_2} \gg 1\right)$$

$$(R_1, R_3 \ll R_r)$$

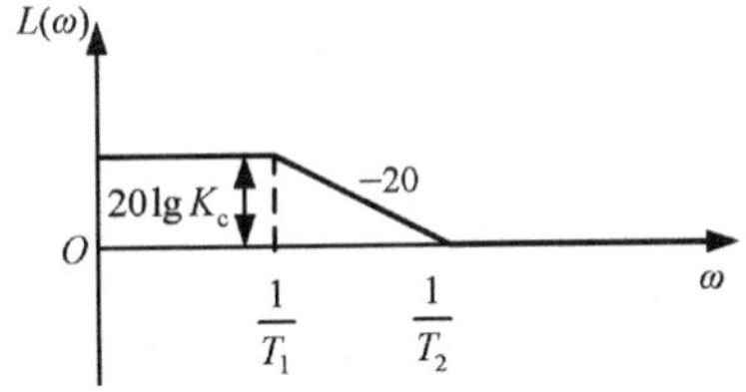

续表

		线 路 图	传 递 函 数	频 率 特 性
2	微分		$$G(s) = \frac{U_c}{U_r} = \frac{K_c(T_1 s + 1)}{T_2 s + 1}$$ $$K_c = \frac{R_1 + R_2 + R_3}{R_1}$$ $T_1 = (R_3 + R_4)C \quad T_2 = R_4 C$ $(R_1, R_5 \ll R_r \quad R_2 \gg R_3 > R_4)$ $\left(K \dfrac{R_1}{R_1+R_2+R_3} \dfrac{R_4}{R_3+R_4} \gg 1\right)$	
3	微分		$$G(s) = \frac{U_c}{U_r} = \frac{K_c(T_1 s + 1)}{T_2 s + 1}$$ $$K_c = \frac{R_2 + R_3}{R_1}$$ $T_1 = (R_2//R_3 + R_4)C \quad T_2 = R_4 C$ $\left(K \dfrac{R_1 R_4}{R_2 R_3 + R_2 R_4 + R_3 R_4} \gg 1\right)$	
4	积分		$$G(s) = \frac{U_c}{U_r} = \frac{K_c(T_2 s + 1)}{T_1 s + 1}$$ $$K_c = \frac{R_2 + R_3}{R_1}$$ $T_1 = R_3 C \quad T_2 = (R_2//R_3)C$ $\left(K \dfrac{R_1}{R_2+R_3} \gg 1\right)$	

续 表

线　路　图	传　递　函　数	频　率　特　性
微分—积分 5	$$G(s) = \frac{U_c}{U_r} = \frac{K_c(T_2s+1)(T_3s+1)}{(T_1s+1)(T_4s+1)}$$ $$K_c = \frac{R_1+R_2+R_3}{R_1} \qquad T_1 = R_2C_2$$ $$T_2 = [(R_1+R_3)//R_2]C_2 \qquad T_4 = R_4C_1$$ $$T_3 = (R_3+R_4)C_1 \qquad K\,\frac{R_1}{R_1+R_3}\,\frac{R_4}{R_3+R_4} \gg 1$$ $$\left(R_1,\ R_5 \ll R_r,\ R_2 \gg R_3 > R_4\right)$$	

附录Ⅲ 常见系统图谱

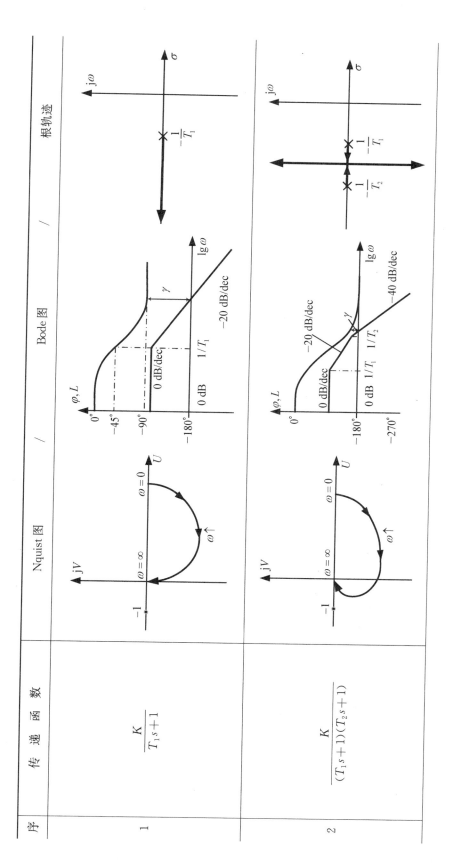

序	传 递 函 数	Nquist 图	Bode 图	根轨迹
1	$\dfrac{K}{T_1 s+1}$			
2	$\dfrac{K}{(T_1 s+1)(T_2 s+1)}$			

续表

序	传递函数	Nquist 图	Bode 图	根轨迹
3	$\dfrac{K}{(T_1s+1)(T_2s+1)(T_3s+1)}$			
4	$\dfrac{K}{s}$			/
5	$\dfrac{K}{s(T_1s+1)}$			

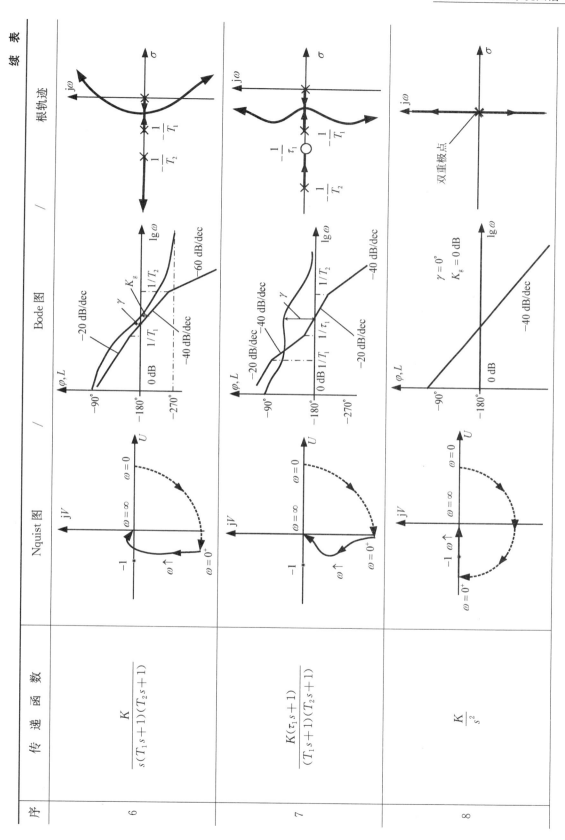

续表

序	传递函数	Nquist 图	Bode 图	根轨迹
9	$\dfrac{K}{s^2(T_1 s + 1)}$			
10	$\dfrac{K(\tau_1 s + 1)}{s^2(T_1 s + 1)}$ $\tau_1 > T_1$			
11	$\dfrac{K}{s^3}$			

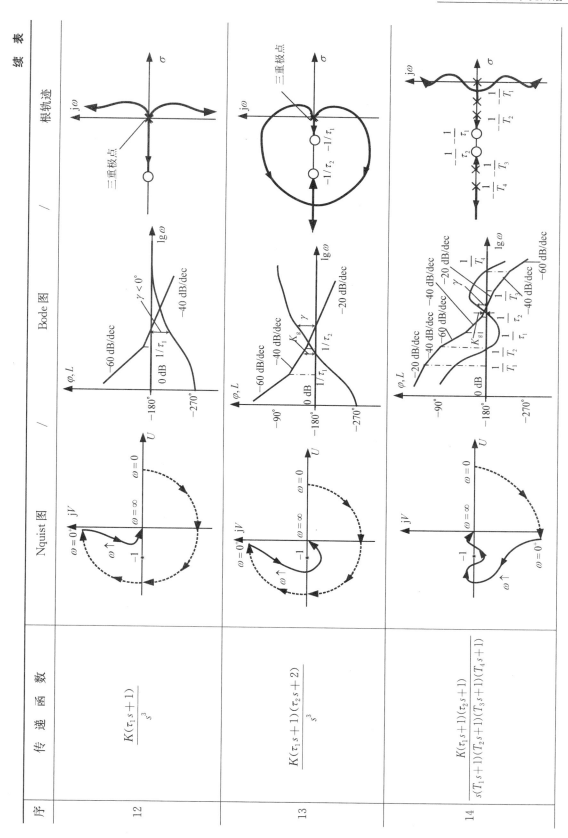

续　表

序	传递函数	Nquist 图	Bode 图	根轨迹
12	$\dfrac{K(\tau_1 s+1)}{s^3}$			
13	$\dfrac{K(\tau_1 s+1)(\tau_2 s+2)}{s^3}$			
14	$\dfrac{K(\tau_1 s+1)(\tau_2 s+1)}{s(T_1 s+1)(T_2 s+1)(T_3 s+1)(T_4 s+1)}$			

续 表

序	传 递 函 数	Nquist 图	Bode 图	根轨迹
15	$\dfrac{K(\tau_1 s+1)}{s^2(T_1 s+1)(T_2 s+1)}$			

附录Ⅳ　MATLAB 基础

Ⅳ.1　MATLAB 入门

MATLAB 是一套用于科学和工程计算的交互式软件系统,包括基本程序和各种软件工具箱。工具箱中集成了用于扩展基本程序功能的 M 文件。本书提到的 MATLAB 都是指基本程序加控制系统工具箱。

MATLAB 用四种典型的方式与用户进行交流:语句和变量、矩阵、图形、文本。MATLAB 对以上一种或多种形式的输入内容进行解释后执行。

Ⅳ.1.1　语句和变量

启动一个 MATLAB 后会出现命令窗口,并出现命令提示符">>"。

MATLAB 中语句

>>variable=expression

将表达式的值赋给变量。如输入一个 2×2 的矩阵并将其赋值给变量 A 的表达式为

>>A=[1 2;4 6]

键入回车键后,语句执行,窗口自动显示出矩阵 A 的内容

A=
1　2
4　6

如果语句后加分号";",语句执行后变量 A 被赋值并分配内存,但不显示。因此对不感兴趣的中间结果采用分号不输出到界面。

MATLAB 中变量名长度限 19 个字符内,以字母开头,其后字母或数字(舍下划线),大小写敏感。

MATLAB 有几个预定义变量,包括 pi、Inf、NaN、i 和 j 等。其中 pi 表示 π;变量 $i=j=\sqrt{-1}$;Inf 表示 $+\infty$;NaN 表示非数值项,常用于非法操作,如除零后溢出。

MATLAB 中的内建函数,除了查用户指南也可在命令窗口用命令 help 获取相应帮助,如

>>help plot

与变量相关的函数操作有

(1) who——给出工作空间中的变量列表;

(2) whos——列出工作空间中所有变量并给出有关变量维数、类型和内存分配等方面

的信息;

(3) clear variables——清除工作空间中的所有变量和函数;

(4) clear var1——清除工作空间中的变量 var1。

表达式中可使用加(+)、减(—)、乘(＊)、除(/)和乘幂(^)数学运算符,可以用圆括号改变运算顺序。MATLAB 有普通计算器所具有的大多数三角函数,如 sin( )、cos( )、tan( )、asin( )、acos( )、atan( )等和基本数学函数,如 real( )、imag( )、conj( )、log( )、log10( )、exp( )、abs( )、sqrt( )。

MATLAB 中所有计算均为双精度,可用 format 函数控制屏幕显示格式。

Ⅳ.1.2 矩阵

矩阵是基本计算单元,向量和标量均作为矩阵的特例。矩阵是由方括号包围一些数据,即"[·]"表示,不必声明矩阵的维数或类型。行中各元素之间由空格或逗号分开,各行之间用分号或回车符分开。矩阵可以通过多行输入,只需在每行结尾接分号和回车符,或只接回车符。如矩阵

$$A = \begin{bmatrix} 1 & -4j & \sqrt{2} \\ \log(-1) & \sin(\pi/2) & \cos(\pi/3) \\ \arcsin(0.5) & \arccos(0.8) & \exp(0.8) \end{bmatrix},$$

可采用如下方式输入。

$>>A=[1,-4*j,sqrt(2);$ $\log(-1),\sin(pi/2),\cos(pi/3);$ $\asin(0.5),$
$\acos(0.8),\exp(0.8)]$

基本矩阵操作包括矩阵加(+)、减(—)、乘(＊)、转置(')、乘幂(^)以及元素对元素的数组运算。矩阵运算要求各矩阵之间维数匹配。

矩阵加法和减法是元素间运算,但如需进行元素间的乘、除和乘幂运算即数组运算,则应在运算符前加句点,使之成为矩阵中对应元素的运算。

在 MATLAB 中常常使用冒号产生一个行向量,其方式为

$$行向量=[初值:增量值:终值]$$

即其值从给定的初值到终值,步长为增量值。使用冒号来产生向量的方式对绘图非常有用。

在控制系统分析中常用的矩阵函数有

eig( )——求取矩阵特征值和特征向量

(1) [v]=eig(A)——求取矩阵 A 的特征值 v,满足 Ax = vx。

(2) [x, d]=eig(A)——求取矩阵 A 的特征向量 x,以及满足 Ax = xd 的对角线矩阵 d。

(3) [v]=eig(A, B)——求取矩阵的特征值 v,满足 Ax = vBx。

(4) [x, d]=eig(A, B)——求取矩阵的特征向量 x,以及满足 Ax = Bxd 的对角线矩阵 d。

Ⅳ.1.3 图形

系统分析和设计过程中,需要对大量不同格式的原始数据用图解法进行细致地分析。MATLAB 软件用图形窗口来显示所绘图形。图形命令分为两大类。

1) 坐标系类型绘图命令

（1）plot(x，y，'f')——以格式 f 绘 x-y 曲线，x 轴、y 轴均采用线性坐标。

（2）plot(x1，y1，'f1'，x1，y2，'f2'，…，xn，yn，'fn')——分别采用各自的格式绘 x_1-y_1、x_2-y_2、…、x_n-y_n 曲线，x 轴、y 轴均采用线性坐标；

（3）semilogx(x，y，'f')——以格式 f 绘 x-y 曲线，x 轴采用常用对数坐标、y 轴采用线性坐标；

（4）semilogy(x，y，'f')——以格式 f 绘 x-y 曲线，x 轴采用线性坐标、y 轴采用常用对数坐标；

（5）loglog(x，y，'f')——以格式 f 绘 x-y 曲线，x 轴、y 轴均采用常用对数坐标。

其中格式'f'由线型格式和颜色格式组成。按表Ⅳ-1 plot(x，y，'+g') 表示绿'+'标记绘制曲线。

表Ⅳ-1　格式'f'的线型格式与颜色格式

线　型　格　式		颜　色　格　式	
'-'或缺省	实　线	'y'	黄　色
'- -'	虚　线	'm'	洋红色
':'	点　线	'k'	黑　色
'- •'	点划线	'r'	红　色
'+'	标记＋	'g'	绿　色
'*'	标记*	'b'	蓝　色
'○'	标记○		
'×'	标记×		

2) 标记型绘图命令

（1）tiltle('text')——在图形上主方加标题'text'；

（2）xlabel('text')——用'text'标注 x 轴；

（3）ylabel('text')——用'text'标注 y 轴；

（4）text(p1,p2,'text')——在图形窗口内(p1, p2)处标记'text'；

（5）subplot( )——分割图形；

（6）grid on/grid off——在图形中加网格线/关闭网格线。

Ⅳ.1.4　M 文件

命令窗口中命令提示符后以指令方式与 MATLAB 进行交互，MATLAB 对输入的语句和函数立即进行解释并作出响应。

M 文件指以文件存放的一长串有序指令，文件扩展名.m。M 文件是普通 ASCII 码文件。将直接指令交互方式下所使用的语句和函数编辑在同一个文件中，运行时在命令指示符后输入文件名。一个文件也可以调用另一个文件。当程序被调用时，MATLAB 自动按顺序执行文件中的命令。文件可以访问 MATLAB 工作空间中的所有变量。除了 MATLAB 及其工具箱中提供的 M 文件外，用户可自定义专用 M 文件。

[例Ⅳ-01]　绘制函数 $y(t) = \sin at$ 的曲线并建立 M 文件。

[解]　编制程序并以 TXT 形式新建 M 文件 plotdata.m。

%plot y=sin(alpha * t)	//注释程序段功能
t=[0:0.01:1];	//生成时间向量
y=sin(alpha * t);	//三角函数得到 y 向量
plot(t,y)	//绘制 y(t)曲线
xlabel('Time[sec]')	//横坐标变量说明
ylabel('y(t)=sin(alpha * t)')	//纵坐标变量说明
grid on	//曲线网格

在指令窗口输入 α 值，即将 α 放入 MATLAB 工作空间。然后在命令提示符后输入 plotdata，程序将使用工作空间中最新的 α 值予以执行。

$\gg$ alpha=10;plotdata

图Ⅳ-1 是执行后给出的图形窗口。

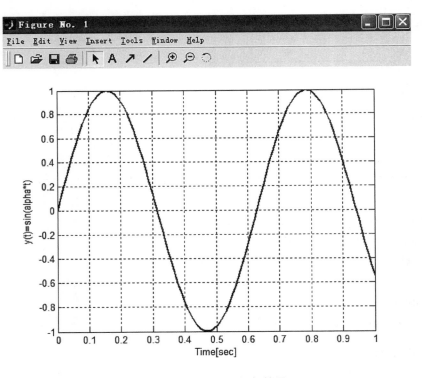

图Ⅳ-1　MATLAB 运行结果

MATLAB 以"%"开头的行即为注释行。用 help 指令能够显示程序的这些注释，如

$\gg$ help plotdata

出现在命令窗口出现注释文字：

plot y=sin(alpha * t)。

274

Ⅳ.1.5 SIMULINK 基础

SIMULINK 为 MATLAB 用户提供了用于控制系统建模、仿真和分析的更有效的图形交互方式。有两种方式可以打开 SIMULINK 界面:

(1) 点击 MALTAB 界面中工具条上的 SIMULINK 图标；

(2) 在命令窗口输入命令

    >>simulink

首先出现的是如图Ⅳ-2 所示的 SIMULINK 的库浏览器窗口,其左栏树状结构显示已安装的 SIMULINK 库,点击选择其中的库,对应的库内的模块就以图形的形式显示在窗口右栏。

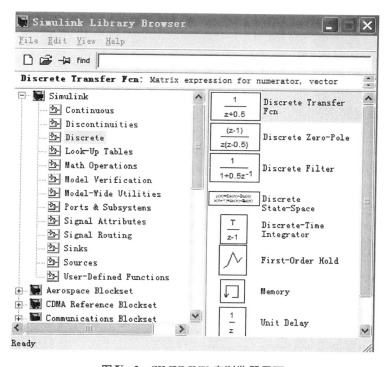

图Ⅳ-2 SIMULINK 库浏览器界面

在 SIMULINK 的库浏览器中可以新建或打开一个控制系统模型(.mdl 文件),出现模型编辑窗口,从库浏览器中选择模块并拖放到模型编辑窗口中,然后将模块用引线连接。如图Ⅳ-3 所示,分别从 Sources 库中选择 Sine Wave 模块,从 Sinks 库中选择 Scope 模块拖放到新建的模型编辑窗口 untiltled。然后用引线连接两模块。引线连接的方式是"十"字光标移到 Sine Wave 模块的输出点(右侧>),按下鼠标左键并拖动到 Scope1 模块的输入点(左侧>),然后释放鼠标左键。

在模型编辑窗口中可以对各个模块进行参数设置。点击图附注中的 Sine Wave 模块,将出现如图Ⅳ-4 所示的参数设置窗口。

参数设置后,运行菜单 Sumulation 中的 Start 命令,或点击工具栏中的▶进行系统运行仿真。点击 Scope1 模块,则将弹出 Scope 模块窗口,如图Ⅳ-5 所示,显示在当前参数设置下的波形结果。

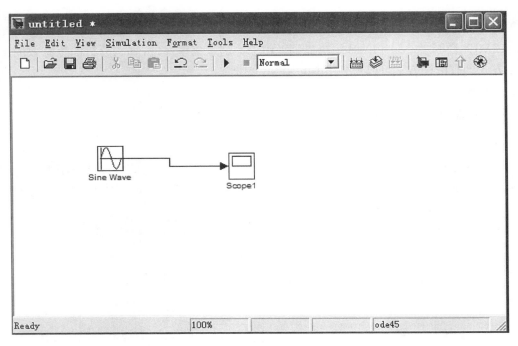

图Ⅳ-3 SIMULINK 模型编辑窗口

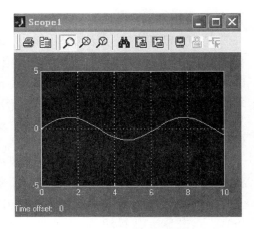

图Ⅳ-4 Sine Wave 参数设置窗口　　　　图Ⅳ-5 Scope 模块显示结果波形

Ⅳ.2　MATLAB 与动态系统

Ⅳ.2.1　多项式表达及多项式运算

在传递函数等控制系统模型中,常常用到多项式以及多项式分式,如传递函数中以 s 为变量的分子多项式,分母多项式。MATLAB 中采用矢量表达多项式,即将多项式系数按降幂的次序赋给多项式矢量,同时提供多项式函数及留数计算方法。

(1) q＝poly(r)——计算由根矢量(r)构成的多项式,并将赋给多项式矢量(q)。

(2) r＝roots(q)——计算多项式矢量(q)表达的多项式的根,赋给根矢量(r)。即将多项式(q)进行因式分解得到(r)。

(3) z＝conv(x,y)——计算多项式矢量(x)、(y)表达的多项式的乘积,赋给多项式矢量(z)。

(4) v＝polyval(p,x)——计算多项式(p)在自变量取值为(x)时的多项式的值(v)。

其中 roots( )与 poly( )互为反函数。

对于传递函数等所要求的多项式分式表达,MATLAB 通过在相关函数中的输入项位置区分分子和分母。甚至相同的函数名通过不同的输入项数目来重载不同的功能。如 $[r, p, k]$＝residue(B, A)函数计算由分子多项式(B)和分母多项式(A)构成的分式的留数矢量(r),极点矢量(p)和商(k),即

$$\frac{B(s)}{A(s)} = \frac{r(1)}{s-p(1)} + \frac{r(2)}{s-p(2)} + \cdots + \frac{r(n)}{s-p(n)} + k(s)$$

如果存在多重极点,如 $p(j) = \cdots = p(j+m)$,则对应改为

$$\frac{r(j)}{s-p(j)} + \frac{r(j+1)}{[s-p(j)]^2} + \cdots + \frac{r(j+m-1)}{[s-p(j)]^m}$$

相应有反函数$[B, A]$＝residue(r, p, k),由分式的留数矢量(r),极点矢量(p)和商(k)构建多项式分式的分子多项式(B)和分母多项式(A)。

[例Ⅳ‑02]　求取多项式分式 $\dfrac{B_2(s)}{A_2(s)} = \dfrac{2s^3 + 2s^2 + 3s + 1}{s^3 + s^2 + s}$ 的留数。

[解]　对应有 MATLAB 程序。

num＝[2 2 3 1];
den＝[1 1 1 0];
[r,p,k]＝residue(num,den)
	//多项式系数按降幂的次序赋给多项式矢量(num)
	//多项式系数按降幂的次序赋给多项式矢量(den)
	//计算由分子多项式(num)和分母多项式(den)构成的分式的留数矢量(r),极点矢量(p)和商(k)

运行结果为

r2＝ 　－0.5000－0.2887i	//分式的留数矢量(r) //r(1)

−0.5000+0.2887i	//r(2)
1.0000	//r(3)
p2=	//分式的极点矢量(p)
−0.5000+0.8660i	//p(1)
−0.5000−0.8660i	//p(2)
0	//p(3)
k2=	//分式的商(k)
2	

因此结果为

$$\frac{2s^3+2s^2+3s+1}{s^3+s^2+s}=\frac{-0.5-0.288\,7j}{s+0.5-0.866j}+\frac{-0.5+0.288\,7j}{s+0.5+0.866j}+\frac{1}{s}+2$$

[例Ⅳ-03]　分式 $\dfrac{1}{s+1}+\dfrac{2}{(s+1)^3}$ 求和。

[解]　对应有 MATLAB 程序。

r=[1 0 2];	//分式的留数矢量(r)
p=[−1 −1 −1];	//分式的极点矢量(p)
k=[];	//分式的商(k)
[num,den]=residue(r,p,k)	//由留数矢量(r),极点矢量(p)和商(k)构建多项式
	分式的分子多项式(num)和分母多项式(den)

运行结果为

num=	//分子多项式(num): s^2+2s+3
1 2 3	
den=	//分母多项式(den): s^3+3s^2+3s+1
1 3 3 1	

即

$$\frac{1}{s+1}+\frac{2}{(s+1)^3}=\frac{s^2+2s+3}{s^3+3s^2+3s+1}$$

Ⅳ.2.2　系统模型表达及系统连接

传递函数模型中常用分子多项式(num)和分母多项式(den)共同表示一个系统(num,den)模型。

1) tf( )——建立传递函数模型

sys=tf(num，den)——建立由分子多项式(num)和分母多项式(den)构成的系统模型(sys)。

2）zpk（ ）——建立零极点模型

（1）sys＝zpk(z, p, k)——建立由零点(z)，极点(p)和增益(k)构成的系统零极点模型(sys)。

（2）p＝pole(sys)——给出系统(sys)的极点(p)。

（3）z＝zero(sys)——给出系统(sys)的零点(z)。

3）ss（ ）—建立状态空间模型

$$sys＝ss(A, B, C, D)——\dot{x}=Ax+Bu, y=Cx+Du$$

4）模型转换

在本书中涉及控制系统的三种模型：传递函数模型、零极点模型和状态空间模型。MATLAB中提供了这些模型间转换的函数：

（1）[z, p, k]＝tf2zp(num, den)——传递函数模型转换为零极点增益模型。即获取传递函数模型(num, den)对应的零点(z)、极点(p)和增益(k)。

（2）[num, den]＝zp2tf(z, p, k)——零极点增益模型转换为传递函数模型。由零极点模型的零点(z)、极点(p)和增益(k)获取对应的传递函数模型(num, den)。

（3）[num, den]＝ss2tf(A, B, C, D, iu)——状态空间模型转换为传递函数模型。即对状态空间模型(A, B, C, D)的系统给出在输入(iu)时的传递函数。

$$\frac{num(s)}{den(s)}=C(sI-A)^{-1}B+D$$

（4）[z, p, k]＝ss2zp(A, B, C, D, IU)——状态空间模型转换为零极点增益模型ss2zp。即对状态空间模型(A, B, C, D)系统给出在输入(iu)时的零极点模型零点(z)、极点(p)和增益(k)。

$$k\frac{(s-z(1))(s-z(2))\cdots(s-z(n))}{(s-p(1))(s-p(2))\cdots(s-p(n))}=C(sI-A)^{-1}B+D$$

（5）[A, B, C, D]＝tf2ss(num, den)——传递函数模型转换为状态空间模型。由系统传递函数模型(num, den)系统给出对应的系统状态空间模型(A, B, C, D)。

（6）[A, B, C, D]＝zp2ss(z, p, k)——零极点增益模型转换为状态空间模型。由系统零极点模型零点(z)、极点(p)和增益(k)给出对应的系统状态空间模型(A, B, C, D)。

5）series( )、parallel( )、feedback( )——系统连接

（1）sys＝series(sys1, sys2)——由系统(sys1)、(sys2)串联构建成系统(sys)。

（2）sys＝parallel(sys1, sys2)——由系统(sys1)、(sys2)并联构建成系统(sys)。

（3）sys＝sys1＋sys2——由系统(sys1)、(sys2)并联构建成系统(sys)。

（4）sys＝feedback(sysg, sysh, sign)——计算由前向通道(sysg)，反馈通道(sysh)构成反馈系统 sys。Sign 可取三个值：＋1 为正反馈、－1 为负反馈、缺省值为负反馈。

在交互界面的 SIMULINK 的基本库[Simulink]-[Continuous]中也有多个有关连续系统建模的模块，如 Transfer Fcn, State - Space。在[Simulink]-[Sources]中，则提供了 Step、Ramp、Sine Wave 等多种信号源。故可以在 SIMULINK 中进行连续系统的仿真和分析。图Ⅳ- 6(a)是在 SIMULINK 中建立的一个系统模型。对此系统输入 3sin(4t)，则对应的输出和输入波形如图Ⅳ- 6(b)和图Ⅳ- 6(c)所示。

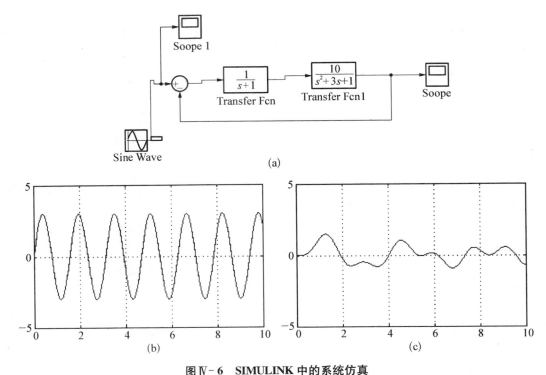

图Ⅳ-6 SIMULINK 中的系统仿真

（a）系统建模； （b）输入信号； （c）输出信号

Ⅳ.2.3 系统时域响应

1）impulse( )——给出系统的单位脉冲响应

（1）impulse(num, den, t)/ impulse(sys, t)——计算并绘制系统(num, den)/(sys)的单位脉冲响应曲线,时间变量为选项,不使用时由系统自动给出,使用时由人工给出。

（2）[y, t]= impulse(num, den, t)/impulse(sys, t)——仅计算不绘制系统(num, den)/(sys)的单位脉冲响应,时间变量为选项。

（3）impulse(sys1, sys2, ⋯, sysn, t)——绘制多个系统(sys1, sys2, ⋯, sysn)的单位脉冲响应曲线,时间变量为选项。

2）step( )——给出系统的单位阶跃响应

（1）step(num, den, t)/step(sys, t)——计算并绘制系统(num, den)/(sys)的单位阶跃响应曲线,时间变量为选项,不使用时由系统自动给出,使用时由人工给出。

（2）[y, t]= step(num, den, t)/step(sys, t)——仅计算不绘制系统(num, den)/(sys)的单位阶跃响应,时间变量为选项。

（3）step(sys1, sys2, ⋯, sysn, t)——绘制多个系统(sys1, sys2, ⋯, sysn)的单位阶跃响应曲线,时间变量为选项。

3）lsim( )——给出系统在任意输入下的响应

（1）lsim(num, den, u, t)/ lsim(sys, u, t)——计算并绘制系统(num, den)/(sys)在信号 u 输入下的响应曲线,时间变量为选项,不使用时由系统自动给出,使用时由人工给出。

（2）[y, t]= lsim(num, den, u, t)/lsim(sys, u, t)——仅计算不绘制系统(num, den)/(sys)在信号 u 输入下的响应,时间变量为选项。

（3）lsim(sys1，sys2，…，sysn，u，t)——绘制多个系统(sys1，sys2，…，sysn)在信号 u 输入下的响应曲线,时间变量为选项。

4）damp( )——给出线性定常系统的无阻尼振荡频率、阻尼比、极点

（1）[wn，z]=damp(sys)——求取线性定常系统(sys)的无阻尼振荡频率 w_n、阻尼比 z。

（2）[wn，z]=damp(den)——给定线性定常系统的特性多项式(den),求取无阻尼振荡频率 w_n、阻尼比 z。

（3）[wn，z，p]=damp(sys)——求取线性定常系统(sys)的无阻尼振荡频率 w_n、阻尼比 z、极点 p。

（4）[wn，z，p]=damp(den)——给定定常系统的特性多项式(den),求取无阻尼振荡频率 w_n、阻尼比 z、极点 p。

MATLAB 控制系统工具箱还提供了线性时不变系统仿真的图形工具 Ltiview,可以方便地获取系统在各种输入下的动态响应。调用 ltiview 后,在下拉菜单[FILE-Import System]中选择 Workspace 内的系统或 Mat-file 表示的系统加入到图形窗口中,最多可同时分析 6 个系统。在图形窗口中鼠标右键将弹出图形功能菜单。如 Plot Types（图形方式）——Step、Impusle、Bode、Nyquist 等。也可通过[Edit-Plot Configurations]在图形窗口中给出多个图形方式。图Ⅳ-7 是对两个系统给出单位阶跃响应和单位脉冲响应曲线的结果。

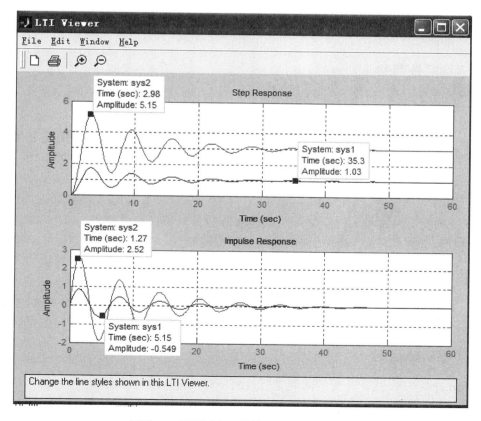

图Ⅳ-7　双图形多系统的 Ltiview 运行结果

Ⅳ.2.4　系统频域响应

1) bode( )——求系统对数频率特性

（1）[mag, phase, w]＝bode(num, den)——计算系统(num, den)的频率特性,并将值赋给 mag(幅值矢量)、phase(相位矢量)、w(频率矢量)。

（2）[mag, phase, w]＝bode(num, den, w)——计算系统(num, den)在用户定义频率 w 上的频率特性。用户定义频率 w 可以采用 logspace( ) 函数产生对数频率矢量,w＝logspace(a, b, n)——在 10^a 至 10^b 间对数均分 n 点。

（3）bode(num, den)——绘制系统(num, den)的对数频率特性,即 Bode 图。

（4）bode(sys)——绘制系统(sys)的对数频率特性,即 Bode 图。

（5）bode(sys1, sys2, sys3, …, sysn)——在一个窗口中绘制多个系统(sys1, sys2, …, sysn)的对数频率特性,即 Bode 图。

2) nyquist( )——求系统 Nyqiust 图

（1）[re, im, w]＝nyqiust(num, den)——计算系统(num, den)的频率特性,并将值赋给 Re(实部矢量)、Im(虚部矢量)、w(频率矢量)。

（2）[re, im, w]＝nyqiust(num, den, w)——计算系统(num, den)在用户定义频率 w 上的频率特性。

（3）nyquist(num, den)——绘制系统(num, den)的极坐标图,即 Nyqiust 图。

（4）nyqusit(sys)——绘制系统(sys)的极坐标图,即 Nyqiust 图。

（5）nyquist(sys1, sys2, sys3, …, sysn)——在一个窗口中绘制多个系统(sys1, sys2, …, sysn)的 Nyqiust 图。

Ⅳ.2.5　稳定性判别

MATLAB 控制系统工具箱中的用于求取系统稳定性裕量的函数有以下两个。

1) roots( )——求取多项式的根

roots(den)——计算系统特征多项式(den)的根,可用于由系统稳定性的充要条件即系统特征方程的根全部具有负实部进行系统稳定性的判别。

2) margin( )——求取闭环系统的幅值和相位裕量

（1）[gm, pm, wcp, wcg]＝magin(num, den)——计算开环传递函数(num, den)对应的闭环系统的稳定性裕量,并将值赋给 gm(幅值裕量)、pm(相位裕量)、wcp(增益交界频率)、wcg(相位交界频率)。无输出项时将给出图形窗口。

（2）[gm, pm, wcp, wcg]＝magin(sys)——计算开环传递函数(sys)对应的闭环系统稳定性裕量。无输出项时将给出图形窗口。

（3）[gm, pm, wcp, wcg]＝magin(mag, phase, w)——计算开环系统(mag, phase)在用户定义频率 w 上的稳定性裕量,其中 mag(dB)为增益矢量;phase(°)为相位矢量。

Ⅳ.2.6　根轨迹绘制

1) pzmap( )——给出系统的闭环零极点图

（1）pzmap(num, den)/pzmap(sys)——在 s 平面绘制系统(num, den)/(sys)的零极点位置,极点用"×"表示,零点用"○"表示。

(2)〔p，z〕=pzmap(num，den)/pzmap(sys)——计算系统(num，den)/(sys)的零极点，极点赋给矢量 p，零点赋给矢量 z。

2) rlocus( )——绘制系统的根轨迹

(1) rlocus(num，den)/rlocus(sys)——在 s 平面绘制开环系统(num，den)/(sys)对应的闭环系统根轨迹。

(2) rlocus(sys1，sys2，…，sysn，t)——在 s 平面绘制多个开环系统(sys1，sys2，…，sysn)对应的闭环系统根轨迹。

3) sgrid( )——绘制等 ζ 线和等 ω_n 线

sgrid(z，w)——在 s 平面绘制等 ζ 线(z 如是矢量，则表示一组线)和等 ω_n 线(w 如是矢量，表示一组圆)。

4) rlocfind( )——求取根轨迹开环增益及闭环极点

(1) rlocfind(num，den)/rlocfind(sys)——在已绘制的根轨迹图上产生一个光标以便人机交互选择闭环极点。

(2)〔k，p〕=rlocfind(num，den)/rlocfind(sys)——在已绘制的根轨迹图上产生一个光标以便人机交互选择闭环极点，并将此时的开环增益赋给 k，闭环极点赋给 p。

Ⅳ.2.7 状态空间函数

1) 系统特性或响应的状态空间法函数

(1) impulse(A，B，C，D)——计算并绘制系统(A，B，C，D)的单位脉冲响应。

(2) step(A，B，C，D)——计算并绘制系统(A，B，C，D)的单位阶跃响应。

(3) lsim(A，B，C，D，u，t)——计算并绘制系统(A，B，C，D)在信号 u 输入下的响应。

(4) bode(A，B，C，D)——计算并绘制系统(A，B，C，D)的对数频率特性，即 Bode 图。

(5) nyqusit(A，B，C，D)——计算系统(A，B，C，D)的频率特性并绘制系统极坐标图，即 Nyqiust 图。

(6) rlocus(A，B，C，D)——在 s 平面绘制系统(A，B，C，D)的根轨迹。

(7) pzmap(A，B，C，D)——在复平面绘出系统(A，B，C，D)的零极点。对单输入单输出系统，可绘制从输入到输出的传递零点。对多输入多输出系统，计算并绘制系统的特征矢量和传递零点。

2) 状态空间综合法函数

(1) K=places(A，B，P)——对状态系统(A，B)计算按极点(P)配置时所需的状态反馈增益矩阵 K。

(2) K=acker(A，B，P)——对状态系统(A，B)计算按极点(P)配置时所需的状态反馈增益矩阵 K。

这两个函数功能是相同的。状态观测器反馈增益矩阵 G 常利用对偶原理，调用上述函数进行。

参 考 文 献

[1]　Rajesh Rajamani. 车辆动力学及控制[M]. 王国业，江发潮，译. 北京：机械工业出版社，2011.

[2]　Anand K，Zmood R B. Introduction to control systems[M]. 3rd ed. Butterworth：Butterworth heinemann Ltd. 1995.

[3]　孔祥东，王益群. 控制工程基础[M]. 北京：机械工业出版社，2014.

[4]　Karl Johan Astrom，Richard M Murray. Feedback systems —— an introduction for scientists and engineers[M]. Princeton：Princeton University Press，2008.

[5]　杨耕，罗应立. 电机与运动控制系统[M]. 第二版. 北京：清华大学出版社，2006.

[6]　中村政俊，后腾聪，久良修郭. 机电一体化伺服系统控制[M]. 张涛，译. 北京：清华大学出版社，2012.

[7]　戴连奎，于玲，田学民，等. 过程控制工程[M]. 第三版. 北京：化学工业出版社，2014.

[8]　杨叔子，杨克冲. 机械工程控制基础[M]. 第六版. 武汉：华中科技大学出版社，2014.

[9]　胡寿松. 自动控制原理基础教程[M]. 第三版. 北京：科学出版社，2013.

[10]　胡寿松. 自动控制原理[M]. 第六版. 北京：科学出版社，2013.

[11]　吴麒，王诗宓. 自动控制原理（上册）[M]. 第二版. 北京：清华大学出版社，2006.

[12]　Richard c. Drof，Robert h. Bishop. Modern control system[M]. 12th ed. New York：Pearson Education Inc，2011.

[13]　Katsuhiko Ogate. Modern control engineering[M]. 5th ed. New York：Pearson Hall，2010.

[14]　Gene F. Franklin，J. David Powerll，Abbas Emami-Naeini. Feedback control of dynamic systems[M]. 6th ed. New York：Pearson Hall，2010.

[15]　Narciso F. Macia，George J. Thaler. Modeling and control of dynamic system[M]. Toronto：Thomson Delmar Learing，2005.

[16]　王显正，莫锦秋，王旭永. 控制理论基础[M]. 第二版. 北京：科学出版社，2007.